校企合作土木与建筑工程专业系列丛书

互联网+创新型“十四五”精品教材

建筑工程计量与计价

（微课版）

主　编　曹　宁　钟　伟　毛　芬

副主编　李鹏远　曹荟娟　吴利敏

何　昱　程枫林　洪　英

哈尔滨工程大学出版社
Harbin Engineering University Press

内 容 简 介

本书以现行的行业定额和规范为主要依据编写而成，理论联系实际，重点突出项目教学、案例教学，以提高学生的实践应用能力。本书共八个项目，包括工程造价概述、建筑面积的计算、基础工程造价编制、主体工程造价编制、装饰工程造价编制、措施项目造价编制、应用清单计价法编制建筑工程施工图预算、建筑工程结算。

本书既可作为职业院校建筑专业的通用教材，也可作为岗位培训教材或土建类工程技术人员的参考用书。

图书在版编目（CIP）数据

建筑工程计量与计价 ： 微课版 / 曹宁，钟伟，毛芬主编. -- 哈尔滨 ： 哈尔滨工程大学出版社，2025. 1.

ISBN 978-7-5661-4611-3

Ⅰ. TU723. 3

中国国家版本馆 CIP 数据核字第 2024X0G670 号

建筑工程计量与计价（微课版）

JIANZHU GONGCHENG JILIANG YU JIJIA（WEIKE BAN）

选题策划 张林峰

责任编辑 张林峰

出版发行 哈尔滨工程大学出版社

社　　址 哈尔滨市南岗区南通大街 145 号

邮政编码 150001

发行电话 0451-82519328

传　　真 0451-82519699

经　　销 新华书店

印　　刷 唐山唐文印刷有限公司

开　　本 787 mm×1 092 mm　1/16

印　　张 15

字　　数 384 千字

版　　次 2025 年 1 月第 1 版

印　　次 2025 年 1 月第 1 次印刷

书　　号 ISBN 978-7-5661-4611-3

定　　价 49.80 元

http://www.hrbeupress.com

E-mail:heupress@hrbeu.edu.cn

前言

党的二十大报告指出，“坚持尊重劳动、尊重知识、尊重人才、尊重创造，实施更加积极、更加开放、更加有效的人才政策”“着力形成人才国际竞争的比较优势，加快建设国家战略人才力量”“深化人才发展体制机制改革……把各方面优秀人才集聚到党和人民事业中来”。

本书依据行动导向法的教学思维模式，按照“理论够用，实践为重”的原则，以培养实用为主、技能为本的应用型人才为出发点，根据《高等职业教育工程造价专业教学基本要求》编写。教材内容符合现行的国家标准和行业标准，并强调内容的先进性、针对性和实用性。

本书以现行的行业定额和《建筑工程建筑面积计算规范》（GB/T 50353—2013）、《建设工程工程量清单计价规范》（GB 50500—2013）、《房屋建筑与装饰工程工程量计算规范》（GB 50854—2013）等为主要依据编写而成，理论联系实际，重点突出项目教学、案例教学，以提高学生的实践应用能力。本书具有以下特点。

（1）思政融合，理念创新。融入课程思政元素，注重政治立场、政治方向、政治标准，大力弘扬劳动光荣、技能宝贵、创造伟大的思想。

（2）体例新颖，实践性强。为了厘清教学思路和帮助读者学习，本书设置了“任务工单”“知识链接”“案例解析”等模块，坚持“实用为主，够用为度”的基本原则。

（3）资源丰富，方便教学。为满足多媒体教学需要，本书配套开发了微课视频、课件、参考答案、教案等多项数字资源。

本书由曹宁（西安交通工程学院）、钟伟（西昌学院）、毛芬（武汉光谷职业学院）担任主编，由李鹏远（许昌职业技术学院）、曹荟娟（永城职业学院）、吴利敏 (兰考三农职业学院)、何昱（绵阳城市学院）、程枫林（莱阳市综合行政执法大队）、洪英（山东公路技师学院）担任副主编。本书相关资料可扫封底二维码或登录 www.bjzzwh.com 下载获得。

编者在编写本书的过程中参考了大量资料，在此向相关人员表示感谢。由于编者水平有限，书中难免存在不足之处，恳请广大读者批评指正并提出宝贵意见。

编　者

目　录

项目一

工程造价概述

项目导读

工程造价是一项技术性、专业性很强的工作，它贯穿于投资决策、项目设计、招标投标、建设施工和竣工结算各个阶段。因此，造价行业的迅速发展离不开高水平、高技能的造价人才。工程造价基础知识涵盖了工程造价的核心概念和基本原理，是工程管理和建设领域必备的重要学科。工程造价不仅仅是对建设项目成本的估算，更是在项目整个生命周期中的全面管理和控制。工程造价的计价依据主要包括法律法规、标准规范、市场价格等，这些依据直接影响到工程造价计算的准确性和合理性。计价方法则涵盖了定额计价法、工程量清单计价法等多种技术手段，通过这些方法可以对工程项目的各项成本进行精确计算和管理。

学习目标

知识目标

- ◆了解工程造价的含义及特点。
- ◆了解工程造价的计价依据。
- ◆熟悉工程造价的计价方法，包括定额计价法、工程量清单计价法等。

能力目标

- ◆能够运用所学的工程造价知识，分析和解决实际工程项目中的造价问题。
- ◆具备较强的信息搜集和处理能力，能够准确地获取和应用工程造价相关的信息。

素质目标

- ◆培养学生严谨细致的工作态度，确保工程造价数据的准确性和可靠性。
- ◆加强学生职业道德教育，树立正确的职业价值观，确保造价工作的公平性和公正性。
- ◆培养学生创新意识和解决问题的能力，不断寻求提高工程造价效率和效益的新方法。

思政目标

- ◆通过学习工程造价知识，增强学生国家工程建设的责任感和使命感。
- ◆培养学生遵守相关的法律法规，确保工程造价工作的合法合规。
- ◆培养学生诚实守信，公正无私地开展造价工作。

任务工单

一、任务名称

分析一整套施工图（多层框架结构）的工程造价。

二、任务描述

全班同学分组讨论，简述工程造价计价依据和计价方法。在任务准备的过程中完成表1-1的填写。

表 1-1　实训表（一）

姓名		班级		学号	
学时		日期		实践地点	
实训工具	一整套施工图				

三、任务目的

通过对施工图进行造价分析，能够解决实际工程项目中遇到的造价问题。

四、分组讨论

全班学生以 3~6 人为一组，选出各组的组长，组长对组员进行任务分配并将分工情况记入表 1-2 中。

表 1-2　实训表（二）

成员	姓名	任务分工
组长		
组员		

五、任务实施

在任务实施过程中，将遇到的问题和解决办法记录在表 1-3 中。

表 1-3　实训表（三）

成员	遇到的问题	解决办法
1		
2		
3		

六、任务评价

请各小组选出一名代表展示任务实施的成果，并配合指导教师完成表 1-4 的任务评价。

表 1-4 实训表（四）

评价项目	评价内容	分值	评价分值		
			自评	互评	师评
职业素养考核项目	考勤、纪律意识	10 分			
	团队交流与合作意识	10 分			
	参与主动性	10 分			
专业能力考核项目	积极参与教学活动并正确理解任务要求	10 分			
	认真查找与任务相关的资料	10 分			
	任务实施过程记录表的完成度	10 分			
	对工程造价基础知识的了解程度	20 分			
	独立完成相应任务的程度	20 分			
合计：综合分数	自评（20%）+互评（20%）+师评（60%）	100 分			

任务一 工程造价的基本知识

根据住房城乡建设部发布的国家标准《工程造价术语标准》（GB/T 50875—2013），工程造价是指构成项目在建设期预计或实际支出的建设费用。

工程造价

一、工程造价的含义

建设工程造价是指工程的建设价格。这里所说的工程的范围和内涵具有很大的不确定性，其含义有两种。

（一）第一种含义

第一种含义是指进行某项工程建设花费的全部费用，即该工程项目有计划地进行固定资产再生产、形成相应无形资产和铺底流动资金的一次性费用的总和，很明显，这一含义是从业主的角度来定义的。投资者选定一个投资项目后，就要通过项目评估进行决策，然后进行设计招标、工程招标，直至竣工验收等一系列投资管理活动。在投资活动中所支付的全部费用形成了固定资产和无形资产。所有这些开支就构成了建设工程造价。从这个意义上说，建设工程造价就是建设项目固定资产投资。

（二）第二种含义

第二种含义是指工程价格，即建成一项工程，预计或实际在土地市场、设备市场、技术劳务市场以及承包市场等交易活动中所形成的建筑安装工程的价格和建设工程总价格。显然，建设工程造价的第二种含义是以社会主义商品经济和市场经济为前提的，它以工程这种特定的商品形式作为交换对象，通过招投标、承发包或其他交易形式，在进行多次预估的基础上，最终由市场形成价格。通常是把建设工程造价的第二种含义认定为工程承发包价格。

建设工程造价的两种含义是以不同角度来把握同一事物的本质。以建设工程的投资者来说，建设工程造价就是项目投资，是“购买”项目付出的价格；同时也是投资者在作为市场供给主体时和“出售”项目时定价的基础。对于承包商来说，建设工程造价是他们作为市场供给主体出售商品和劳务的价格的总和，或是特指范围性的建设工程造价，如建筑安装工程造价。

二、工程造价的特点

建设项目工程造价的特点是由建设项目自身的特点决定的。建设项目工程造价具有以下特点。

（一）工程造价的大额性

建设项目工程造价数额巨大，动辄上千万元、数十亿元。这一特点使它关系到国家、行业或地区的重大经济利益，对国计民生也会产生重大的影响。建设项目工程造价的大额性决定了工程造价的特殊地位，也说明了工程造价管理的重要意义。

（二）工程造价的个别性

每个建设项目都是按照特定使用者的专门用途、在指定地点逐个建设的。每项建设项目为适应不同使用要求，其面积和体积、造型和结构、装修与设备的标准及数量都会有所不同，而且特定地点的气候、地质、水文、地形等自然条件及当地政治、经济、风俗习惯等因素必然使建筑产品实物形态千差万别，再加上不同地区构成工程造价的各种生产要素（如人工、材料、机械）价格的差异，导致建设项目工程造价的个别性。

（三）工程造价的动态性

任何一个建设项目从筹建到竣工交付使用，都要经历一个较长的建设周期，其中会出现许多影响工程造价的因素，如设计变更、材料价格的变化、工资标准的调整。因此，建设项目的工程造价在整个建设期内处于不确定状态，直至竣工决算后才能确定建设项目的最终实际工程造价。

（四）工程造价的层次性

建设项目工程造价的层次性取决于建设项目的层次性。一个建设项目可以分解成若干个能独立发挥生产设计能力或效益的单项工程，一个单项工程又可以分解成若干个能够独立设计、独立组织施工的单位工程，一个单位工程又可以按照单位工程的部位或工种划分分解成若干个分部工程，一个分部工程又可以分解成若干个分项工程。与此相对应，工程造价的层次性表现为：分部分项工程造价、单位工程造价、单项工程造价、建设项目总造价。

任务二　工程造价的计价依据

工程造价计价依据，在广义上是指从事建设工程造价管理所需各类基础资料的总称；在狭义上则是特指用于计算和确定工程造价的各类基础资料的总称。

一、建筑工程定额

定额是完成规定计量单位的合格建筑安装产品所消耗资源的数量标准。工程定额是一个综合概念，是建设工程造价计价和管理中各类定额的总称，包括许多种类的定额。工程计价定额是指工程定额中直接用于工程计价的定额或指标，包括预算定额、概算定额、概算指标和投资估算指标等。工程计价定额主要作为在建设项目的不同阶段确定和计算工程造价的依据。

（一）预算定额

预算定额是指在正常的施工条件下，完成一定计量单位合格分项工程或结构构件所需消耗的人工、材料和施工机械台班数量及其相应费用标准。预算定额是工程建设中的一项重要的技术经济文件，是编制施工图预算的主要依据，是确定和控制工程造价的基础。

1. 预算定额手册的组成内容

预算定额主要包括文字说明、分项定额消耗量指标和附录三部分。

（1）文字说明：文字说明包括总说明、分部说明和分节说明。

（2）分项定额消耗量指标：各分项定额消耗量指标是预算定额最基本的内容。其主要用定额项目表来体现，在项目表中，工程内容一般按编制时包括的综合分项内容填写；人工消耗量指标可按工种分别填写工日数；材料消耗量指标应列出主要材料名称、单位和实物消耗量；施工机具使用量指标应列出主要施工机具的名称和台班数。

在定额项目表中，对分项工程的人工、材料和机械台班消耗量列上单价（基期价格），从而形成量价合一的预算定额。各分部分项工程人工、材料、机械单价所汇总的价称为基价；在具体应用中，按工程所在地的市场价格进行价差调整，体现量、价分离的原则，即定额量、市场价原则。

（3）附录：主要是用于对预算定额的分析、换算和补充。

2. 预算定额各消耗量的确定

（1）预算定额计量单位的确定

预算定额计量单位的选择，与预算定额的准确性、简明适用性，与预算工作的繁简有着密切的关系。

确定预算定额计量单位时，首先，应考虑该单位能否反映单位产品的工、料消耗量，保证预算定额的准确性。其次，要有利于减少定额项目，保证定额的综合性。最后，要有利于简化工程量计算和整个预算定额的编制工作，保证预算定额编制的准确性和及时性。

由于各分项工程的形体不同，预算定额的计量单位应根据上述原则和要求，按照分项工程的形体特征和变化规律来确定。凡物体的长、宽、高三个度量都在变化时，应采用"m^3"为计量单位。当物体有固定的不同厚度，而它的长和宽两个度量所决定的面积不固定时，宜采用"m^2"为计量单位。如果物体截面形状大小固定，但长度不固定时，应以"延长米"为计量单位。有的分部分项工程体积、面积相同，但质量和价格差异很大（如金属结构的制作、运输、安装等），应当以质量单位"kg"或"t"计算。有的分项工程还可以按"个""组""座""套"等自然计量单位计算。

预算定额单位确定以后，在预算定额项目表中，常采用所取单位的10倍、100倍等倍数的计量单位来编制预算定额。

（2）预算定额中人、材、机消耗量的确定

根据劳动定额、材料消耗定额、机械台班定额来确定消耗量指标。

① 人工消耗指标的确定：预算定额中的人工消耗指标是指完成该分项工程必须消耗的各种用工，包括基本用工、材料超运距用工、辅助用工和人工幅度差。

② 材料消耗指标的确定：预算定额的材料用量需要综合计算。

③ 机械台班消耗指标的确定：预算定额的机械台班消耗指标的计量单位是台班。按现行规定，每个工作台班按机械工作8小时计算。预算定额中的机械台班消耗指标应按全国统一劳动定额中各种机械施工项目所规定的台班产量进行计算。

3. 人工、材料、机械台班单价及定额基价

预算定额人工、材料、机械台班消耗量确定后，就需要确定人工、材料、机械台班的单价。

（1）人工单价

人工单价是指施工企业平均技术熟练程度的生产工人在工作日（国家法定工作时间内）按规定从事施工作业应得的日工资总额。合理确定人工工日单价是正确计算人工费和工程造价的前提和基础。

（2）材料单价

材料单价是指建筑材料从其来源地运到施工工地仓库，直至出库形成的综合平均单价。材料单价由下列费用组成：材料原价（或供应价格）、材料运杂费、材料运输损耗费和材料采购及保管费。

① 材料原价（或供应价格）：指材料、工程设备的出厂价格或商家供应价格。在确定材料原价时，如同一种材料因来源地、供应单位或生产厂家的不同有不同价格时，要根据不同来源地的供应数量比例，采取加权平均的方法计算其材料的原价。

② 材料运杂费：指材料、工程设备自来源地运至工地仓库或指定堆放地点所发生的

全部费用。

③ 材料运输损耗费：指材料在运输和装卸过程中不可避免的损耗。一般通过损耗率来规定损耗指标。

材料运输损耗费=(材料原价+材料运杂费)×材料运输损耗率

④ 材料采购及保管费：指为组织采购、供应和保管材料、工程设备的过程中所需要的各项费用。包括采购费、仓储费、工地保管费、仓储损耗。

材料采购及保管费=(材料原价+材料运杂费+材料运输损耗费)×材料采购及保管费率

上述费用的计算可以综合成一个计算公式

材料单价=[(材料原价+材料运杂费)×(1+材料运输损耗率)]×(1+材料采购及保管费率)　(1-1)

(3) 施工机具使用费

施工机具使用费是指施工作业所发生的施工机械、仪器仪表使用费或其他租赁费。

施工机械台班单价是指一台施工机械，在正常运转条件下一个工作班中所发生的全部费用，每台班按 8 小时工作制计算。

(4) 预算定额基价

预算定额基价就是预算定额分项工程或结构构件的单价，包括人工费、材料费和机械台班使用费，也称为工料单价或直接工程费单价。

预算定额基价一般通过编制单位估价表、地区单位估价表及设备安装价目表所确定的单价，用于编制施工图预算。在预算定额中列出的“预算价值”或“基价”，应视作该定额编制时的工程单价。

分项工程预算定额基价的计算公式

分项工程预算定额基价=人工费+材料费+机械台班使用费　(1-2)

$$人工费=\sum(现行预算定额中人工工日用量\times人工日工资单价)\quad(1-3)$$

$$材料费=\sum(现行预算定额中各种材料耗用量\times相应材料单价)\quad(1-4)$$

$$机械台班使用费=\sum(现行预算定额中机械台班用量\times机械台班单价)\quad(1-5)$$

预算定额基价是根据现行定额和当地的价格水平编制的，具有相对的稳定性。但是为了适应市场价格的变动，在编制预算时，必须根据工程造价管理部门发布的调价文件对固定的工程预算单价进行修正。修正后的工程单价乘以根据图样计算出来的工程量，就可以获得符合实际市场情况的工程的直接工程费。

4. 预算定额的使用方法

预算定额是编制施工图预算、确定和控制工程造价的主要依据，定额应用正确与否直接影响工程造价。在应用预算定额时，通常会遇到以下三种情况：预算定额的直接套用、预算定额的换算和预算定额的缺项补充。

(1) 预算定额的直接套用

套用定额包括直接使用定额项目中的基价、人工费、材料费、机械费、各种材料用量及各种机械台班耗用量。

当施工图的设计要求与定额的项目内容完全一致时，可以直接套用预算定额。

在编制单位工程施工图预算的过程中，大多数分项工程可以直接套用预算定额。套用预算定额时应注意以下几点。

① 根据施工图、设计说明、标准图做法说明，选择预算定额项目。

② 应仔细核对工程内容、技术特征和施工方法，才能准确地确定与施工图相对应的预算定额项目。

③ 施工图中分项工程的名称、内容和计量单位要与预算定额项目相一致。

需要注意的是，在定额的直接套用中，还应包括定额规定不允许调整的分项工程。也就是分项工程设计与定额内容不完全相同，但是定额规定不允许调整，则还应该直接套用定额，而不能对定额做任何的调整来适应分项工程设计。

（2）预算定额的换算

当分项工程的设计要求与定额的工作内容、材料规格、施工方法等条件不完全相符时，则不能直接套用定额，必须根据总说明、分部工程说明、附注等有关规定，在定额规定的范围内、用定额规定的方法加以换算。经过换算的子目定额编号应在尾部加一“换”字。

预算定额换算的基本思路是：根据选定的定额基价，按规定换入增加的费用，换出应扣除的费用，即

换算后的定额基价=原定额基价+换入的费用−换出的费用

定额换算的类型主要有：乘系数的换算，砂浆、混凝土强度等级和配合比的换算，木门窗木材断面的换算和其他换算。

（3）预算定额的缺项补充

在预算定额的应用中，除上述的两种定额的应用外，还会遇到预算定额的缺项补充。当分项工程的设计要求与定额条件完全不相符时，或者由于设计采用新结构、新材料及新工艺时，预算定额中没有这类项目，也属于定额缺项时，就应编制补充定额。

补充定额的编制方法有以下几种。

① 定额代用法。利用性质相似、材料大致相同、施工方法又很接近的定额项目，并估算出适当的系数进行使用。采用此类方法编制补充定额一定要在施工实践中进行观察和测定，以便调整系数，保证定额的精确性，也为以后新编定额、补充定额项目做准备。

② 定额组合法。尽量利用现行预算定额进行组合。因为一个新定额项目所包含的工艺与消耗往往是现有定额项目的变形与演变。新、老定额之间有很多的联系，要从中发现这些联系，在补充制定新定额项目时，直接利用现行定额内容的一部分或全部，可以达到事半功倍的效果。

③ 计算补充法。按照定额编制的方法进行计算补充，是最精确的补充定额编制方法。材料用量按照图纸的构造做法及相应的计算公式计算，并加入规定的损耗率；人工及机械

台班使用量可以按劳动定额、机械台班定额计算。

编制后的补充定额须经定额管理部门审核批准后执行。

（二）概算定额、概算指标、投资估算指标

1. 概算定额

概算定额是在预算定额基础上，确定完成合格的单位扩大分项工程或单位扩大结构构件所需消耗的人工、材料和施工机械台班的数量标准及其费用标准。概算定额又称为扩大结构定额。

概算定额是预算定额的综合与扩大。它将预算定额中有联系的若干个分项工程项目综合为一个概算定额项目。如砖基础概算定额项目，就是以砖基础为主，综合了平整场地、挖地槽、铺设垫层、砌砖基础、铺设防潮层、回填土及运土等预算定额中分项工程项目。

概算定额与预算定额的相同之处在于，它们都是以建（构）筑物各个结构部分和分部分项工程为单位表示的，内容也包括人工、材料和机械台班使用量定额三个基本部分，并列有基准价。概算定额表达的主要内容、表达的主要方式及基本使用方法都与预算定额相近。

概算定额与预算定额的不同之处在于，项目划分和综合扩大程度上存在差异，同时，概算定额主要用于设计概算的编制。由于概算定额综合了若干分项工程的预算定额，因此使概算工程量计算和概算表的编制，都比编制施工图预算简化一些。

2. 概算指标

建筑安装工程概算指标通常是以单位工程为对象，以建筑面积、体积或成套设备装置的台或组为计量单位而规定的人工、材料、机械台班的消耗量标准和造价指标。

从上述概念中可以看出，建筑安装工程概算定额与概算指标的主要区别如下。

（1）确定各种消耗量指标的对象不同

概算定额是以单位扩大分项工程或单位扩大结构构件为对象；而概算指标则是以单位工程为对象。因此概算指标比概算定额更加综合与扩大。

（2）确定各种消耗量指标的依据不同

概算定额以现行预算定额为基础，通过计算后才综合确定出各种消耗量指标；而概算指标中各种消耗量指标的确定，则主要来自各种预算或结算资料。

概算指标与概算定额、预算定额一样，都是与各个设计阶段相适应的多次性计价的产物，它主要用于投资估价、初步设计阶段，其作用主要如下。

① 概算指标可以作为编制投资估算的参考。

② 概算指标是初步设计阶段编制概算书、确定工程概算造价的依据。

③ 概算指标中的主要材料指标可以作为匡算主要材料用量的依据。

④ 概算指标是设计单位进行设计方案比较、设计技术经济分析的依据。

⑤ 概算指标是编制固定资产投资计划、确定投资额和主要材料计划的主要依据。

3. 投资估算指标

投资估算指标是建设项目建议书、可行性研究报告等前期工作阶段投资估算的依据，也可以作为编制固定资产长远规划投资额的参考。投资估算指标为完成项目建设的投资估算提供依据和手段，它在固定资产的形成过程中起着投资预测、投资控制、投资效益分析的作用，是合理确定项目投资的基础。投资估算指标中的主要材料消耗量也是一种扩大材料消耗量的指标，可以作为计算建设项目主要材料消耗量的基础。

投资估算指标是确定和控制建设项目全过程各项投资支出的技术经济指标，其范围涉及建设前期、建设实施期和竣工验收交付使用期等各个阶段的费用支出，内容因行业不同各异，一般分为建设项目综合指标、单项工程指标和单位工程指标三个层次。

（1）建设项目综合指标

建设项目综合指标是指按规定应列入建设项目总投资的从立项筹建开始至竣工验收交付使用的全部投资额，包括单项工程投资、工程建设其他费用和预备费等。

建设项目综合指标一般以项目的综合生产能力单位投资表示，如“元/t”“元/kW”，或以使用功能表示，如医院床位用“元/床”表示。

（2）单项工程指标

单项工程指标是指按规定应列入能独立发挥生产能力或使用效益的单项工程内的全部投资额，包括建筑工程费、安装工程费、设备与工器具购置费、生产家具购置费和其他费用。

单项工程指标一般以单项工程生产能力单位投资，如“元/t”或其他单位表示。如变电站以“元/（kV·A）”表示，锅炉房以“元/蒸汽吨”表示，供水站以“元/m^3”表示，办公室、仓库、宿舍、住宅等房屋建筑工程则区别不同结构形式以“元/m^2”表示。

（3）单位工程指标

单位工程指标是指按规定应列入能独立设计、施工的工程项目费用，即建筑安装工程费用。

单位工程指标一般以如下方式表示：房屋区别不同结构形式以“元/m^2”表示，道路区别不同结构层、面层以“元/m^2”表示，水塔区别不同结构层、容积以“元/座”表示，管道区别不同材质、管径以“元/m”表示。

二、建设工程工程量清单计价规范

（一）总则

（1）为规范建设工程施工发承包计价行为，统一建设工程工程量清单的编制和计价方法，根据《中华人民共和国建筑法》《中华人民共和国合同法》《中华人民共和国招标投标法》，制定建设工程工程量清单计价规范。本规范适用于建设工程施工发承包计价活动。

（2）全部使用国有资金投资或国有资金投资为主（以下二者简称国有资金投资）的建设工程施工发承包，必须采用工程量清单计价。非国有资金投资的建设工程，宜采用工程量清单计价。不采用工程量清单计价的建设工程，应执行本规范除工程量清单等专门性规定外的其他规定。

(3) 招标工程量清单、招标控制价、投标报价、工程价款结算等工程造价文件的编制与核对应由具有资格的工程造价专业人员承担。

(4) 建设工程施工发承包计价活动应遵循客观、公正、公平的原则。

(5) 建设工程施工发承包计价活动，除应遵守本规范外，尚应符合国家现行有关标准的规定。

(二) 术语

(1) 工程量清单：建设工程的分部分项工程项目、措施项目、其他项目、规费项目和税金项目的名称和相应数量等的明细清单，见表 1-5。

表 1-5 分部分项工程量清单与计价表

工程名称： 标段： 第 页 共 页

<table>
<tr><th rowspan="3">序号</th><th rowspan="3">项目编码</th><th rowspan="3">项目名称</th><th rowspan="3">项目特征描述</th><th rowspan="3">计量单位</th><th rowspan="3">工程量</th><th colspan="4">金额/元</th></tr>
<tr><th rowspan="2">综合单价</th><th rowspan="2">合价</th><th colspan="2">其中</th></tr>
<tr><th>合价</th><th>暂估价</th></tr>
<tr><td></td><td></td><td></td><td></td><td></td><td></td><td></td><td></td><td colspan="2"></td></tr>
<tr><td></td><td></td><td></td><td></td><td></td><td></td><td></td><td></td><td colspan="2"></td></tr>
<tr><td></td><td></td><td></td><td></td><td></td><td></td><td></td><td></td><td colspan="2"></td></tr>
<tr><td></td><td></td><td></td><td></td><td></td><td></td><td></td><td></td><td colspan="2"></td></tr>
<tr><td></td><td></td><td></td><td></td><td></td><td></td><td></td><td></td><td colspan="2"></td></tr>
<tr><td></td><td></td><td></td><td></td><td></td><td></td><td></td><td></td><td colspan="2"></td></tr>
<tr><td></td><td></td><td></td><td></td><td></td><td></td><td></td><td></td><td colspan="2"></td></tr>
<tr><td colspan="8">本页小计</td><td></td><td></td></tr>
<tr><td colspan="8">合计</td><td></td><td></td></tr>
</table>

(2) 招标工程量清单：招标人依据国家标准、招标文件、设计文件以及施工现场实际情况编制的，随招标文件发布供投标报价的工程量清单。

(3) 已标价工程量清单：构成合同文件组成部分的投标文件中已标明价格，经算术性错误修正（如有）且承包人已确认的工程量清单，包括对其的说明和表格。

(4) 综合单价：完成一个规定计量单位的分部分项工程和措施清单项目所需的人工费、材料和工程设备费、施工机具使用费和企业管理费、利润以及一定范围内的风险费用，见表 1-6。

表 1-6　工程量清单综合单价分析表

工程名称：　　　　　　　标段：　　　　　　　第　　页　　　　共　　页

项目编码						项目名称				计量单位	
清单综合单价组成明细											
定额编号	定额名称	定额单位	数量	单价/元				合价/元			
				人工费	材料费	机械费	管理费和利润	人工费	材料费	机械费	管理费和利润
人工单价		小计									
元/工日		未计价材料费									
清单项目综合单价											
材料费明细	主要材料名称、规格、型号					单位	数量	单价/元	合价/元	暂估单价/元	暂估合价/元
	其他材料费						—			—	
	材料费小计					—				—	

注：1. 如不使用省级或行业建设主管部门发布的计价依据，可不填定额项目、编号等。

2. 招标文件提供了暂估单价的材料，按暂估的单价填入表内“暂估单价”栏及“暂估合价”栏。

（5）工程量偏差：承包人按照合同签订时图纸（含经发包人批准由承包人提供的图纸）实施，完成合同工程应予计量的实际工程量与招标工程量清单列出的工程量之间的偏差。

（6）暂列金额：招标人在工程量清单中暂定并包括在合同价款中的一笔款项。用于施工合同签订时尚未确定或者不可预见的所需材料、设备、服务的采购，施工中可能发生的工程变更、合同约定调整因素出现时的工程价款调整以及发生的索赔、现场签证确认等的费用，见表 1-7。

表 1-7 暂列金额明细表

工程名称： 标段： 第 页 共 页

序号	项目名称	计量单位	暂定金额/元	备注
1				
2				
3				
4				
5				
6				
合计				

注：此表由招标人填写，如不能详列，也可只列暂定金额总额，投标人应将上述暂列金额计入投标总价中。

（7）暂估价：招标人在工程量清单中提供的用于支付必然发生但暂时不能确定价格的材料、工程设备的单价以及专业工程的金额，见表 1-8。

表 1-8 材料（工程设备）暂估单价表

工程名称： 标段： 第 页 共 页

序号	材料（工程设备）的名称、规格、型号	计量单位	单价/元	备注

注：1. 此表由招标人填写，并在备注栏说明暂估价的材料拟用在哪些清单项目上，投标人应将上述材料暂估单价计入工程量清单综合单价报价中。

2. 材料包括原材料、燃料、构配件，以及按规定应计入建筑安装工程造价的设备。

（8）计日工：在施工过程中，承包人完成发包人提出的施工图以外的零星项目或工作，按合同中约定的综合单价计价的一种方式，见表 1-9。

表 1-9　计日工表

工程名称：　　　　　标段：　　　　　第　　页　　共　　页

编号	项目名称	单位	暂定数量	综合单价/元	合价/元
一	人工				
1					
2					
3					
4					
人工小计					
二	材料				
1					
2					
3					
4					
材料小计					
三	施工机械				
1					
2					
3					
4					
施工机械小计					
总计					

注：此表项目名称、数量由招标人填写，编制招标控制价时，单价由招标人按有关计价规定确定；投标时，单价由投标人自主报价，计入投标总价中。

（9）总承包服务费：总承包人为配合协调发包人进行的专业工程分包，发包人自行采购的设备、材料等进行保管以及施工现场管理、竣工资料汇总整理等服务所需的费用，见表 1-10。

表 1-10　总承包服务费计价表

工程名称：　　　　　标段：　　　　　第　　页　　共　　页

序号	项目名称	项目价值/元	服务内容	费率/%	金额/元
1	发包人发包专业工程				
2	发包人供应材料				
	合计				

（10）安全文明施工费：承包人按照国家法律、法规等规定，在合同履行中为保证安全施工、文明施工，保护现场内外环境等所采用的措施发生的费用。

（11）施工索赔：在工程合同履行过程中，合同当事人一方因非己方的原因而遭受损失，按合同约定或相关法规规定应由对方承担责任，从而向对方提出补偿的要求，费用索赔申请（核准）表见表1-11。

表1-11　费用索赔申请（核准）表

工程名称：　　　　　　　　标段：　　　　　　编号：

<table>
<tr><td colspan="2">致：______________________________（发包人全称）
根据施工合同条款__________条的约定，由于__________原因，我方要求索赔金额（大写）__________（小写__________），请予核准。
附：1. 费用索赔的详细理由和依据：
2. 索赔金额的计算：
3. 证明材料：
承包人（章）
承包人代表__________
日　　期__________</td></tr>
<tr><td>复核意见：
根据施工合同条款__________条的约定，你方提出的费用索赔申请经复核：
□不同意此项索赔，具体意见见附件。
□同意此项索赔，索赔金额的计算由造价工程师复核。
监理工程师__________
日　　期__________</td><td>复核意见：
根据施工合同条款__________条的约定，你方提出的费用索赔申请经复核，索赔金额为（大写）__________（小写__________）。
造价工程师__________
日　　期__________</td></tr>
<tr><td colspan="2">审核意见：
□不同意此项索赔。
□同意此项索赔，与本期进度款同期支付。
发包人（章）
发包人代表__________
日　　期__________</td></tr>
</table>

注：1. 在选择栏中的“□”内做标识“√”。

2. 本表一式四份，由承包人填报，发包人、监理人、造价咨询人、承包人各存一份。

（12）现场签证：发包人现场代表与承包人现场代表就施工过程中涉及的责任事件所做的签认证明，见表1-12。

表 1-12　现场签证表

工程名称：　　　　　　　　　　　　标段：　　　　　　　　　　　　编号：

<table>
<tr><td>施工部位</td><td></td><td>日期</td><td></td></tr>
<tr><td colspan="4">致：________________________发包人全称）
根据________（指令人姓名）　年　月　日的口头指令或你方________（或监理人）　年　月　日的书面通知，我方要求完成此项工作应支付价款金额为（大写）________（小写）________请予核准。
附：1. 签证事由及原因：
2. 附图及计算式：
承包人（章）
承包人代表________
日　　期________</td></tr>
<tr><td colspan="2">复核意见：
你方提出的此项签证申请经复核：
□不同意此项签证，具体意见见附件。
□同意此项签证，签证金额的计算由造价工程师复核。
监理工程师________
日　　期________</td><td colspan="2">复核意见：
□此项签证按承包人中标的计日工单价计算，金额为（大写）________元（小写________元）。
□此项签证因无计日工单价，金额为（大写）________元（小写________）。
造价工程师________
日　　期________</td></tr>
<tr><td colspan="4">审核意见：
□不同意此项签证。
□同意此项签证，价款与本期进度款同期支付。
发包人（章）
发包人代表________
日　　期________</td></tr>
</table>

注：1. 在选择栏中的“□”内做标识“√”；

2. 本表一式四份，由承包人在收到发包人（监理人）的口头或书面通知后填写，发包人、监理人、造价咨询人、承包人各存一份。

（13）提前竣工（赶工）费：承包人应发包人的要求，采取加快工程进度的措施，使合同工程工期缩短产生的，应由发包人支付的费用。

（14）误期赔偿费：承包人未按照合同工程的计划进度施工，导致实际工期大于合同工期与发包人批准的延长工期之和，承包人应向发包人赔偿损失发生的费用。

（15）企业定额：施工企业根据本企业的施工技术和管理水平而编制的人工、材料和施工机械台班等的消耗标准。

（16）规费：根据省级政府或省级有关权力部门规定必须缴纳的，应计入建筑安装工程造价的费用，见表 1-13。

（17）税金：国家税法规定的应计入建筑安装工程造价内的营业税、城市维护建设税及教育费附加等，见表 1–13。

表 1–13　规费、税金项目清单与计价

工程名称：　　　　　　标段：　　　　　　第　　页　　　　共　　页

序号	项目名称	计算基础	费率/%	金额/元
1	规费			
1.1	工程排污费			
1.2	社会保障费			
(1)	养老保险费			
(2)	失业保险费			
(3)	医疗保险费			
1.3	住房公积金			
1.4	工伤保险			
2	税金	分部分项工程费+措施项目费+其他项目费+规费		

（18）发包人：具有工程发包主体资格和支付工程价款能力的当事人以及取得该当事人资格的合法继承人。

（19）承包人：被发包人接受的具有工程施工承包主体资格的当事人以及取得该当事人资格的合法继承人。

（20）工程造价咨询人：取得工程造价咨询资质等级证书，接受委托从事建设工程造价咨询活动的当事人以及取得该当事人资格的合法继承人。

（21）招标代理人：取得工程招标代理资质等级证书，接受委托从事建设工程招标代理活动的当事人以及取得该当事人资格的合法继承人。

（22）造价工程师：取得造价工程师注册证书，在一个单位注册从事建设工程造价活动的专业人员。

（23）造价员：取得全国建设工程造价员资格证书，在一个单位注册从事建设工程造价活动的专业人员。

（24）招标控制价：招标人根据国家或省级、行业建设主管部门颁发的有关计价依据和办法，以及拟定的招标文件和招标工程量清单，编制的招标工程的最高限价。

（25）投标价：投标人投标时报出的工程合同价。

（26）签约合同价：发、承包双方在施工合同中约定的，包括了暂列金额、暂估价、计日工的合同总金额。

（27）竣工结算价（合同价格）：发、承包双方依据国家有关法律、法规和标准规定，按照合同约定确定的，包括在履行合同过程中按合同约定进行的工程变更、索赔和价款调整，是承包人按合同约定完成了全部承包工作后，发包人应付给承包人的合同总金额。

（三）一般规定

1. 计价方式

（1）使用国有资金投资的建设工程发、承包，必须采用工程量清单计价。该条为强制性条文，必须严格执行。

（2）非国有资金投资的建设工程，宜采用工程量清单计价。

（3）不采用工程量清单计价的建设工程，应执行本规范除工程量清单等专门性规定外的其他规定。

（4）工程量清单应采用综合单价计价。该条为强制性条文，必须严格执行。

（5）措施项目中的安全文明施工费必须按照国家或省级、行业建设主管部门的规定计算，不得作为竞争性费用。该条为强制性条文，必须严格执行。

（6）规费和税金必须按国家或省级、行业建设主管部门的规定计算，不得作为竞争性费用。该条为强制性条文，必须严格执行。

2. 计价风险

（1）建设工程发、承包，必须在招标文件、合同中明确计价中的风险内容及其范围，不得采用无限风险、所有风险或类似语句规定计价中的风险内容及其范围。该条为强制性条文，必须严格执行。

（2）下列影响合同价款调整的因素出现，应由发包人承担。

① 国家法律、法规、规章和政策发生变化。

② 省级或行业建设主管部门发布的人工费调整（承包人对人工费或人工单价的报价高于发布的除外）。

③ 由政府定价或政府指导价管理的原材料等价格进行了调整。

（3）由于市场物价波动影响合同价款，应由发、承包双方合理分摊并填写表 1-14 或表 1-15 作为合同附件。

表 1-14　承包人提供主要材料和工程设备一览表

（适用于造价信息差额调整法）

工程名称：×××建筑工程　　　　标段：　　　　第　页　　共　页

序号	名称、规格、型号	单位	数量	风险系数/%	基准单价/元	投标单价/元	发承包人确认单价/元	备注
1								
2								
3								
⋮								

注：1. 此表由招标人填写，除“投标单价”栏的内容，投标人在投标时自主确定投标单价。

2. 招标人应优先采用工程管理机构发布的单价作为基准单价，未发布的，通过市场调查确定其基准单价。

表 1-15　承包人提供主要材料和工程设备一览表

（适用于价格指数差额调整法）

工程名称：×××建筑工程　　　　标段：　　　　　第　　页　　　共　　页

序号	名称、规格、型号	变值权重 B	基本价格指数 $F0$	现行价格指数 $F1$	备注
	定值权重 A				
合计	1				

注：1. “名称、规格、型号”“基本价格指数 $F0$”栏由招标人填写，基本价格指数应首先采用工程造价管理机构发布的价格指数，没有时，可采用发布的价格代替；如人工、机械费也采用本法调整，由招标人在“名称、规格、型号”栏填写。

2. “变值权重 B”由投标人根据该项人工、机械费和材料、工程设备价值在投标总报价中所占的比例填写，1 减去其比例为定值权重。

3. “现行价格指数 $F1$”栏按约定的付款证书相关周期最后一天的前 42 天的各项价格指数填写，该指数应首先采用工程造价管理机构发布的价格指数，没有时，可采用发布的价格代替。

当合同中没有约定，发、承包双方发生争议时，按《建设工程工程量清单计价规范》（GB 50500—2013）中“物价变化”的 1~2 条规定实施。

知识链接

物价变化包括以下几个方面内容。

（1）合同履行期间，人工、材料、工程设备、机械台班价格波动影响合同价款时，应根据合同约定调整合同价款。

（2）承包人采购材料和工程设备的情况，应在合同中约定主要材料、工程设备价格变化的范围或幅度；当没有约定，且材料、工程设备单价变化超过 5% 时，超过部分的价格应调整材料、工程设备费。

（3）发生合同工程工期延误的，应按照下列规定确定合同履行期的价格调整：由非承包人原因导致工期延误的，则计划进度日期后续工程的价格，应采用计划进度日期与实际进度日期两者的较高者；因承包人原因导致工期延误的，则计划进度日期后续工程的价格，应采用计划进度日期与实际进度日期两者的较低者。

（4）发包人供应材料和工程设备的情况，不适用于《建设工程工程量清单计价规范》（GB 50500—2013）中“物价变化”的 1~2 条规定，应由发包人按照实际变化调整，列入合同工程的工程造价内。

（5）由于承包人使用机械设备、施工技术以及组织管理水平等自身原因造成施工费用增加的，应由承包人承担全部。

（6）不可抗力发生时，影响合同价款的，按计价规范“不可抗力”规定执行。

3. 发包人（承包人）提供材料和工程设备

发包人提供的材料和工程设备（简称甲供材料）应在招标文件中按照表 1-16 规定填写发包人提供的材料和工程设备一览表，写明甲供材料的名称、规格、型号、数量、单价、交货方式、送达地点等。承包人投标时，甲供材料单价应计入项目的综合单价中，签约后，发包人应按合同约定扣除甲供材料款，不予支付。

表 1-16 发包人提供的材料和工程设备一览表

工程名称：×××建筑工程　　标段：　　第　页　共　页

序号	材料（工程设备）名称、规格、型号	单位	数量	单价/元	交货方式	送达地点	备注
1							
2							
3							
⋮							

注：1. 此表由招标人填写，供投标人在投标报价，确定总承包服务费时参考。

2. 承包人应根据合同工程进度计划的安排，向发包人提交甲供材料交货的日期计划，发包人应按计划提供。

3. 除合同约定的发包人提供的甲供材料外，合同工程所需的材料和工程设备应由承包人提供，承包人提供的材料和工程设备均应由承包人负责采购、运输和保管。

4. 承包人应按合同约定将采购材料和工程设备的供货人及品种、规格、数量和供货时间等提交发包人确认，并负责提供材料和工程设备的质量证明文件，满足合同约定的质量标准。

任务三 工程造价的计价方法

工程造价的计价模式是指根据计价依据计算工程造价的程序和方法。我国工程造价的计价模式分为两种：一种是传统的定额计价模式；另一种是现行的与国际惯例一致的工程量清单计价模式。

一、建筑工程定额计价法

建筑工程定额计价法是一种用于确定建筑工程项目成本的标准化方法。其核心在于通过使用定额来估算工程量，并根据这些定额来计算工程的费用。

（一）定额计价的基本方法与程序

定额计价模式就是按预算定额或概算定额规定的分部分项子目，逐项计算工程量，套用预算定额或概算定额单价（或单位估价表）确定分部分项工程直接费，然后按规定的取费标准确定措施费、间接费、利润和税金，加上材料调差系数和不可预见费，经汇总后即形成工程预算或概算价值。从目前我国发展状况来看，这种计价模式主要用于项目建设前期各阶段对于建设投资的预测与估计，在工程建设交易阶段，作为建设产品价格形成的辅助方法。

定额计价模式是很长时间以来我国采用的一种计价模式，实际上是国家通过颁布统一的计价定额或指标，对建筑产品价格进行有计划的管理。定额计价的基本方法与程序如图 1–1 所示。

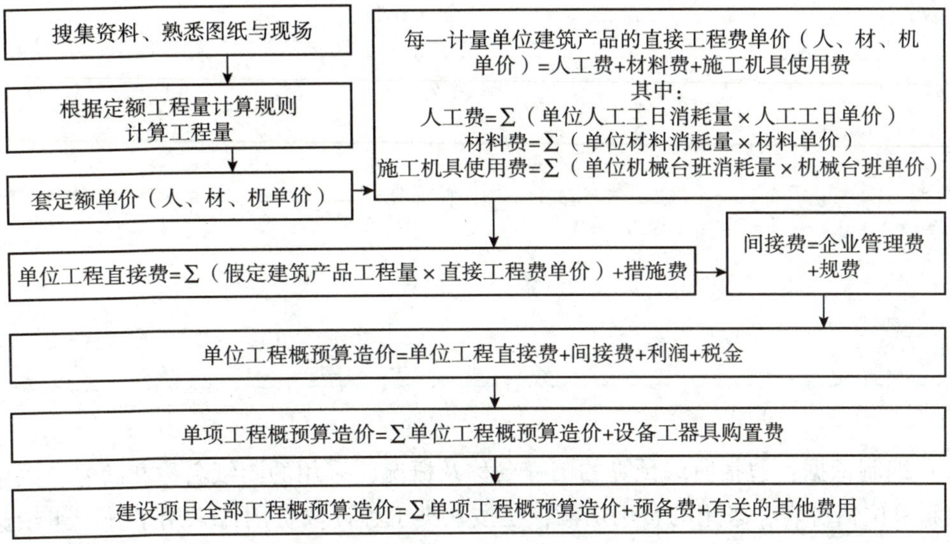

图 1–1　定额计价的基本方法与程序

从定额计价的基本方法与程序可以看出，编制建设工程造价最基本的过程有两个：工程量计算和工程计价。对于工程量计算，不同的计价标准（定额），有不同的计算规则，这里不再详述；对于计价所采用的定额单价（直接工程费单价）对应于不同的计价标准（定额），其综合程度不同。

（二）施工图预算的编制

施工图预算是指在施工图设计阶段，设计全部完成并经过会审，工程开工之前，咨询单位或施工单位根据施工图、施工组织设计、消耗量定额、各项费用取费标准、建设地自然条件、技术经济条件等资料，预先计算和确定单项工程和单位工程全部建设费用的经济文件。它是建设单位招标和施工单位投标的依据，是签订工程合同、确定工程造价的依据。

单位工程施工图预算是单项工程施工图预算的组成部分，根据单项工程内容不同可分为建筑工程施工图预算、安装工程施工图预算、装饰工程施工图预算，其内容按装订顺序主要包括：预算书封面、编制说明、取费程序表、单位工程预（结）算表、工料机分析及汇总表、人材机差价调整表、工程量计算表等。

1. 预算书封面

<table>
<tr><td colspan="2">建筑工程预（结）算书封面</td></tr>
<tr><td>工程名称：__________</td><td>工程地点__________</td></tr>
<tr><td>建筑面积：__________</td><td>结构类型：__________</td></tr>
<tr><td>工程造价：__________元</td><td>单方造价：__________元/m²</td></tr>
<tr><td>建设单位：__________</td><td>施工单位：__________</td></tr>
<tr><td>（公章）</td><td>（公章）</td></tr>
<tr><td>审批部门：__________</td><td>编制人：__________</td></tr>
<tr><td>（公章）</td><td>（印章）</td></tr>
<tr><td></td><td>年　　月　　日</td></tr>
</table>

2. 编制说明

（1）编制依据：包括所编预算的工程名称及概况，采用的图纸名称和编号，采用的预算定额和单位估价表，采用的费用定额，是按几类工程计取费用，采用了施工组织设计或施工方案的哪些措施。

（2）是否考虑了设计变更或图纸会审记录的内容。

（3）特殊项目的补充单价或补充定额的编制依据。

（4）遗留项目或暂估项目有哪些？并说明其原因。

（5）存在的问题及以后处理的办法。

（6）其他应说明的问题。

3. 取费程序表（表 1-17）

表 1-17　建筑工程费用项目组成及定额计价计算程序

序号	费用名称	计算方法
一	分部分项工程费	$\sum$｛[定额$\sum$（工日消耗量 × 人工单价）+ $\sum$（材料消耗量 × 材料单价）+ $\sum$（机械台班消耗量 × 台班单价）] × 分部分项工程量｝
	计费基础 JD1	详见《山东省建设工程费用项目组成及计算规则》第二章第三节“计费基础说明”或按建筑工程当地标准

续表

序号	费用名称	计算方法
二	措施项目费	2.1+2.2
	2.1 单价措施费	$\sum${[定额$\sum$(工日消耗量×人工单价)+$\sum$(材料消耗量×材料单价)+$\sum$(机械台班消耗量×台班单价)]×单价措施项目工程量}
	2.2 总价措施费	JD1×相应费率
	计费基础 JD2	详见《山东省建设工程费用项目组成及计算规则》第二章第三节“计费基础说明”或按建筑工程当地标准计算
三	其他项目费	3.1+3.3+…+3.8
	3.1 暂列金额	按《山东省建设工程费用项目组成及计算规则》第一章第二节相应规定计算或按建筑工程当地标准计算
	3.2 专业工程暂估价	
	3.3 特殊项目暂估价	
	3.4 计日工	
	3.5 采购保管费	
	3.6 其他检验试验费	
	3.7 总承包服务费	
	3.8 其他	
四	企业管理费	(JD1+JD2)×管理费费率
五	利润	(JD1+JD2)×利润率
六	规费	6.1+6.2+6.3+6.4+6.5
	6.1 安全文明施工费	(一+二+三+四+五)×费率
	6.2 社会保险费	(一+二+三+四+五)×费率
	6.3 住房公积金	按工程所在地设区市相关规定计算
	6.4 工程排污费	按工程所在地设区市相关规定计算
	6.5 建设项目工伤保险	按工程所在地设区市相关规定计算
七	设备费	$\sum$(设备单价×设备工程量)
八	税金	(一+二+三+四+五+六+七)×税率
九	工程费用合计	一+二+三+四+五+六+七+八

4. 单位工程预（结）算表

单位工程预（结）算表也有标准表式，必须按要求认真填写。定额编号应按分部分项工程从小到大填写，以便预算的审核；单位应与定额单位统一；工程量保留的位数应按定额要求保留。单位工程预（结）算表见表 1-18。

表 1-18 单位工程预（结）算表

定额编号	项目名称	单位	工程量	省定额价/元		其中					
						人工费/元		材料费/元		机械费/元	
				单价	合价	单价	合价	单价	合价	单价	合价

5. 工料机分析及汇总表

工料机分析及汇总表的前半部分项目栏的填写，与单位工程预（结）算表基本相同。后半部分从上到下分别填写工料机名称及规格、单位、定额单位用量及工料机数量。工料机分析表见表 1-19。将每一列的工料机数量合计数填到该列最下面的单元格内，然后将该页工料机合计数汇总到单位工程工料机分析汇总表中。单位工程工料机分析汇总表见表 1-20。

表 1-19 工料机分析表

定额编号	项目名称	单位	工程量	综合工日		机砖		灰浆搅拌机	
				工日		千块		台班	
				单位用量	数量	单位用量	数量	单位用量	数量

表 1-20 单位工程工料机分析汇总表

序号	工料机名称	规格	单位	数量	备注

6. 人材机差价调整表

将表 1-20 中汇总的各种人材机名称和数量填入表 1-21 中，进行人材机差价的计算。例如，材料差价=（材料市场单价-材料预算单价）×材料数量。

表 1-21 人材机差价调整表

序号	工料机名称	单位	数量	预算单价	市场单价	单价差	差价合计

7. 工程量计算表

工程量应采用表格形式进行计算，表格有横开、竖开两种，由于工程量计算式较大，横开表格比较好用。定额编号和项目名称应与定额一致；单位以个位单位填写；工程量应按宽、高、长、数量、系数形式；如果只有一个式子，其计算结果可直接填到工程量栏内，等号后面可不写结果；如果有多个分式出现，每个分式后面都应该有结果，工程量合计数填到工程量栏内。工程量计算表见表 1-22。

表 1-22　工程量计算表

定额编号	项目名称	计算公式	单位	工程量

二、建筑工程清单计价法

工程量清单计价是在统一的工程量计算规则的基础上，制定工程量清单项目设置规则，根据具体工程的施工图计算出各个清单项目的工程量，再根据各种渠道所获得的工程造价信息、经验数据和采用的施工组织计算得到工程造价。其计算原理如图 1-2 所示。

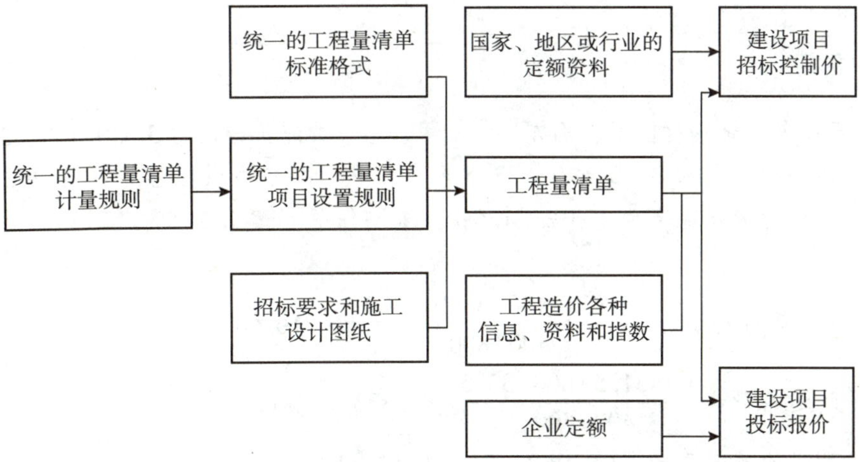

图 1-2　工程量清单计价模式的原理示意图

从图 1-2 可以看出，其编制过程可以分为两个阶段：工程量清单的编制和利用工程量清单编制投标报价。工程量清单编制阶段要编制工程量清单和招标控制价，招标控制价是招标人根据国家或省、行业主管部门颁发的有关计价依据和办法，按设计施工图纸计算的，对招标工程限定的最高工程造价。投标报价是在业主提供的工程量清单的基础上，根据企业自身所掌握的各种信息和资料，结合企业定额计算出综合单价，然后再考虑各种措施费、规费和税金进行编制得出的投标时报出的工程造价。其基本计算方法和程序如图 1-3 所示。

从工程量清单计价基本方法与程序可以看出，工程量清单计价重点是编制清单、综合单价的分析与计算、清单计价。

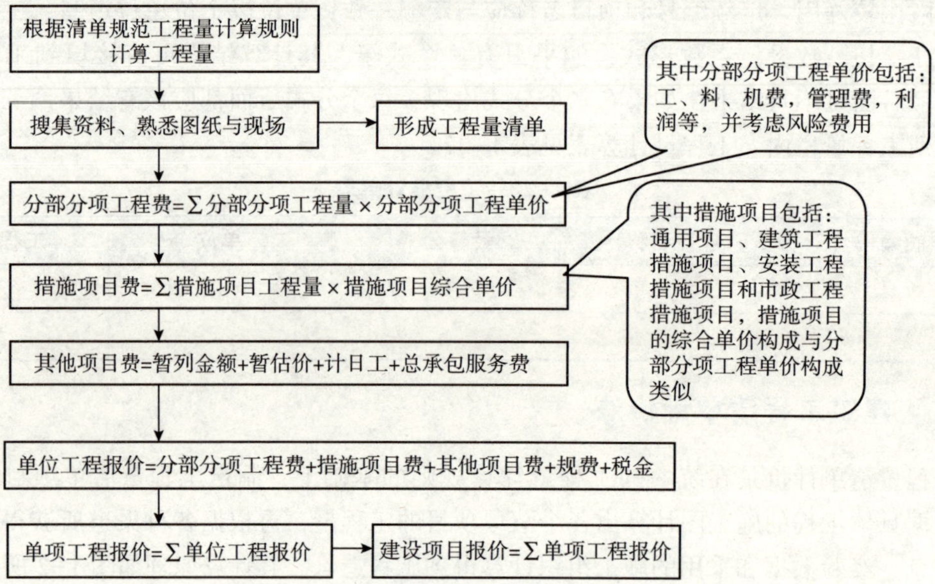

图 1-3　工程量清单计价基本方法与程序

案例解析

【例】已知某工地钢材由甲、乙方供货，甲、乙方的原价分别为 3 830 元/t、3 810 元/t，甲、乙方的运杂费分别为 31.5 元/t、33.5 元/t，甲、乙方的供应量分别为 400 t、800 t，甲、乙方材料的运输损耗率为 1.4%、1.5%，采购保管费率为 2.5%。则该工地钢材的材料单价为多少？

【解】加权后材料原价 $=\frac{3\,830\times400+3\,810\times800}{400+800}=3\,816.667$（元/t）

加权平均运杂费 $=\frac{400\times31.5+800\times33.5}{400+800}=32.833$（元/t）

来源一的运输损耗费 $=(3\,830+31.5)\times1.4\%=54.061$（元/t）

来源二的运输损耗费 $=(3\,810+33.5)\times1.5\%=57.653$（元/t）

加权平均运输损耗费 $=\frac{54.061\times400+57.653\times800}{400+800}=56.456$（元/t）

钢材单价 $=(3\,816.667+32.833+56.456)\times(1+2.5\%)=4\,003.605$（元/t）

项目小结

本项目主要介绍了工程造价基础知识，包括工程造价的含义及特点、计价依据以及计价方法等内容。通过本项目的学习，帮助读者不仅提升了对工程造价的理论认识，还培养了实际运用所学知识解决问题的能力。同时，通过强化职业道德和团队合作意识，为读者将来从事相关工作打下了坚实的基础。

课 后 习 题

一、填空题

1. 建设工程造价是指工程的________。这里所说的工程，它的范围和内涵具有很大的不确定性。

2. 对于承包商来说，建设工程造价是他们作为市场供给主体出售商品和劳务的________，或是特指范围性的建设工程造价，如建筑安装工程造价。

3. 工程计价定额是指工程定额中直接用于工程计价的定额或指标，包括________、________、________和投资估算指标等。

4. 工程造价的计价模式是指根据________计算工程造价的程序和方法。我国工程造价的计价模式分为两种：一种是传统的________；另一种是现行的与国际惯例一致的工程量清单计价模式。

二、简答题

1. 工程造价有什么特点？
2. 什么是工程造价计价依据？
3. 什么是预算定额？预算定额手册的组成内容有哪些？
4. 单位工程施工图预算，按装订顺序包括哪些内容？

学习小结

根据个人的学习情况结合工程造价专业的职业道德进行回顾总结，要求体现自己在本项目学习过程中所获得的知识、学习目标的实现情况，以及在弘扬劳动精神、奋斗精神、奉献精神、创造精神、勤俭节约精神等方面的感悟。

（撰写总结要求层次清楚，观点明确，建议采用思维导图或表格的形式进行所学知识和学习目标实现情况的总结）

小结如下：____

____

____

____

项目二 建筑面积的计算

项目导读

建筑面积，是地产名词，与使用面积及使用率计算有直接关系。因国家和地区不同，其定义和量度标准也有所不同。建筑面积一般大于使用面积。建筑面积是建设工程领域一个重要的技术经济指标，也是国家宏观调控的重要指标之一。建筑面积是指建筑物外墙勒脚以上的结构外围水平面积，是以平方米反映房屋建筑建设规模的实物量指标。

学习目标

知识目标

◆了解建筑面积的概念及作用。

◆掌握计算建筑面积的计算规则。

能力目标

◆能够利用专业工具和软件进行建筑面积计算和数据处理。

◆具备分析建筑设计方案中建筑面积计算的能力，为设计优化提供数据支持。

素质目标

◆培养学生严谨和细致的工作态度，确保建筑面积数据的准确性和可靠性。

◆加强学生专业知识的实践应用能力，提升在建筑行业中的竞争力。

思政目标

◆通过学习建筑面积计算，增强学生对建筑环境规划和资源利用的责任感。

◆强化学生法治观念，遵守建筑规范和法律法规，保障建筑计算的合法合规。

任务工单

一、任务名称

计算建筑面积。

二、任务描述

全班同学分组讨论，简述建筑面积的概念及作用，列举建筑面积的组成，探讨《建筑工程建筑面积计算规范》中的各项规定。在任务准备的过程中完成表 2-1 的填写。

表 2-1　实训表（一）

姓名		班级		学号	
学时		日期		实践地点	
实训工具	计算器、相关计算规则公式				

三、任务目的

全面理解和应用建筑面积的计算，提升学生在建筑行业中的实际操作能力和社会责任感。

四、分组讨论

全班学生以 3~6 人为一组，选出各组的组长，组长对组员进行任务分配并将分工情况记入表 2-2 中。

表 2-2　实训表（二）

成员	姓名	任务分工
组长		
组员		

五、任务实施

在任务实施过程中，将遇到的问题和解决办法记录在表 2-3 中。

表 2-3　实训表（三）

成员	遇到的问题	解决办法
1		
2		
3		

六、任务评价

请各小组选出一名代表展示任务实施的成果，并配合指导教师完成表 2-4 的任务评价。

表 2-4 实训表（四）

评价项目	评价内容	分值	评价分值		
			自评	互评	师评
职业素养考核项目	考勤、纪律意识	10 分			
	团队交流与合作意识	10 分			
	参与主动性	10 分			
专业能力考核项目	积极参与教学活动并正确理解任务要求	10 分			
	认真查找与任务相关的资料	10 分			
	任务实施过程记录表的完成度	10 分			
	对几何图形面积计算公式的掌握程度	20 分			
	独立完成相应任务的程度	20 分			
合计：综合分数	自评（20%）+互评（20%）+师评（60%）	100 分			

任务一 建筑面积的概述

建筑面积是指建筑物（包括墙体）所形成的楼地面面积，即外墙勒脚以上各层水平投影面积的总和，包括室外阳台、雨篷、檐廊、室外走廊、室外楼梯等。

建筑面积的概述

建筑面积包括有效面积和结构面积。其中，有效面积又由使用面积和辅助面积组成。使用面积是指建筑物各层平面布置中，可直接为生产或生活使用的净面积总和。辅助面积是指建筑物各层平面布置中，为辅助生产或生活所占净面积的总和。结构面积是指建筑物各层平面布置中的墙体、柱等结构所占面积的总和，即

$$建筑面积=有效面积+结构面积=使用面积+辅助面积+结构面积 \quad (2-1)$$

建筑面积的作用如下。

一、建筑面积是确定建设规模的重要指标

如对于工业、民用与公共建筑工程，单体建筑面积大于 30 000 m^2 的，为大型建筑工程；单体建筑面积为 5 000~30 000 m^2 的，则属于中型建筑工程；而单体建筑面积小于 5 000 m^2 的，为小型建筑工程。

二、建筑面积是确定各项技术经济指标的基础

建筑工程各项技术经济指标包括

$$单位建筑面积工程造价=工程造价/建筑面积 \quad (2-2)$$

$$单位建筑面积的材料消耗指标=工程材料消耗量/建筑面积 \quad (2-3)$$

$$单位建筑面积的人工用量=工程人工消耗量/建筑面积 \quad (2-4)$$

三、建筑面积是评价设计方案的依据

如商品房的成套房屋的建筑面积=套内建筑面积+分摊的共有公用建筑面积。套内建筑面积是指房屋的权利人单独占有使用的建筑面积，它由套内房屋使用面积、套内墙体面积、套内阳台建筑面积三部分组成。分摊的共有公用建筑面积是指房屋的权利人应该分摊的各产权业主共同占有或共同使用的那部分建筑面积，内容包括电梯井、管道井、楼梯间、垃圾道、变电室、设备间、公共门厅、过道、地下室、值班警卫室等，以及为整幢服务的公共用房和管理用房的建筑面积。以水平投影面积计算

得房率=套内建筑面积/房屋的建筑面积=套内建筑面积/（套内建筑面积+分摊的共有公用建筑面积）　（2-5）

得房率的高低可作为评价设计方案的依据。

四、建筑面积是计算有关分项工程量的依据

在计算工程量时，如计算出建筑面积，就可以计算室内填土、地面垫层、平整场地、脚手架工程等项目的工程量。

通过准确计算出建筑面积，可以进一步细化和量化这些具体项目的工程量，从而为工程的预算、施工计划和资源分配提供科学的依据。建筑面积的计算不仅涉及到建筑物的主体结构，还包括了附属设施和必要的空地面积，确保了整个工程量计算的全面性和准确性。

五、建筑面积是选择概算指标和编制概算的基础数据

概算指标通常以建筑面积为计量单位，用概算指标编制概算时，要以建筑面积为计算基础。

建筑面积作为选择概算指标和编制概算的基础数据，具有至关重要的作用。它不仅为工程项目的预算编制提供了重要的参考依据，而且在确定工程造价和投资控制方面也起到了关键性的作用。建筑面积的准确计算能够帮助我们更好地估算出整个工程项目的规模和体量，从而为后续的设计、施工和管理提供科学的决策依据。因此，在进行工程概算时，必须确保建筑面积数据的准确性和可靠性，以便为整个项目的顺利进行奠定坚实的基础。

任务二　建筑面积的计算规范

建筑面积的计算规范是指在建筑行业中，为了统一和规范建筑面积的计算方法和标准，确保建筑面积的准确性和可比性，所制定的一系列技术规定和操作指南。这些规范通常由国家或行业标准制定机构发布，并在建筑设计、施工、验收和管理等各个环节中得到广泛应用。

一、建筑面积相关术语

（1）建筑面积：建筑物（包括墙体）所形成的楼地面面积。

（2）自然层：按楼地面结构分层的楼层。

（3）结构层高：楼面或地面结构层上表面至上部结构层上表面之间的垂直距离。

（4）围护结构：围合建筑空间的墙体、门、窗。

（5）建筑空间：以建筑界面限定的、供人们生活和活动的场所。

（6）结构净高：楼面或地面结构层上表面至上部结构层下表面之间的垂直距离。

（7）围护设施：为保障安全而设置的栏杆、栏板等围挡。

（8）地下室：室内地平面低于室外地平面的高度超过室内净高的 1/2 的房间。

（9）半地下室：室内地平面低于室外地平面的高度超过室内净高的 1/3，且不超过 1/2 的房间。

（10）架空层：仅有结构支撑而无外围护结构的开敞空间层。

（11）走廊：建筑物中的水平交通空间。

（12）架空走廊：专门设置在建筑物的二层或二层以上，作为不同建筑物之间水平交通的空间。

（13）结构层：整体结构体系中承重的楼板层。

（14）落地橱窗：突出外墙面且根基落地的橱窗。

（15）凸窗（飘窗）：凸出建筑物外墙面的窗户。

（16）檐廊：建筑物挑檐下的水平交通空间。

（17）挑廊：挑出建筑物外墙的水平交通空间。

（18）门斗：建筑物入口处两道门之间的空间。

（19）雨篷：建筑出入口上方为遮挡雨水而设置的部件。

（20）门廊：建筑物入口前有顶棚的半围合空间。

（21）楼梯：由连续行走的梯级、休息平台和维护安全的栏杆（或栏板）、扶手以及相应的支托结构组成的作为楼层之间垂直交通使用的建筑部件。

（22）阳台：附设于建筑物外墙，设有栏杆或栏板，可供人活动的室外空间。

（23）主体结构：接受、承担和传递建设工程所有上部荷载，维持上部结构整体性、稳定性和安全性的有机联系的构造。

（24）变形缝：防止建筑物在某些因素作用下引起开裂甚至破坏而预留的构造缝。

（25）骑楼：建筑底层沿街面后退且留出公共人行空间的建筑物。

（26）过街楼：跨越道路上空并与两边建筑相连接的建筑物。

（27）建筑物通道：为穿过建筑物而设置的空间。

（28）露台：设置在屋面、首层地面或雨篷上的供人室外活动的有围护设施的平台。

（29）勒脚：在房屋外墙接近地面部位设置的饰面保护构造。

（30）台阶：联系室内外地坪或同楼层不同标高而设置的阶梯形踏步。

知识链接

关于《建筑工程建筑面积计算规范》(GB/T 50353—2013)

(1) 为规范工业与民用建筑工程建设全过程的建筑面积计算，统一计算方法，制定本规范。

(2) 本规范适用于新建、扩建、改建的工业与民用建筑工程建设全过程的建筑面积计算。

(3) 建筑工程的建筑面积计算，除应符合本规范外，尚应符合国家现行有关标准的规定。

二、计算建筑面积的相关规定

(1) 建筑物的建筑面积应按自然层外墙结构外围水平面积之和计算。结构层高在 2.20 m 及以上的，应计算全面积；结构层高在 2.20 m 以下的，应计算 1/2 面积。

建筑面积计算，在主体结构内形成的建筑空间，满足计算面积结构层高要求的均应按本条规定计算建筑面积。主体结构外的室外阳台、雨篷、檐廊、室外走廊、室外楼梯等按相应条款计算建筑面积。当外墙结构本身在一个层高范围内不等厚时，以楼地面结构标高处的外围水平面积计算。

(2) 建筑物内设有局部楼层时，对于局部楼层的二层及以上楼层，有围护结构的应按其围护结构外围水平面积计算，无围护结构的应按其结构底板水平面积计算，且结构层高在 2.20 m 及以上的，应计算全面积，结构层高在 2.20 m 以下的，应计算 1/2 面积。

建筑物内的局部楼层如图 2-1 所示。

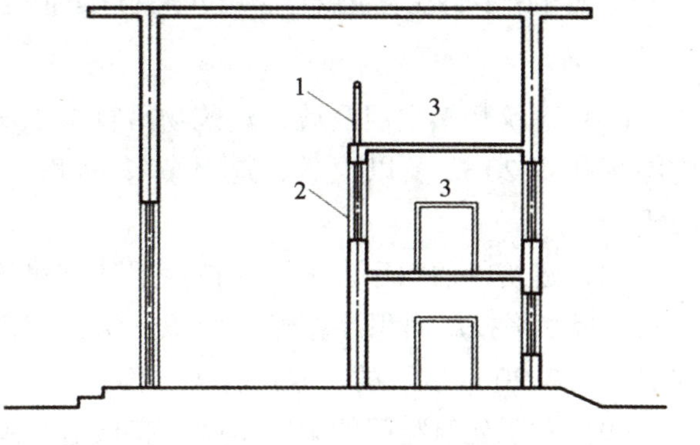

1—围护设施；2—围护结构；3—局部楼层。

图 2-1　建筑物内的局部楼层

(3) 对于形成建筑空间的坡屋顶，结构净高在 2.10 m 及以上的部位应计算全面积；结构净高在 1.20 m 及以上至 2.10 m 以下的部位应计算 1/2 面积；结构净高在 1.20 m 以下的部位不应计算建筑面积。

(4) 对于场馆看台下的建筑空间，结构净高在 2.10 m 及以上的部位应计算全面积；结构净高在 1.20 m 及以上至 2.10 m 以下的部位应计算 1/2 面积；结构净高在 1.20 m 以下的部位不应计算建筑面积。室内单独设置的有围护设施的悬挑看台，应按看台结构底板水平投影面积计算建筑面积。有顶盖无围护结构的场馆看台应按其顶盖水平投影面积的 1/2 计算面积。

场馆看台下的建筑空间因其上部结构多为斜板，所以采用净高的尺寸划定建筑面积的计算范围和对应规则。室内单独设置的有围护设施的悬挑看台，因其看台上部设有顶盖且可供人使用，所以按看台板的结构底板水平投影计算建筑面积。“有顶盖无围护结构的场馆看台”中的“场馆”为专业术语，指各种“场”类建筑，如体育场、足球场、网球场、带看台的风雨操场等。

（5）地下室、半地下室应按其结构外围水平面积计算。结构层高在 2.20 m 及以上的，应计算全面积；结构层高在 2.20 m 以下的，应计算 1/2 面积。

地下室作为设备、管道层按《建筑工程建筑面积计算规范》（GB/T 50353—2013）（以下简称：本规范）第 26 条执行；地下室的各种竖向井道按本规范第 19 条执行；地下室的围护结构不垂直于水平面的按本规范第 18 条规定执行。

（6）出入口外墙外侧坡道有顶盖的部位，应按其外墙结构外围水平面积的 1/2 计算面积。

出入口坡道分有顶盖出入口坡道和无顶盖出入口坡道，出入口坡道顶盖的挑出长度，为顶盖结构外边线至外墙结构外边线的长度；顶盖以设计图纸为准，对后增加及建设单位自行增加的顶盖等，不计算建筑面积。顶盖不分材料种类（如钢筋混凝土顶盖、彩钢板顶盖、阳光板顶盖等）。地下室出入口如图 2-2 所示。

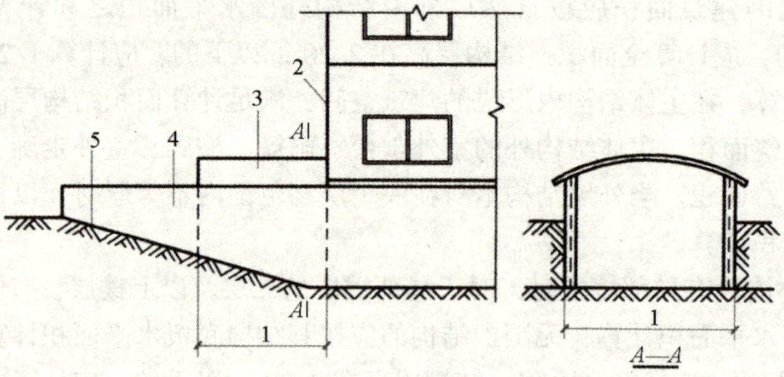

1—计算 1/2 投影面积部位；2—主体建筑；3—出入口顶盖；4—封闭出入口侧墙；5—出入口坡道。

图 2-2　地下室出入口

（7）建筑物架空层及坡地建筑物吊脚架空层，应按其顶板水平投影计算建筑面积。结构层高在 2.20 m 及以上的，应计算全面积；结构层高在 2.20 m 以下的，应计算 1/2 面积。

（8）建筑物的门厅、大厅应按一层计算建筑面积，门厅、大厅内设置的走廊应按走廊结构底板水平投影面积计算建筑面积。结构层高在 2.20 m 及以上的，应计算全面积；结构层高在 2.20 m 以下的，应计算 1/2 面积。

（9）对于建筑物间的架空走廊，有顶盖和围护设施的，应按其围护结构外围水平面积计算全面积；无围护结构、有围护设施的，应按其结构底板水平投影面积计算 1/2 面积。

（10）对于立体书库、立体仓库、立体车库，有围护结构的，应按其围护结构外围水平面积计算建筑面积；无围护结构、有围护设施的，应按其结构底板水平投影面积计算建筑面积。无结构层的应按一层计算，有结构层的应按其结构层面积分别计算。结构层高在 2.20 m 及以上的，应计算全面积；结构层高在 2.20 m 以下的，应计算 1/2 面积。

本条主要为图书馆中的立体书库、仓储中心的立体仓库、大型停车场的立体车库等建筑的建筑面积计算规定。起局部分隔、存储等作用的书架层、货架层或可升降的立体钢结构停车层均不属于结构层，故该部分分层不计算建筑面积。

（11）有围护结构的舞台灯光控制室，应按其围护结构外围水平面积计算。结构层高在 2. 20 m 及以上的，应计算全面积；结构层高在 2. 20 m 以下的，应计算 1/2 面积。

（12）附属在建筑物外墙的落地橱窗，应按其围护结构外围水平面积计算。结构层高在 2. 20 m 及以上的，应计算全面积；结构层高在 2. 20 m 以下的，应计算 1/2 面积。

（13）窗台与室内楼地面高差在 0. 45 m 以下且结构净高在 2. 10 m 及以上的凸（飘）窗，应按其围护结构外围水平面积计算 1/2 面积。

（14）有围护设施的室外走廊（挑廊），应按其结构底板水平投影面积计算 1/2 面积；有围护设施（或柱）的檐廊，应按其围护设施（或柱）外围水平面积计算 1/2 面积。檐廊如图 2-3 所示。

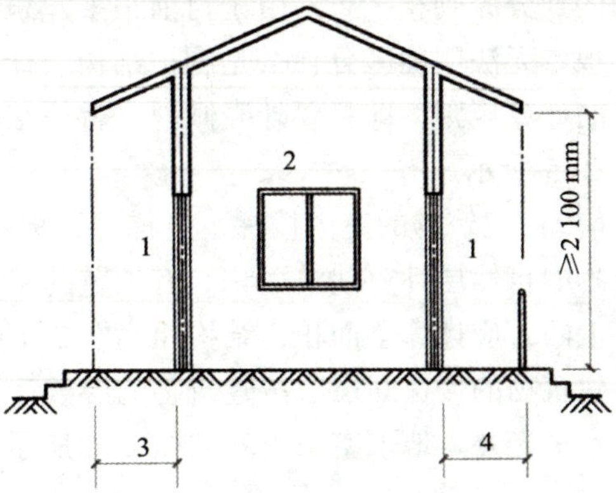

1—檐廊；2—室内；3—不计算建筑面积部位；4—计算 1/2 建筑面积部位。

图 2-3　檐廊

（15）门斗应按其围护结构外围水平面积计算建筑面积，且结构层高在 2. 20 m 及以上的，应计算全面积；结构层高在 2. 20 m 以下的，应计算 1/2 面积。门斗如图 2-4 所示。

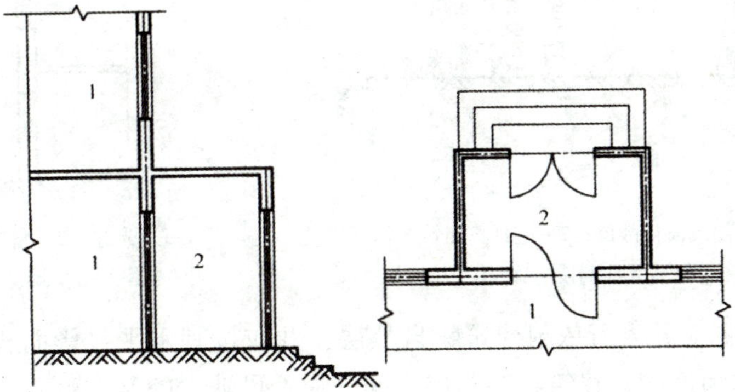

1—室内；2—门斗。

图 2-4　门斗

（16）门廊应按其顶板的水平投影面积的 1/2 计算建筑面积；有柱雨篷应按其结构板水平投影面积的 1/2 计算建筑面积；无柱雨篷的结构外边线至外墙结构外边线的宽度在 2. 10 m 及以上的，应按雨篷结构板的水平投影面积的 1/2 计算建筑面积。

雨篷分为有柱雨篷和无柱雨篷。有柱雨篷，没有出挑宽度的限制，也不受跨越层数的限制，均计算建筑面积。无柱雨篷，其结构板不能跨层，并受出挑宽度的限制，设计出挑宽度大于或等于 2. 10 m 时才计算建筑面积。出挑宽度是指雨篷结构外边线至外墙结构外边线的宽度，弧形或异形时，取最大宽度。

（17）设在建筑物顶部的、有围护结构的楼梯间、水箱间、电梯机房等，结构层高在 2. 20 m 及以上的，应计算全面积；结构层高在 2. 20 m 以下的，应计算 1/2 面积。

（18）围护结构不垂直于水平面的楼层，应按其底板面的外墙外围水平面积计算。结构净高在 2. 10 m 及以上的部位，应计算全面积；结构净高在 1. 20 m 及以上至 2. 10 m 以下的部位，应计算 1/2 面积；结构净高在 1. 20 m 以下的部位，不应计算建筑面积。

在划分高度上，本条使用的是结构净高，与其他正常平楼层按层高划分不同，但与斜屋面的划分原则相一致。由于目前很多建筑设计追求新、奇、特，造型越来越复杂，很多时候根本无法明确区分什么是围护结构、什么是屋顶，因此对于斜围护结构与斜屋顶采用相同的计算规则，即只要外壳倾斜，就按结构净高划段，分别计算建筑面积。斜围护结构如图 2-5 所示。

（19）建筑物的室内楼梯、电梯井、提物井、管道井、通风排气竖井、烟道，应并入建筑物的自然层计算建筑面积。有顶盖的采光井应按一层计算面积，且结构净高在 2. 10 m 及以上的，应计算全面积；结构净高在 2. 10 m 以下的，应计算 1/2 面积。

建筑物的楼梯间层数按建筑物的层数计算。有顶盖的采光井包括建筑物中的采光井和地下室采光井。地下室采光井如图 2-6 所示。

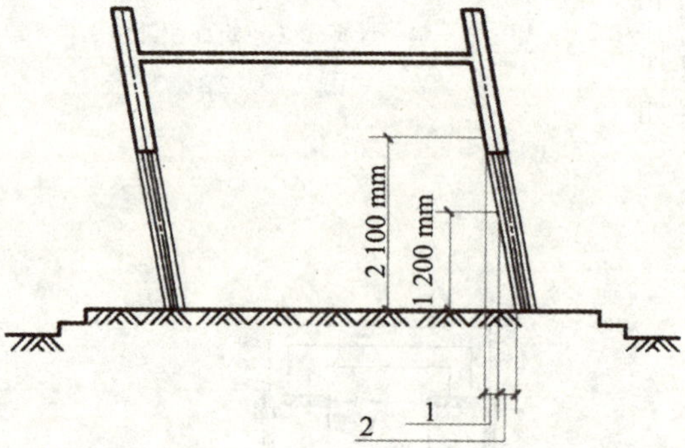

1—计算 1/2 建筑面积部位；2—不计算建筑面积部位。

图 2-5　斜围护结构

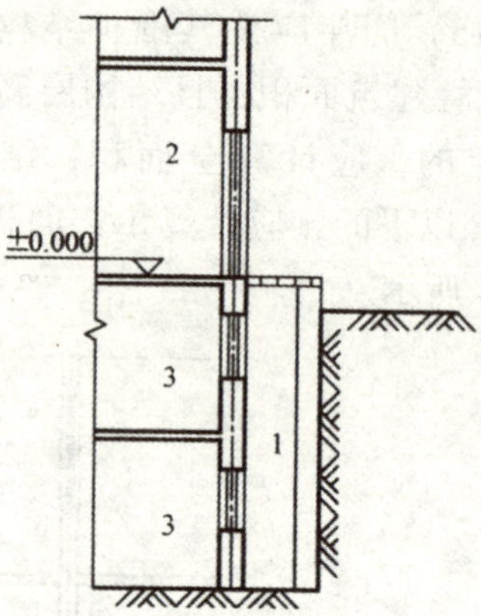

1—采光井；2—室内；3—地下室。

图 2-6　地下室采光井

（20）室外楼梯应并入所依附建筑物自然层，并应按其水平投影面积的 1/2 计算建筑面积。室外楼梯作为连接该建筑物层与层之间交通不可缺少的基本部件，无论从其功能还是工程计价的要求来说，均需计算建筑面积。层数为室外楼梯所依附的楼层数，即梯段部分投影到建筑物范围的层数。利用室外楼梯下部的建筑空间不得重复计算建筑面积；利用地势砌筑的为室外踏步，不计算建筑面积。

（21）在主体结构内的阳台，应按其结构外围水平面积计算全面积；在主体结构外的阳台，应按其结构底板水平投影面积计算 1/2 面积。

建筑物的阳台，不论其形式如何，均以建筑物主体结构为界分别计算建筑面积。

（22）有顶盖无围护结构的车棚、货棚、站台、加油站、收费站等，应按其顶盖水平投影面积的 1/2 计算建筑面积。

（23）以幕墙作为围护结构的建筑物，应按幕墙外边线计算建筑面积。

幕墙以其在建筑物中所起的作用和功能来区分，直接作为外墙起围护作用的幕墙，按其外边线计算建筑面积；设置在建筑物墙体外起装饰作用的幕墙，不计算建筑面积。

（24）建筑物的外墙外保温层，应按其保温材料的水平截面积计算，并计入自然层建筑面积。

建筑物外墙外侧有保温隔热层的，保温隔热层以保温材料的净厚度乘以外墙结构外边线长度按建筑物的自然层计算建筑面积，其外墙外边线长度不扣除门窗和建筑物外已计算建筑面积构件（如阳台、室外走廊、门斗、落地橱窗等部件）所占长度。当建筑物外已计算建筑面积的构件（如阳台、室外走廊、门斗、落地橱窗等部件）有保温隔热层时，其保温隔热层也不再计算建筑面积。外墙是斜面者按楼面楼板处的外墙外边线长度乘以保温材料的净厚度计算。外墙外保温以沿高度方向满铺为准，某层外墙外保温铺设高度未达到全部高度时（不包括阳台、室外走廊、门斗、落地橱窗、雨篷、飘窗等），不计算建筑面积。保温隔热层的建筑面积是以保温隔热材料的厚度来计算的，不包含抹灰层、防潮层、保护层（墙）的厚度。建筑外墙外保温如图 2-7 所示。

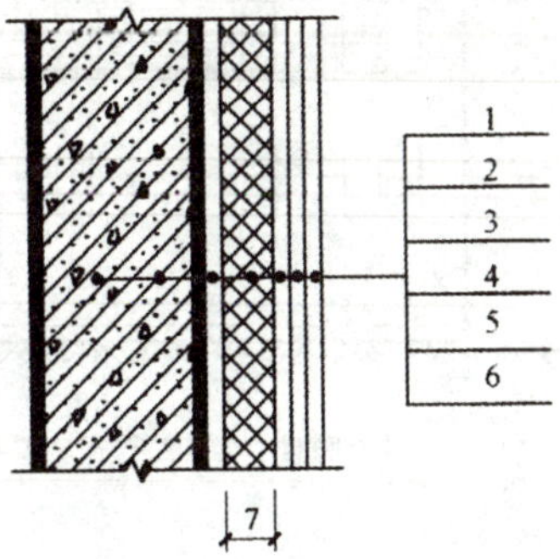

1—墙体；2—黏结胶浆；3—保温材料；4—标准网；5—加强网；6—抹面胶浆；7—计算建筑面积部位。

图 2-7　建筑外墙外保温

（25）与室内相通的变形缝，应按其自然层合并在建筑物建筑面积内计算。对于高低联跨的建筑物，当高低跨内部连通时，其变形缝应计算在低跨面积内。

本规范所指的与室内相通的变形缝，是指暴露在建筑物内，在建筑物内可以看得见的变形缝。

（26）对于建筑物内的设备层、管道层、避难层等有结构层的楼层，结构层高在 2.20 m 及以上的，应计算全面积；结构层高在 2.20 m 以下的，应计算 1/2 面积。

设备层、管道层虽然其具体功能与普通楼层不同，但在结构上及施工消耗上并无本质区别，且本规范定义自然层为“按楼地面结构分层的楼层”，因此设备、管道楼层归为自然层，其计算规则与普通楼层相同。在吊顶空间内设置管道的，则吊顶空间部分不能被视为设备层、管道层。

（27）下列项目不应计算建筑面积。

① 与建筑物内不相连通的建筑部件，指的是依附于建筑物外墙外不与户室开门连通，起装饰作用的敞开式挑台（廊）、平台，以及不与阳台相通的空调室外机搁板（箱）等设备平台部件。

② 骑楼、过街楼底层的开放公共空间和建筑物通道。骑楼如图 2-8 所示，过街楼如图 2-9 所示。

③ 舞台及后台悬挂幕布和布景的天桥、挑台等，指的是影剧院的舞台及为舞台服务的可供工人维修、悬挂幕布、布置灯光及布景等搭设的天桥和挑台等构件设施。

④ 露台、露天游泳池、花架、屋顶的水箱及装饰性结构构件。

⑤ 建筑物内的操作平台、上料平台、安装箱和罐体的平台。

建筑物内不构成结构层的操作平台、上料平台（包括：工业厂房、搅拌站和料仓等建筑中的设备操作控制平台、上料平台等），其主要是为室内构筑物或设备服务的独立上人设施，因此不计算建筑面积。

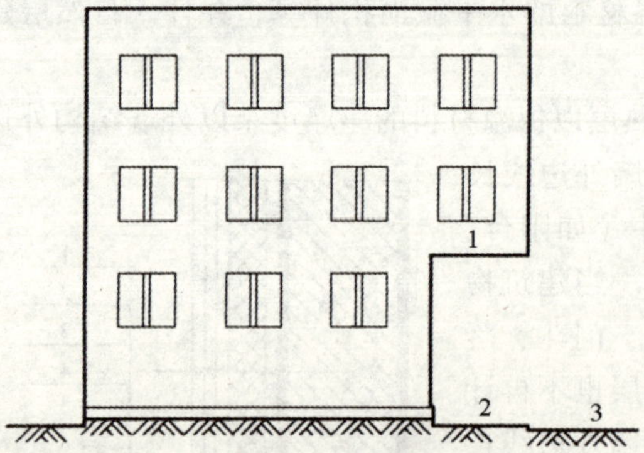

1—骑楼；2—人行道；3—街道。

图 2-8　骑楼

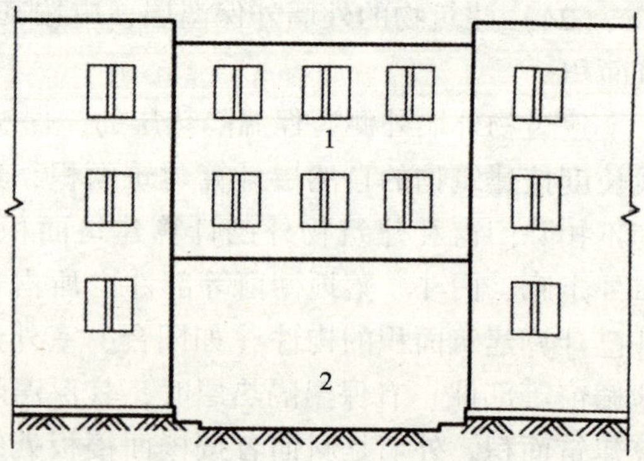

1—过街楼；2—建筑物通道。

图 2-9　过街楼

⑥ 勒脚、附墙柱、垛、台阶、墙面抹灰、装饰面、镶贴块料面层、装饰性幕墙，主体结构外的空调室外机搁板（箱）、构件、配件，挑出宽度在 2.10 m 以下的无柱雨篷和顶盖高度达到或超过两个楼层的无柱雨篷。附墙柱是指非结构性装饰柱。

⑦ 窗台与室内地面高差在 0.45 m 以下且结构净高在 2.10 m 以下的凸（飘）窗，窗台与室内地面高差在 0.45 m 及以上的凸（飘）窗。

室外钢楼梯需要区分具体用途，如专用于消防楼梯，则不计算建筑面积，如果是建筑物唯一通道，兼用于消防，则需要按本规范的第 3.0.20 条计算建筑面积。

⑧ 室外爬梯、室外专用消防钢楼梯。

⑨ 无围护结构的观光电梯。

⑩ 建筑物以外的地下人防通道，独立的烟囱、烟道、地沟、油（水）罐、气柜、水塔、贮油（水）池、贮仓、栈桥等构筑物。

案例解析

【例 2-1】如图 2-10 所示，计算该单层建筑的建筑面积（单位：mm）。

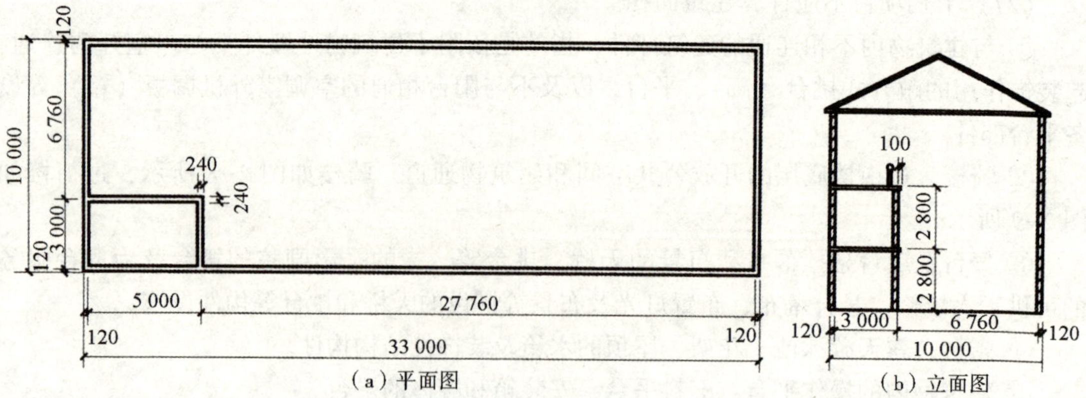

图 2-10　某单层建筑平、立面图（单位：mm）

【解】首层建筑面积 = 33×10 = 330（m^2）

有围护结构的局部 2 层建筑面积 = 5.24×3.24 = 16.98（m^2）

无围护结构的局部 3 层建筑面积＝（5.24+0.1）×（3.24+0.1）＝17.84（m^2）

该单层建筑的建筑面积＝330+16.98+17.84＝364.82（m^2）

【例 2-2】某单层建筑物内设有局部楼层，尺寸如图 2-11 所示，L＝11 240 mm，B＝9 240 mm，a＝4 240 mm，b＝5 240 mm，试计算该建筑物的建筑面积。

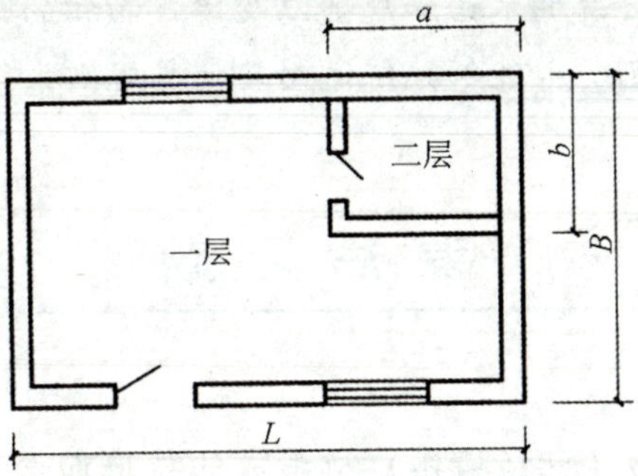

图 2-11 某单层建筑平面图

【解】建筑面积 $S=LB+ab=11.24\times9.24+4.24\times5.24=126.08$（$m^2$）

【例 2-3】某自行车棚平面、立面图如图 2-12 所示，试计算该车棚的建筑面积（单位：mm）。

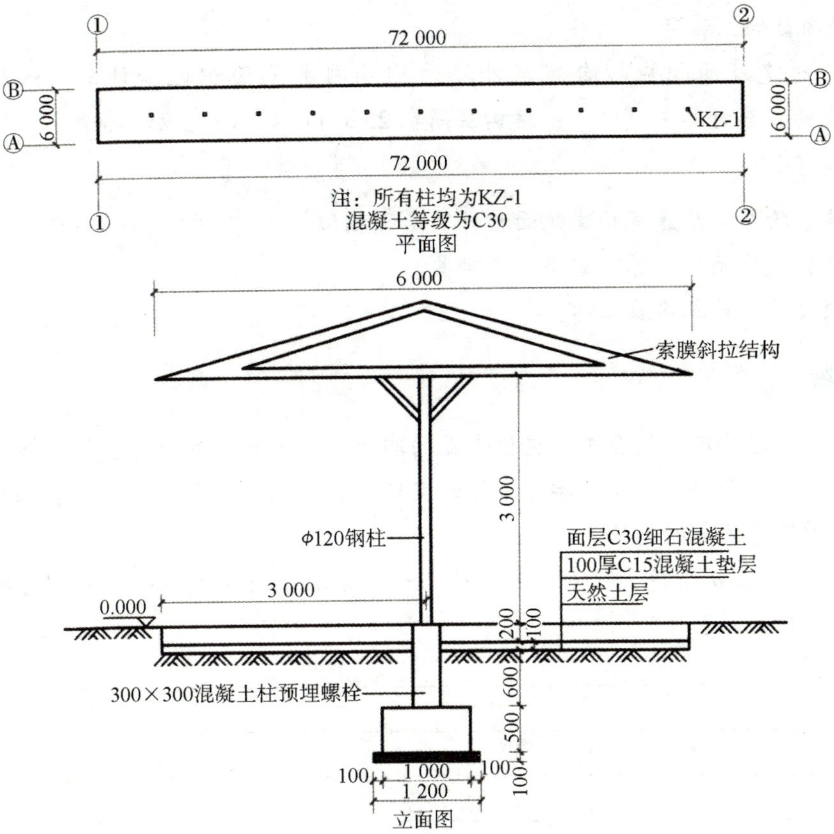

图 2-12 某自行车棚平面、立面图（单位：mm）

【解】建筑面积 $S=72\times6\times0.5=216$（m^2）

项目小结

本项目主要介绍了建筑面积相关内容，通过对本项目的学习，帮助读者可以了解建筑面积的含义、建筑面积计算的术语和规则以及建筑面积的计算方法。其中要重点学习和掌握建筑面积的计算规则，并能够熟练运用其计算规则来解决实际问题。

课后习题

一、填空题

1. 建筑面积是指建筑物（包括墙体）所形成的楼地面面积，即外墙勒脚以上各层水平投影面积的总和，包括室外阳台、________、________、________、室外楼梯等。

2. 建筑面积包括有效面积和结构面积。其中，有效面积又由________和________组成。

3. 在计算工程量时，如计算出建筑面积，就可以计算室内填土、________、________、脚手架工程等项目的工程量。

4. 建筑物的建筑面积应按自然层外墙结构外围水平面积之和计算。结构层高在 2.20 m 及以上的，应计算________；结构层高在 2.20 m 以下的，应计算________。

二、简答题

1. 单层建筑物与多层建筑物建筑面积计算是否相似？

2. 如果碰到坡屋面，计算时需要注意哪些？

3. 哪些项目不应计算建筑面积？

学习小结

根据个人的学习情况、结合工程造价专业的职业道德进行回顾总结，要求体现自己在本项目学习过程中所获得的知识、学习目标的实现情况，以及在创新文化、弘扬科学家精神、涵养优良学风等方面的感悟。

（撰写总结要求层次清楚，观点明确，建议采用思维导图或表格的形式进行所学知识和学习目标实现情况的总结）

小结如下：____

____

____

____

项目三

基础工程造价编制

项目导读

基础工程造价编制涉及基础设施建设中的成本管理和预算规划。这一领域的学习集中于掌握工程项目的造价核算原理、技术标准以及预算编制方法。通过系统的理论学习和实际操作，学生能够全面了解和应用基础工程的成本要素，提升在工程项目管理中的实际操作能力和职业素养。

学习目标

知识目标

◆掌握土石方工程的定额说明和计算规则。

◆掌握地基处理、基坑与边坡支护的方法和计算规则。

能力目标

◆能够独立完成土石方工程的工程量计算和造价编制。

◆能够进行地基处理、基坑与边坡支护的工程量计算和造价编制。

素质目标

◆提升学生在基础工程造价编制方面的专业能力和实践经验。

◆增强学生团队合作精神，能够与其他专业人员有效沟通协作。

思政目标

◆强化学生对工程质量和施工安全的意识，保障工程的顺利进行。

◆通过基础工程的造价编制，增强学生对建筑工程造价控制的认识。

任务工单

一、任务名称

1. 现场观看土方开挖。
2. 现场观看基坑处理。

二、任务描述

同学们集体参观施工现场，了解定额说明，讨论土石方工程、基坑工程的计算规则，在任务准备的过程中完成表 3-1 的填写。

表 3-1　实训表（一）

姓名		班级		学号	
学时		日期		实践地点	
实训工具	挖掘机、铲车、装载机、自卸卡车、推土机				

三、任务目的

通过对现场的观看与分析，能够应用所学知识编制基础工程造价。

四、分组讨论

全班学生以 3~6 人为一组，选出各组的组长，组长对组员进行任务分配并将分工情况记入表 3-2 中。

表 3-2　实训表（二）

成员	姓名	任务分工
组长		
组员		

五、任务实施

在任务实施过程中，将遇到的问题和解决办法记录在表 3-3 中。

表 3-3　实训表（三）

成员	遇到的问题	解决办法
1		
2		
3		

六、任务评价

请各小组选出一名代表展示任务实施的成果，并配合指导教师完成表 3-4 的任务评价。

表 3-4　实训表（四）

评价项目	评价内容	分值	评价分值		
			自评	互评	师评
职业素养考核项目	考勤、纪律意识	10 分			
	团队交流与合作意识	10 分			
	参与主动性	10 分			
专业能力考核项目	积极参与教学活动并正确理解任务要求	10 分			
	认真查找与任务相关的资料	10 分			
	任务实施过程记录表的完成度	10 分			
	对土方开挖及基坑处理的了解程度	20 分			
	独立完成相应任务的程度	20 分			
合计：综合分数	自评（20%）+互评（20%）+师评（60%）	100 分			

任务一　土石方工程

土石方，是土方与石方的总称，土石方工程包括一切土（石）方的挖梆、填筑、运输以及排水、降水等方面。

基础工程造价

一、定额说明

（1）本章定额

“章”指的是《山东省建筑工程消耗量定额》（SD 01-31-2016）中“土石方工程”章节，后文不再一一说明。本章定额包括单独土石方、基础土方、基础石方、平整场地及其他五节。

（2）土壤、岩石类别的划分

土壤及岩石按普通土、坚土、松石、坚石分类，其具体分类见表 3-5 土壤分类表和表 3-6 岩石分类表。

表 3-5　土壤分类表

定额分类	《房屋建筑与装饰工程工程量计算规范》（GB 50854—2013）分类		
	土壤分类	土壤名称	开挖方法
普通土	一、二类土	粉土、砂土（粉砂、细砂、中砂、粗砂、砾砂）、粉质黏土、弱中盐渍土、软土（淤泥质土、泥炭、泥炭质土）、软塑红黏土、冲填土	主要用锹，少许用镐、条锄开挖。机械能全部直接铲挖满载者

续表

<table>
<tr><th rowspan="2">定额分类</th><th colspan="3">《房屋建筑与装饰工程工程量计算规范》（GB 50854—2013）分类</th></tr>
<tr><th>土壤分类</th><th>土壤名称</th><th>开挖方法</th></tr>
<tr><td rowspan="2">坚土</td><td>三类土</td><td>黏土、碎石土（圆砾、角砾）混合土、可塑红黏土、硬塑红黏土、强盐渍土、素填土、压实填土</td><td>主要用镐、条锄，少许用锹开挖。机械需部分刨松方能铲挖满载者，或可直接铲挖但不能满载者</td></tr>
<tr><td>四类土</td><td>碎石土（卵石、碎石、漂石、块石）、坚硬红黏土、超盐渍土、杂填土</td><td>全部用镐、条锄挖掘，少许用撬棍。挖掘机械须普遍刨松方能铲挖满载者</td></tr>
</table>

表 3-6　岩石分类表

<table>
<tr><th rowspan="2">定额分类</th><th colspan="4">《房屋建筑与装饰工程工程量计算规范》（GB 50854—2013）分类</th></tr>
<tr><th colspan="2">岩石分类</th><th>代表性岩石</th><th>开挖方法</th></tr>
<tr><td rowspan="2">松石</td><td colspan="2">极软岩</td><td>1. 全风化的各种岩石
2. 各种半成岩</td><td>部分用手凿工具，部分用爆破法开挖</td></tr>
<tr><td rowspan="2">软质石</td><td>软岩</td><td>1. 强风化的坚硬岩或较硬岩
2. 中等风化、强风化的较软岩
3. 未风化、微风化的页岩、泥岩、泥质砂岩等</td><td>用风镐和爆破法开挖</td></tr>
<tr><td rowspan="3">坚石</td><td>较软岩</td><td>1. 中等风化、强风化的坚硬岩或较硬岩
2. 未风化、微风化的凝灰岩、千枚岩、泥灰岩、砂质泥岩等</td><td>用爆破法开挖</td></tr>
<tr><td rowspan="2">硬质石</td><td>较硬岩</td><td>1. 中风化的坚硬岩
2. 未风化、微风化的大理岩、板岩、石灰岩、白云岩、钙质砂岩等</td><td>用爆破法开挖</td></tr>
<tr><td>坚硬岩</td><td>未风化、微风化的花岗岩、闪长岩、辉绿岩、玄武岩、安山岩、片麻岩、石英岩、石英砂岩、硅质砾岩、硅质石灰岩等</td><td>用爆破法开挖</td></tr>
</table>

（3）干土、湿土、淤泥的划分

① 干土、湿土、淤泥的划分，以地质勘测资料的地下常水位为准。地下常水位以上为干土，以下为湿土。地表水排出后，土壤含水率≥25%时为湿土。含水率超过液限，土和水的混合物呈现流动状态时为淤泥。

温度在 0 ℃及以下，并夹含冰的土壤为冻土。定额中的冻土，指短时冻土和季节冻土。

② 土方子目按干土编制。人工挖、运湿土时，相应子目乘以系数 1.18；机械挖、运湿土时，相应子目人工、机械乘以系数 1.15。采取降水措施后，人工挖、运土相应子目乘

以系数 1.09，机械挖、运土不再乘系数。

(4) 单独土石方、基础土石方的划分

单独土石方子目，适用于自然地坪与设计室外地坪之间、挖方或填方工程量>5 000 m^3 的土石方工程；同时适用于建筑、安装、市政、园林绿化、修缮等工程中的单独土石方工程。

单独土石方之外均为基础土石方子目，适用于设计室外地坪以下的基础土石方工程，以及自然地坪与设计室外地坪之间、挖方或填方工程量≤5 000 m^3 的土石方工程。

单独土石方子目不能满足施工需要时，可以借用基础土石方子目，但应乘以系数 0.90。

(5) 基础土石方、沟槽、地坑的划分

① 底宽（设计图示垫层或基础的底宽，下同）≤3 m，且底长>3 倍底宽为沟槽。

② 坑底面积≤20 m^2，且底长≤3 倍底宽为地坑。

③ 超出上述范围，又非平整场地的，为一般土石方。

(6) 小型挖掘机

小型挖掘机是指斗容量≤0.30 m^3 的挖掘机，适用于基础（含垫层）底宽≤1.20 m 的沟槽土方工程或底面积≤8 m^2 的地坑土方工程。

(7) 土石方工程执行相应子目时应乘以的系数

① 人工挖一般土方、沟槽土方、基坑土方，6 m<深度≤7 m 时，按深度≤6 m 相应子目人工乘以系数 1.25；7 m<深度≤8 m 时，按深度≤6 m 相应子目人工乘以系数 1.25^2，以此类推。

② 挡土板下人工挖槽坑时，相应子目人工乘以系数 1.43。

③ 桩间挖土不扣除桩体和空孔所占体积，相应子目人工、机械乘以系数 1.50。

④ 在强夯后的地基上挖土方和基底钎探，相应子目人工、机械乘以系数 1.15。

⑤ 满堂基础垫层底以下局部加深的槽坑，按槽坑相应规则计算工程量，相应子目人工、机械乘以系数 1.25。

⑥ 人工清理修整，是指机械挖土后，对于基底和边坡遗留厚度≤0.30 m 的土方，由人工进行的基底清理与边坡修整。

机械挖土以及机械挖土后的人工清理修整，按机械挖土相应规则一并计算挖方总量。其中，机械挖土按挖方总量执行相应子目，乘以表 3-7 规定的系数；人工清理修整，按挖方总量执行表 3-7 规定的子目并乘以相应系数。

表 3-7 机械挖土及人工清理修整系数表

基础类型	机械挖土		人工清理修整	
	执行子目	系数	执行子目	系数
一般土方	相应子目	0.95	1-2-3	0.063
沟槽土方		0.90	1-2-8	0.125
地坑土方		0.85	1-2-13	0.188

注：1. 人工挖土方，不计算人工清底修边。

2. 推土机推运土（不含平整场地）、装载机装运土土层平均厚度≤0.30 m 时，相应子目人工、机械乘以系数 1.25。

3. 挖掘机挖筑、维护、挖掘施工坡道（施工坡道斜面以下）土方，相应子目人工、机械乘以系数 1.50。

4. 挖掘机在垫板上作业时，相应子目人工、机械乘以系数 1.25。挖掘机下铺设垫板、汽车运输道路上铺设材料时，其人工、材料、机械按实另计。

5. 场区（含地下室顶板以上）回填，相应子目人工、机械乘以系数 0.90。

（8）土石方运输

① 本章土石方运输，按施工现场范围内运输编制。在施工现场范围之外的市政道路上运输，不适用本定额。弃土外运以及弃土处理等其他费用，按各地市有关规定执行。

② 土石方运输的运距上限，是根据合理的施工组织设计设置的。超出运距上限的土石方运输，不适用本定额。自卸汽车、拖拉机运输土石方子目，定额虽未设定运距上限，但仅限于施工现场范围内增加运距。

③ 土石方运距，按挖土区重心至填方区（或堆放区）重心间的最短运输距离计算。

④ 人工、人力车、汽车的负载上坡（坡度≤15%）降效因素已综合在相应运输子目中，不另计算。

（9）平整场地

平整场地是指建筑物（构筑物）所在现场厚度在±30 cm 以内的就地挖、填及平整。挖填土方厚度超过 30 cm 时，全部厚度按一般土方相应规定另行计算，但仍应计算平整场地。

提示

场地平整和挖土、填土方的区别如图 3-1 所示。

挖土方或填土方——为处理厚度超过 30 cm 的工作内容。

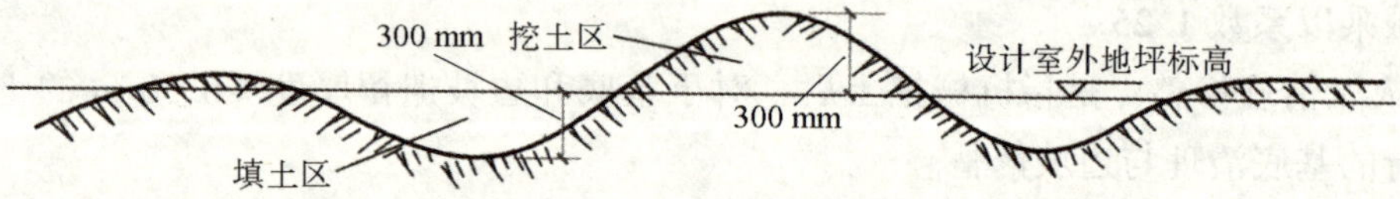

图 3-1　挖、填土方示意图

（10）竣工清理

竣工清理是指建筑物（构筑物）内、外围四周 2 m 范围内建筑垃圾的清理、场内运输和场内指定地点的集中堆放，建筑物（构筑物）竣工验收前的清理、清洁等工作内容。

提示

任何情况下，总包单位均应全额计算一次竣工清理。

（11）定额中的砂

砂为符合规范要求的过筛净砂，包括配制各种砂浆、混凝土时的操作损耗。毛砂过筛，是指来自砂场的毛砂进入施工现场后的过筛。

砌筑砂浆、抹灰砂浆等各种砂浆以外的混凝土及其他用砂，不计算过筛用工。

(12) 基础（地下室）周边回填材料

按本定额“第二章地基处理与边坡支护工程”相应子目，人工、机械乘以系数0.90。

(13) 其他工程

土石方工程不包括施工现场障碍物清除、边坡支护、地表水排除以及地下常水位以下施工降水等内容，实际发生时，另按其他工程相应规定计算。

二、工程量计算规则

(1) 土石方的开挖、运输体积计算。土石方的开挖、运输，均按开挖前的天然密实体积计算。土方回填，按回填后的竣工体积计算。不同状态的土石方体积，按表3-8土石方体积换算系数表换算。

表3-8　土石方体积换算系数表

名称	虚方	松填	天然密实	夯填
土方	1. W	0. 83	0. 77	0. 67
	1. 20	1. 00	0. 92	0. 80
	1. 30	1. 08	1. 00	0. 87
石方	1. 00	0. 85	0. 65	—
	1. 18	1. 00	0. 76	
	1. 54	1. 31	1. 00	
块石	1. 75	1. 43	1. 00	（码方）1. 67
砂夹石	1. 07	0. 94	1. 00	—

(2) 自然地坪与设计室外地坪之间的单独土石方。依据设计土方竖向布置图，以体积计算。

(3) 基础土石方开挖深度。基础土石方的开挖深度，按基础（含垫层）底标高至设计室外地坪之间的高度计算。交付施工场地标高与设计室外地坪不同时，应按交付施工场地标高计算。

岩石爆破时，基础土石方的开挖深度还应包括岩石爆破的允许超挖深度。基础土石方开挖深度如图3-2所示，H为开挖深度。

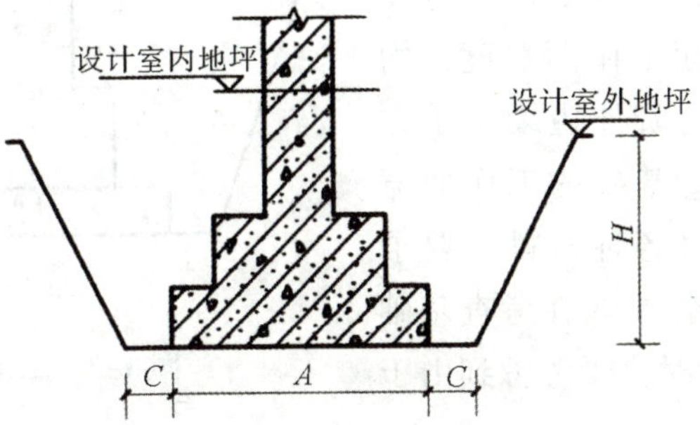

图3-2　基础土石方开挖深度

自然地坪低于设计室外地坪时，基础土石方的开挖深度，应以自然地坪计算。自然地坪与设计室外地坪之间的土石方，依据设计土方平衡竖向布置图以 m^3 计算。

（4）工作面。基础施工的工作面宽度，按设计规定计算；设计无规定时，按施工组织设计（经过批准，下同）规定计算；设计、施工组织设计均无规定时，自基础（含垫层）外沿向外，按下列规定计算。

① 基础材料不同或做法不同时，其工作面宽度按表 3-9 计算。

表 3-9　基础施工单面工作面宽度计算表

基础材料	单面工作面宽度/mm
砖基础	200
毛石、方整石基础	250
混凝土基础（支模板）	400
混凝土基础垫层（支模板）	150
基础垂直面做砂浆防潮层	400（自防潮层外表面）
基础垂直面做防水层或防腐层	1 000（自防水、防腐层外表面）
支挡土板	100（在上述宽度外另加）

② 基础施工需要搭设脚手架时，其工作面宽度、条形基础按 1.50 m 计算（只计算一面）；独立基础按 0.45 m 计算（四面均计算）。

③ 基坑土方大开挖需做边坡支护时，其工作面宽度均按 2.00 m 计算。

④ 基坑内施工各种桩时，其工作面宽度均按 2.00 m 计算。

⑤ 管道施工的工作面宽度按表 3-10 计算。

表 3-10　管道施工的工作面宽度计算表

管道材质	管道基础宽度（无基础时指管道外径）/mm			
	≤500	≤1 000	≤2 500	>2 500
混凝土管、水泥管	400	500	600	700
其他管道	300	400	5（8）	600

工作面宽度（图 3-3）的含义：①构成基础的各个台阶（各种材料），均应按表 3-10 的相应规定，满足其各自工作面宽度的要求。各个台阶的单面工作面宽度，均指在台阶底坪高程上、台阶外边线至土方边坡之间的水平宽度。②基础的工作面宽度是指基础的各个台阶（各种材料）要求的工作面宽度的“最大者”。③在考查基础上一个台阶的工作面宽度时，要考虑到由于

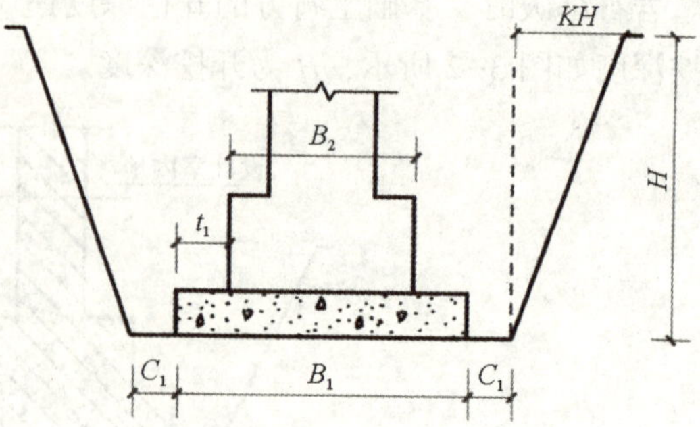

图 3-3　工作面宽度示意图

下一个台阶的厚度所带来的土方放坡宽度。

（5）基础土方放坡的造价编制需要综合考虑坡度选择、土方量计算、施工工艺、土方运输以及风险评估等多个方面。

① 土方放坡的起点深度和放坡坡度，设计、施工组织设计无规定时，按表 3-11 计算。

表 3-11　土方放坡起点深度和放坡坡度表

土壤类别	起点深度>/m	放坡坡度			
		人工挖土	机械挖土		
			基坑内作业	基坑上作业	槽坑上作业
普通土	1.20	1：0.50	1：0.33	1：0.75	1：0.50
坚土	1.70	1：0.30	1：0.20	1：0.50	1：0.30

注：1. 土类为单一土质时，普通土起点深度大于 1.2 m，坚土起点深度大于 1.7 m，允许放坡。

2. 土类为混合土质时，起点深度大于 1.5 m，允许放坡。

② 基础土方放坡（图 3-4），自基础（含垫层）底标高算起。

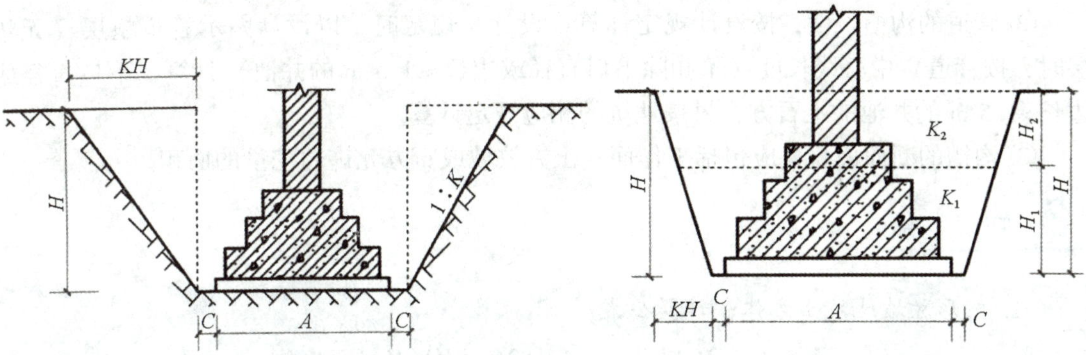

图 3-4　基础土方放坡示意图

③ 混合土质的基础土方，其放坡的起点深度和放坡系数，按不同土类厚度加权平均计算，如图 3-4 所示。

综合放坡系数计算公式为

$$K=(K_1H_1+K_2H_2)/H \tag{3-1}$$

式中　K——综合放坡系数；

H——放坡总深度；

K_1、K_2——不同土类放坡系数；

H_1、H_2——不同土类的厚度。

④ 计算基础土方放坡时，不扣除放坡交叉处的重复工程量（图 3-5）。

⑤ 基础土方支挡土板时，土方放坡不另计算。

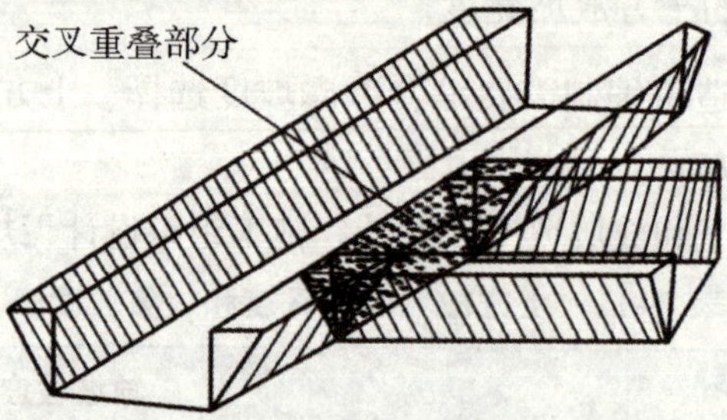

图 3-5　交叉重叠部分

（6）基础石方爆破时，槽坑四周及底部的允许超挖量，设计、施工组织设计无规定时，按松石 0.20 m、坚石 0.15 m 计算。

（7）沟槽土石方，按设计图示沟槽长度乘以沟槽断面面积，以体积计算。

① 条形基础的沟槽长度，设计无规定时，按下列规定计算。

◆外墙条形基础沟槽，按外墙中心线长度计算。

◆内墙条形基础沟槽，按内墙条形基础的垫层（基础底坪）净长度计算。

◆框架间墙条形基础沟槽，按框架间墙条形基础的垫层（基础底坪）净长度计算。

◆突出墙面的墙垛的沟槽，按墙垛突出墙面的中心线长度，并入相应工程量内计算。

② 管道的沟槽长度，按设计规定计算；设计无规定时，以设计图示管道垫层（无垫层时，按管道）中心线长度（不扣除下口直径或边长≤1.5 m 的井池）计算。下口直径或边长>1.5 m 的井池的土石方，另按地坑的相应规定计算。

③ 沟槽的断面面积，应包括工作面、土方放坡或石方允许超挖量的面积。

知识链接

1. 矩形放坡地坑土方体积计算公式

$$V=(A+2C+KH)\times(B+2C+KH)H+1/3K^2H^3$$

式中　V——地坑土方体积（m^3）；

A、B——分别为设计图示矩形基础（含垫层）长边、短边的宽度（m）；

C——矩形基础（含垫层）工作面宽度（m）；

K——土方综合放坡系数；

H——地坑开挖深度（m）。

2. 圆形放坡地坑（图 3-6）土方体积计算公式

$$V=1/3\pi H(r^2+R^2+rR)$$

式中　V——地坑土方体积（m^3）；

R、r——分别为圆形地坑上、下底的半径（m），其中：$R=r+KH$；

K——土方综合放坡系数；

H——地坑开挖深度（m）。

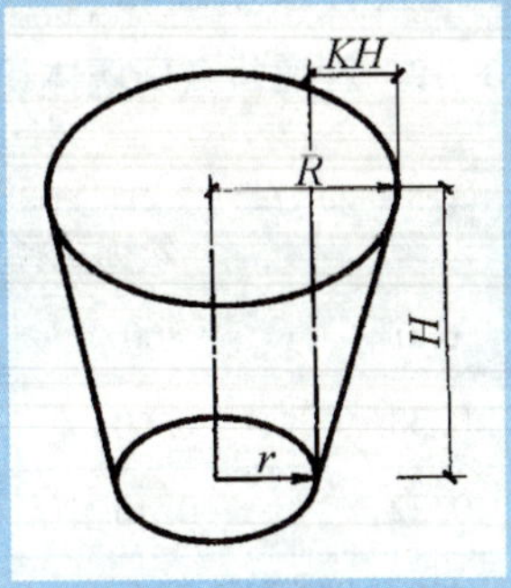

图 3-6　圆形放坡地坑

（8）一般土石方，按设计图示基础（含垫层）尺寸，另加工作面宽度、土方放坡宽度或石方允许超挖量乘以开挖深度，以体积计算。

机械施工坡道的土石方工程量，并入相应工程量内计算。

（9）桩孔土石方，按桩（含桩壁）设计断面面积乘以桩孔中心线深度，以体积计算。

（10）淤泥流砂，按设计或施工组织设计规定的位置、界限，以实际挖方体积计算。

（11）岩石爆破后人工检底修边，按岩石爆破的规定尺寸（含工作面宽度和允许超挖量），以槽坑底面积计算。

（12）建筑垃圾，以实际堆积体积计算。

（13）平整场地，按设计图示尺寸，以建筑物首层建筑面积（或构筑物首层结构外围内包面积）计算。

建筑物（构筑物）地下室结构外边线突出首层结构外边线时，其突出部分的建筑面积（结构外围内包面积）合并计算。

（14）竣工清理，按设计图示尺寸，以建筑物（构筑物）结构外围内包的空间体积计算。

（15）基底钎探，按垫层（或基础）底面积计算。

（16）毛砂过筛，按砌筑砂浆、抹灰砂浆等各种砂浆用砂的定额消耗量之和计算。

（17）原土夯实与碾压，按设计或施工组织设计规定的尺寸，以面积计算。

（18）回填，按下列规定，以体积计算。

① 槽坑回填，按挖方体积减去设计室外地坪以下建筑物（构筑物）、基础（含垫层）的体积计算，如图 3-7 所示。

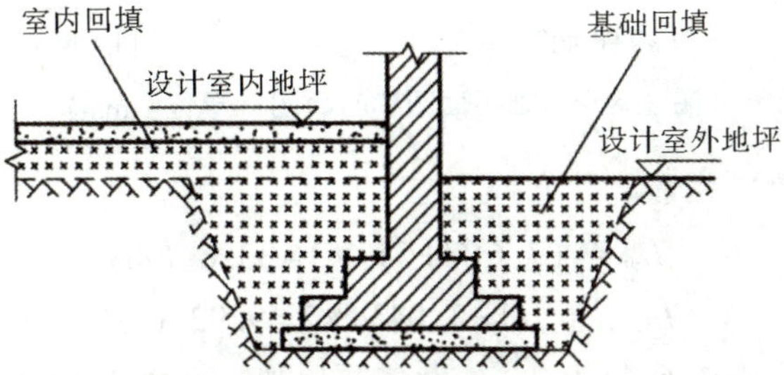

图 3-7　槽坑回填

② 管道沟槽回填，按挖方体积减去管道基础和表 3-12 管道折合回填体积计算。

表 3-12　管道折合回填体积表

单位：m^3/m

管道	公称直径（mm 以内）					
	500	600	800	1 000	1 200	1 500
混凝土、钢筋混凝土管道	—	0.33	0.60	0.92	1.15	1.45
其他材质管道	—	0.22	0.46	0.74	—	—

③ 房心（含地下室内）回填，按主墙间净面积（扣除连续底面积>2 m^2 的设备基础等面积）乘以平均回填厚度计算。

④ 场区（含地下室顶板以上）回填，按回填面积乘以平均回填厚度计算。

（19）土方运输，按挖土总体积减去回填土（折合天然密实）总体积，以体积计算。

（20）钻孔桩泥浆运输，按桩设计断面尺寸乘以桩孔中心线深度，以体积计算。

案例解析

【例 3-1】某工程基础平面图和断面图如图 3-8 所示（单位：mm），土质为普通土，采用人工挖土，人力车装运土方，运距为 200 m；混凝土垫层强度等级为 C15，圈梁混凝土强度等级为 C25，M5 水泥砂浆砌筑毛石基础、砖基础；室内混凝土地面强度等级为 C25，厚 150 mm。

试计算该工程土石方工程量，并列表计算分部分项工程直接费。

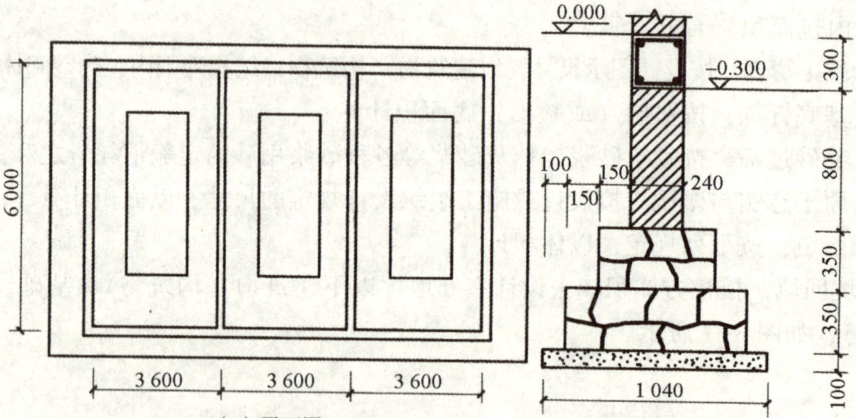

图 3-8　基础平面图和断面图（单位：mm）

【解】1. 土方开挖工程量

$$L_{中} = (3.6\times3+6)\times2=33.6\ (m)$$

$$L_{净垫层} = (6-1.04)\times2=9.92\ (m)$$

因人工开挖普通土深 1.6 m>1.2 m，故需要放坡，系数 $K=0.5$，利用公式，得：土方开挖工程量 $V_{挖} = (1.04+0.15\times2+0.5\times1.6)\times1.6\times(33.6+9.92) = 149.01\ (m^3)$

2. 土方回填工程量

(1) 槽坑回填工程量

$V_{填}=149.01-(1.04\times0.1+0.84\times0.35+0.54\times0.35+0.8\times0.24)\times(33.6+9.92)=115.11\ (m^3)$

(2) 房心回填工程量

$$V_{填}=(3.6-0.24)\times(6-0.24)\times(0.3-0.15)\times3=8.71\ (m^3)$$

(3) 土方回填工程量

$$V_{填}=115.11+8.71=123.82\ (m^3)$$

3. 余土外运工程量

$$V_{运}=V_{挖}-V_{填}=149.01-123.82=25.19\ (m^3)$$

4. 分部分项工程直接费（表 3-13）

表 3-13　分部分项工程直接费

序号	定额编号	项目名称	单位	工程量	单价/元	合价/元
1	1-2-6	人工挖沟槽土方，槽深≤2 m（普通土）	10 m^3	14.901	450.56	6 713.79
2	1-4-10	夯填土　人工　地坪	10 m^3	0.871	196.83	171.44
3	1-4-11	夯填土　人工　槽坑	10 m^3	11.511	258.27	2 972.95
4	1-2-25	人工装车土方	10 m^3	2.519	183.04	461.08
5	1-2-28	人力车运土方（运距≤50 m）	10 m^3	2.519	194.56	490.10
6	1-2-29H	人力车运土方（运距≤200 m 每增运 50 m）	10 m^3	2.519	142.08	357.90
—	—	省价分部分项工程费合计	元	—	—	11 167.26

任务二　地基处理、基坑与边坡支护工程

地基处理、基坑与边坡支护工程是建筑工程中非常重要的环节，其目的是为了确保建筑物的稳定性和安全性。以下是这些工程的基本概念和常见方法。

一、地基处理

地基处理一般是指用于改善支承建筑物的地基（土或岩石）的承载能力，改善其变形性能或抗渗能力所采取的工程技术措施。地基处理是利用换填、夯实、挤密、排水、胶结、加筋和热学等方法对地基土进行加固，用以改良地基土的工程特性，提高地基土的抗剪强度，降低地基土的压缩性，改善地基土的透水特性和地基的动力特性以及特殊土的不良地基特性。

（一）地基所面临的问题

岩土工程中经常遇到的软弱土和不良土种类有：软黏土、人工填土、部分砂土和粉土、湿陷性土、有机质土和泥炭土、膨胀土、多年冻土、盐渍土、岩溶、土洞、山区地基以及垃圾填埋地基等。这些土质引起的问题主要有以下几个方面。

（1）承载力及稳定性问题。

（2）压缩及不均匀沉降问题。

（3）渗漏问题。

（4）液化问题。

（5）特殊土的特殊问题。

当天然地基存在上述五类问题之一或其中几个时，需采用地基处理措施以保证上部结构的安全与正常使用。通过地基处理，达到以下一种或几种目的。

（二）地基处理的目的

1. 提高地基土的承载力

地基剪切破坏的具体表现形式有建筑物的地基承载力不够，由于偏心荷载或侧向土压力的作用使结构失稳；由于填土或建筑物荷载，使邻近地基产生隆起；土方开挖时边坡失稳；基坑开挖时坑底隆起。地基土的剪切破坏主要因为地基土的抗剪强度不足，因此，为防止剪切破坏，就需要采取一定的措施提高地基土的抗剪强度。

2. 降低地基土的压缩性

地基的压缩性表现在建筑物的沉降和沉降性差异，而土的压缩性和土的压缩模量有关。因此，必须采取措施提高地基土的压缩模量，以减少地基的沉降和不均匀沉降。

3. 改善地基的透水特性

基坑开挖施工中，因土层内夹有薄层粉砂或粉土而产生管涌或流沙，这些都是因地下水在土中的运动而产生的问题，故必须采取措施使地基土降低透水性或减少其动水压力。

4. 改善地基土的动力特性

饱和松散粉细砂（包括部分粉土）在地震的作用下会发生液化，在承受交通荷载和打桩时，会使附近地基产生振动下降，这些是土的动力特性的表现。地基处理的目的就是要改善土的动力特性以提高土的抗振动性能。

5. 改善特殊土不良地基特性

对于湿陷性黄土和膨胀土的改善，就是消除或减少黄土的湿陷性或膨胀土的胀缩性。

（三）地基处理的分类

地基处理主要分为：基础工程措施、岩土加固措施。

有的工程，不改变地基的工程性质，而只采取基础工程措施；有的工程还同时对地基的土和岩石进行加固，以改善其工程性质。选定适当的基础形式，不需改变地基的工程性质就可满足要求的地基称为天然地基；反之，已进行加固后的地基称为人工地基。地基处理工程的设计和施工质量直接关系到建筑物的安全，如处理不当，往往发生工程质量事故，且事后补救大多比较困难。因此，对地基处理要求实行严格的质量控制和验收制度，以确保工程质量。

（四）地基处理的方法和计算规则

1. 常用的地基处理方法

（1）换填垫层法

当建筑物基础下的持力层比较软弱，不能满足上部荷载对地基的要求时，常采用换填垫层法来处理软弱地基。换填垫层法是先将基础底面以下一定范围内的软弱土层挖去，然后回填强度较高、压缩性较低，并且没有侵蚀性的材料，如中粗砂、碎石或卵石、灰土、素土、石屑、矿渣等，再分层夯实后作为地基的持力层。换填垫层按其回填的材料可分为灰土垫层、砂垫层、碎（砂）石垫层等。

① 灰土垫层

灰土垫层是将基础底面下一定范围内的软弱土层挖去，用按一定体积比配合的石灰和黏性土拌和均匀后在最优含水量情况下分层回填夯实或压实而成。此方法适合于地下水位较低，基槽经常处于较干燥状态下的一般黏性土地基的加固。

② 砂垫层和砂石垫层

砂垫层和砂石垫层是将基础下面一定厚度软弱土层挖除，然后用强度较大的砂或碎石等回填，并经分层夯实至密实，作为地基的持力层，以起到提高地基承载力，减少沉降，加速软弱土层排水固结，防止冻胀和消除膨胀土的胀缩等作用。

（2）夯实地基法

① 重锤夯实法

重锤夯实法是用起重机械将夯锤提升到一定高度后，利用自由下落时的冲击能重复打击实基土表面，使其形成一层比较密实的硬壳层，从而使地基得到加固的地基处理方法（图3-9）。此方法适用于处理高于地下水位0.8 m以上稍湿的黏性土、砂土、湿陷性黄土、杂填土和分层填土地基的加固处理。

图3-9 重锤夯实法示意图

② 强夯法

强夯法是用起重机械将重锤（一般 8 ~ 30 t）吊起从高处（一般 6 ~ 30 m）自由落下，对地基反复进行强力夯实的地基处理方法。此方法适用于处理碎石土、砂土、低饱和度的黏性土、粉土、湿陷性黄土及填土地基等的深层加固，如图 3-10 所示。

图 3-10　强夯法示意图

但强夯所产生的振动和噪声很大，对周围建筑物和其他设施有影响，在城市中心不宜采用，必要时应采取挖防震沟（沟深要超过建筑物基础深）等防震和隔振措施。

（3）挤密桩施工法

① 灰土挤密桩

灰土挤密桩是利用锤击将钢管打入土中，侧向挤密土体形成桩孔，将管拔出后，在桩孔中分层回填 2 : 8 或 3 : 7 灰土并夯实而成，与桩间土共同组成复合地基以承受上部荷载。此方法适用于处理地下水位以上、天然含水量 12% ~ 25%、厚度 5 ~ 15 m 的素填土、杂填土、湿陷性黄土以及含水率较大的软弱地基等，如图 3-11 所示。

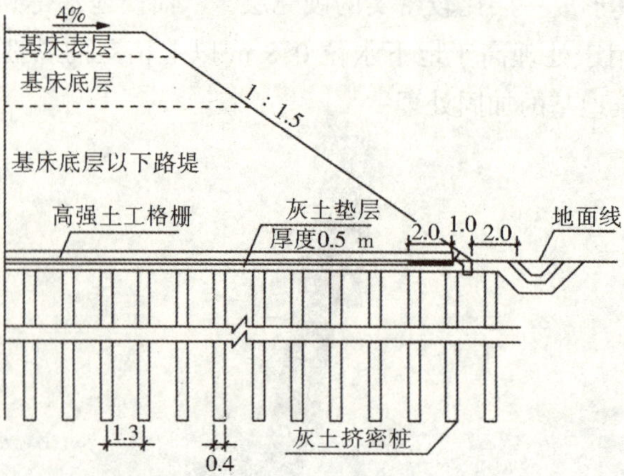

图 3-11　灰土挤密桩示意图

② 砂石桩

砂桩和砂石桩统称砂石桩，是指用振动、冲击或水冲等方式在软弱地基中成孔后，再将砂或砂卵石（或砾石、碎石）挤压入土孔中，形成大直径的由砂或砂卵（碎）石所构成的密实桩体。此方法适用于挤密松散砂土、素填土和杂填土等地基，起到挤密周围土层、增加地基承载力的作用。

③ 水泥粉煤灰碎石桩

水泥粉煤灰碎石桩简称 CFG 桩，是近年发展起来的处理软弱地基的一种新方法。它是在碎石桩的基础上掺入适量石屑、粉煤灰和少量水泥，加水拌和后制成的具有一定强度的桩体。

（4）深层密实法

① 振冲法

振冲法，又称振动水冲法，是以起重机吊起振冲器，启动潜水电机带动偏心块，使振冲器产生高频振动，同时开动水泵，通过喷嘴喷射高压水流成孔，然后分批填以砂石骨料，借振冲器的水平及垂直振动，振密填料，使形成的砂石桩体与原地基构成复合地基。振冲法可以提高地基的承载力，减少地基的沉降和沉降差，是一种快速、经济、有效的加固方法。振冲桩适用于加固松散的砂土地基，如图 3-12 所示。

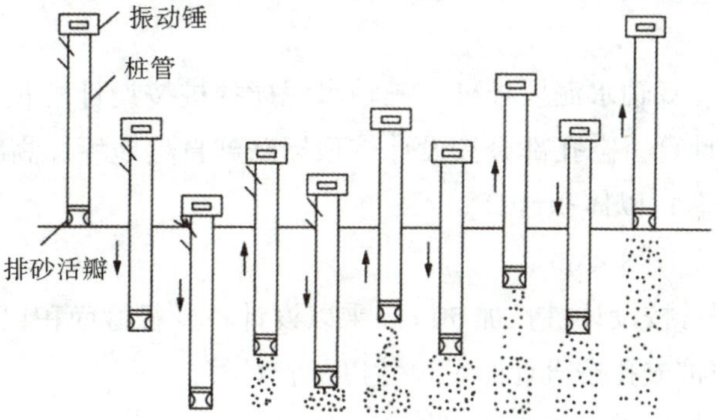

图 3-12　振冲法示意图

② 深层搅拌法

深层搅拌法是利用水泥浆做固化剂，使用深层搅拌机在地基深部就地将软土和固化剂充分拌和，利用固化剂和软土发生一系列物理、化学反应，使之凝结成具有整体性、水稳性好和较高强度的水泥加固体，与天然地基形成复合地基，如图 3-13 所示。

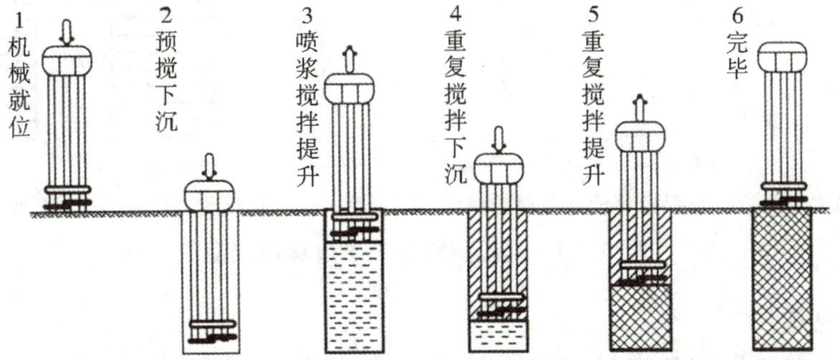

图 3-13　深层搅拌法流程示意图

深层搅拌法适于加固较深、较厚的淤泥，淤泥质土、粉土和承载力不大于 0. 12 MPa 的饱和黏土和软黏土、沼泽地带的泥炭土等地基。

2. 地基处理计算规则

（1）换填垫层按设计图示尺寸以体积计算。

（2）地基强夯按设计图示强夯处理范围以面积计算。设计无规定时，按建筑物外围轴线每边各加 4 m 计算。

（3）低锤满拍按实际面积计算。（注：落锤高度应满足设计夯击能量的要求，否则按低锤满拍计算。举例说明：如果设计要求落锤的高度不低于 8 m，实际施工时，落锤只有 7. 5 m，那么在计算造价时就不能按照强夯项目执行定额，只能按低锤满拍项目执行。）

（4）振冲桩按设计桩截面乘以桩长以体积计算。

（5）沉管灌注砂石桩按设计桩顶至桩尖长度加超灌长度（设计没有明确的按 0. 25 m）乘以设计桩截面积以体积计算，不扣除桩尖虚体积。

（6）水泥搅拌桩

深层水泥搅拌桩、双轴水泥搅拌桩、三轴水泥搅拌桩按设计桩长加 50 cm 乘以设计桩外径截面积，以体积计算；空孔部分按设计桩顶标高到自然地坪标高减导向沟的深度（设计未明确时按 1 m 考虑）以体积计算。

（7）高压旋喷桩（图 3-14）

① 高压旋喷水泥桩按设计桩长加 50 cm 乘以设计桩外径截面积以体积计算。

② 高压旋喷水泥桩成孔按设计图示尺寸以桩长计算。

③ 凿桩头按凿桩长度乘以桩断面以体积计算。

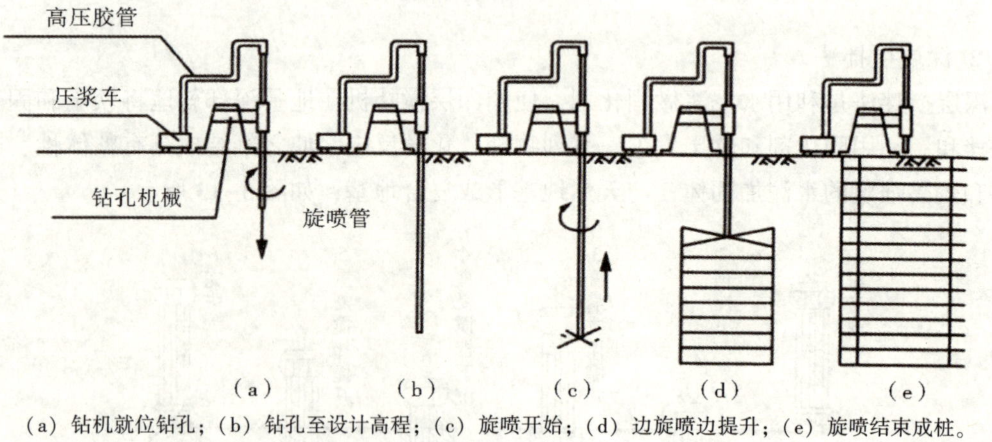

（a）钻机就位钻孔；（b）钻孔至设计高程；（c）旋喷开始；（d）边旋喷边提升；（e）旋喷结束成桩。

图 3-14　高压旋喷桩施工过程示意图

（8）注浆地基

① 分层注浆钻孔数量按设计图示以钻孔深度计算。注浆数量按设计图纸注明加固土体的体积计算。

② 压密注浆钻孔数量按设计图示以钻孔深度计算。注浆数量按下列规定计算。

◆ 设计图纸明确加固土体体积的，按设计图纸注明的体积计算。

◆ 设计图纸以布点形式图示土体加固范围的，则可按两孔间距的一半作为扩散半径，以布点边线各加扩散半径，形成计算平面，计算注浆体积。

◆ 如果设计图纸注浆点在钻孔灌注桩之间，按两注浆孔的一半作为每孔的扩散半径，以此圆柱体积计算注浆体积。

3. 定额说明

(1) 换填垫层

① 换填垫层项目适用于软弱地基挖土后的换填材料加固工程。

② 换填垫层夯填灰土就地取土时，应扣除灰土配比中的黏土。

(2) 强夯地基

① 强夯定额综合了各夯的布点、程序和间隔距离。

② 强夯定额已综合强夯机具的规格和数量，强夯的锤、钩架等材料摊销费。

③ 设计要求在夯坑内填充级配碎石，不论就地取材或由场外运碎石填坑，其填运材料费用另行计算。

④ 设计要求设置防震沟时，按设计要求另行计算。

⑤ 若遇地下水位高，夯坑内需用水泵抽水的，抽水费用另行计算。

⑥ 强夯定额不包括强夯前的试夯工作和夯后检验强夯效果的测试工作，如有发生另行计算。

⑦ 强夯置换套用强夯定额，材料含量按实调整，人工、机械乘以 1.3 系数。

(3) 碎石桩和砂石桩

碎石桩和砂石桩的充盈系数为 1.3，损耗率为 2%。实测砂石配合比及充盈系数不同时可以调整。其中，沉管灌砂石桩除了上述充盈系数和损耗率外，还包括级配密实系数 1.334。

(4) 水泥搅拌桩

① 深层水泥搅拌桩

◆ 深层水泥搅拌桩项目已综合了正常施工工艺需要的重复喷浆（粉）和搅拌。空搅部分按相应项目的人工及搅拌桩机台班乘以系数 0.5 计算。

◆ 水泥搅拌桩的水泥掺入量按加固土重（1 800 kg/m^3）的 13%考虑，如设计不同时，按每增减 1%项目计算。

◆ 深层水泥搅拌桩项目按 1 喷 2 搅施工编制，实际施工为 2 喷 4 搅时，项目的人工、机械乘以系数 1.43；实际施工为 2 喷 2 搅、4 喷 4 搅时分别按 1 喷 2 搅、2 喷 4 搅计算。

② 双轴水泥搅拌桩、三轴水泥搅拌桩

◆ 双轴水泥搅拌桩、三轴水泥搅拌桩定额中未包含导向沟的土方及置换出的淤泥外运费用，实际发生时另行计算。

◆ 双轴水泥搅拌桩、三轴水泥搅拌桩项目水泥掺入量按加固土重（1 800 kg/m³）的18%考虑，如设计不同时，按深层水泥搅拌桩每增减1%项目计算；按2喷2搅施工工艺考虑，设计不同时，每增（减）1喷1搅按相应项目人工和机械费增（减）40%计算。

空搅部分按相应项目的人工及搅拌桩机台班乘以系数0.5计算。

二、基坑与边坡支护

边坡支护是指为保证地下结构施工及基坑周边环境的安全，对基坑侧壁及周边环境采用的支挡、加固与保护措施。采用基坑支护有以下几个目的。

1. 合适的施工空间

支护结构能起到挡土的作用，为地下工程的施工提供足够的作业场地。

2. 干燥的施工空间

采取降水、排水、截水等各种措施，保证地下工程施工的作业面在地下水位面以上，方便地下工程的施工作业。当然，也有少量的基坑工程为了基坑稳定的需要，土方开挖采用水下开挖，通过水下浇筑混凝土底板封底，然后排水，创造干燥的工程作业条件。

3. 安全的施工空间

在地下工程施工期间，应确保基坑的本体安全和周边环境的安全。常用的基坑支护方法有很多，例如排桩支护、地下连续墙支护、钢板桩、土钉墙、型钢水泥土搅拌墙、内支撑系统等。

（一）常用的基坑与边坡支护方法

1. 新型水泥土搅拌桩墙

新型水泥土搅拌桩墙（SMW工法）是利用专门的多轴搅拌就地钻进切削土体，同时在钻头端部将水泥浆液注入土体，经充分搅拌混合后，在各施工单位之间采取重叠搭接施工，在水泥土混合体未结硬前再将H型钢或其他型材插入搅拌桩体内，形成具有一定强度和刚度的、连续完整的、无接缝的地下连续墙体，该墙体可作为地下开挖基坑的挡土和止水结构。最常用的是三轴型钻掘搅拌机。其主要特点是构造简单、止水性能好、工期短、造价低、环境污染小，特别适合城市中的深基坑工程。

SMW支护结构的支护特点主要为：施工时基本无噪声，对周围环境影响小，结构强度可靠，凡是适合应用混凝土搅拌桩的场合都可使用，特别适合于以黏土和粉细砂为主的松软地层；挡水防渗性能好，不必另设挡水帷幕，可以配合多道支撑应用于较深的基坑；此工法在一定条件下可代替作为地下围护的地下连续墙，在费用上如果能够采取一定施工措施成功回收H型钢等材料，则成本大大低于地下连续墙，因而具有较大发展前景。

施工步骤：放线定位—挖除障碍物—铺设枕木—钻机安装调试—第一次下沉预拌—第二次提升喷浆搅拌—第三次下沉搅拌—第四次提升搅拌—清洗制浆、管道及钻机—H 型钢涂脱模剂—插 H 型钢。

2. 土钉墙

土钉墙是由天然土体通过土钉墙就地加固并与喷射混凝土面板相结合，形成一个类似的重力挡墙，以此来抵抗墙后的土压力，从而保持开挖面的稳定。

土钉墙的施工方法：第一步，分层开挖，分层挖到基坑深度；第二步，喷射第一层混凝土，混凝土厚度控制在 40～50 mm，混凝土终凝后及时喷水养护；第三步，安设土钉，包括钻孔、安装钢筋、注浆等几道工序。

钻孔：进行土钉放线确定钻孔位置，土钉布孔距允许偏差 50 mm，成孔采用冲击钻，成孔严格按操作规程钻进。安装钢筋：土钉钢筋制作应严格按施工图施工。土钉安装前进行隐蔽性检查验收，安放时应避免杆体扭压、弯曲、注浆管与土钉一起放入孔内，注浆管应插至距孔底 250～500 mm，为保证注浆饱满，在孔口部位设置浆塞及排气管。然后喷射第二层混凝土，第二层混凝土厚度控制在 100 mm，同时应将所在的钢筋网盖住，并保证面层有 25 mm 厚的钢筋保护层。最后是养护，如图 3-15 和图 3-16 所示。

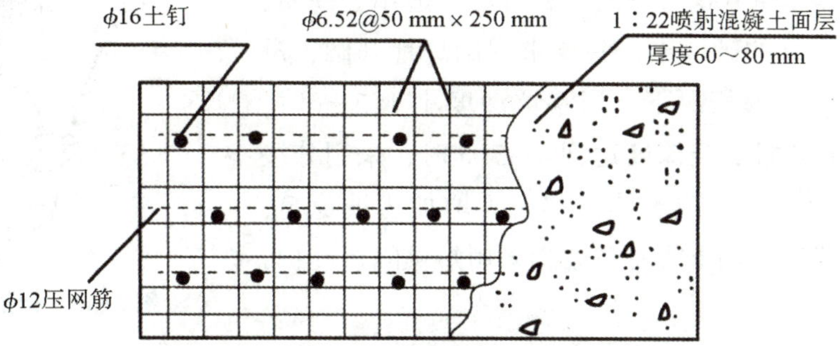

图 3-15　喷射混凝土面层

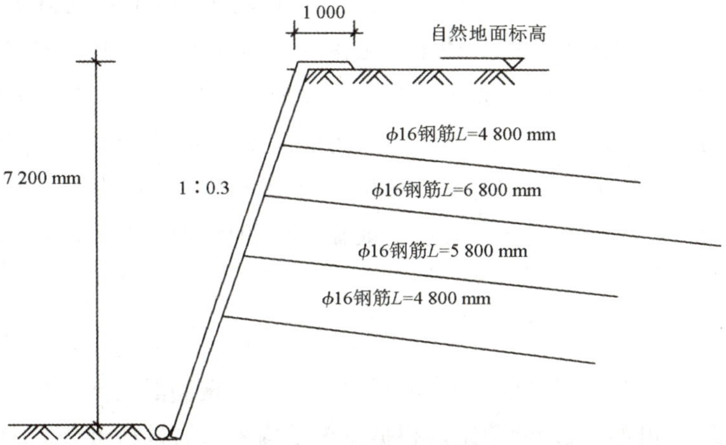

图 3-16　支护结构图

3. 斜撑

斜撑的作用是作为支撑，在维护中用来抵挡基坑主动土压力。它的施工方法是用 H 型钢和灌注桩体间浇筑 C30 细石混凝土，并凿开桩体保护层采用直径为 25 mm 的钢筋和桩体主筋可靠焊接以防滑移。钢支撑的稳定有以下四个保证措施，如图 3-17 所示。

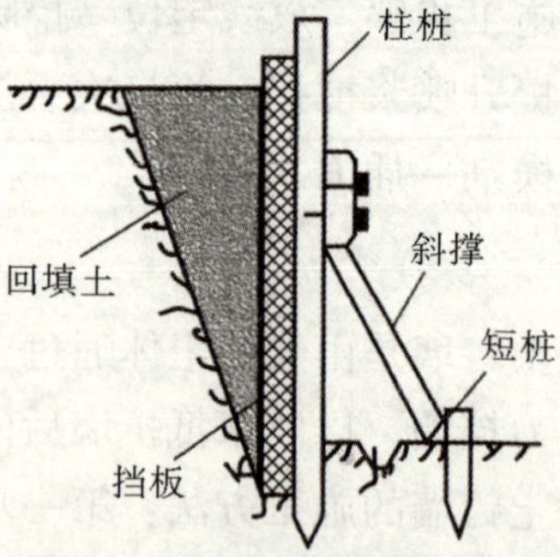

图 3-17　斜撑示意图

(1) 基坑开挖严格遵守分层开挖原则，支撑架设与土方开挖密切配合，开挖时采用中心挖槽法开挖钢支撑附近土方，以防机械碰撞支撑。

(2) 钢支撑稳定性是控制整个基坑稳定的重要因素之一，其架设必须准确到位，并严格按照设计要求施加预应力，另外从基坑钢支撑架设到拆除的整个施工过程中，须对钢支撑严格检测，确保其稳定性。

(3) 钢支撑安装，轴线偏差不大于 5 cm，并保证支撑接头的承载力符合设计要求。

(4) 钢支撑在安装前一定要检查加工成型的支撑是否垂直，不垂直的要矫正。

4. 放坡开挖

放坡开挖是基坑开挖常用的一种方法，适用于硬质、可塑性黏土和良好的砂性土，并要求周围场地开阔，没有重要建筑物。一般情况下，当基坑深度小于 3 m 时，一般采用一次性放坡，当深度达到 4~5 m 时，采用分级放坡。放坡过程可能造成土体滑移，为增加边坡稳定，可采用堆放沙袋维护挡土或者在坡脚采用短桩隔板支护，如图 3-18 所示。

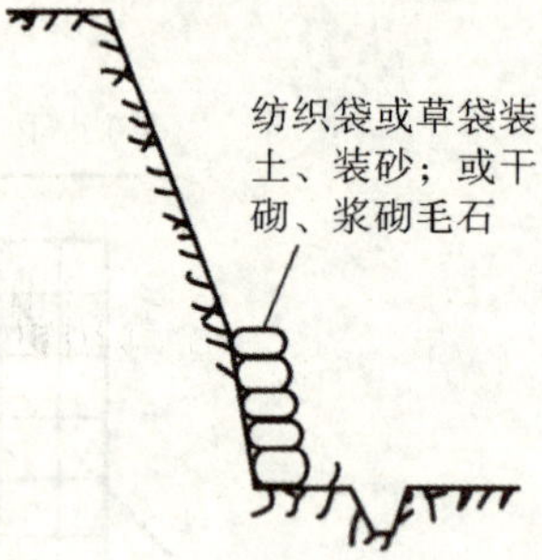

图 3-18　维护示意图

5. 重力式挡土墙

重力式挡土墙又称为重力式支护结构，是依靠支挡结构本身的自重来平衡坑内外的土压力差，保证基坑的顺利开挖。挡土墙是由深层搅拌桩或高压喷桩与桩间土组成。重力式挡土墙适用于淤泥、淤泥质黏土、黏土、粉质黏土、粉土、夹有薄砂层的土、素填土等地基承载力不大于 150 kPa 的土层。其构造简单，便于施工，造价低，还可以阻止地下水向基坑内渗透，通常与别的支护结构一起配合使用。其缺点是厚度大，占用建筑红线内一定面积，墙身水平位移较大，一般在基坑的周围环境要求不高的时候用重力式挡土墙。

6. 悬臂式支护结构

悬臂式支护结构采用抗拉强度较高的材料（如钢、钢筋混凝土）抵抗土压力引起的结构内力，保证施工期间基坑侧壁稳定。根据支护结构采用的材料可分为钢板桩、钢筋混凝土板桩、钻孔灌注桩、SMW 工法等。

7. 拉锚式支护结构

拉锚式支护结构由锚杆和支护桩或墙组成，支护桩或墙采用钢筋混凝土桩或地下连续墙。锚杆需要深入地层中，施工时在基坑土层中钻孔，达到设计深度后，在孔内放入钢筋、钢管或钢丝束、钢绞线或其他抗拉材料，灌入水泥或化学浆液，使之与土层结合成为抗拉（拔）力强的锚杆。拉锚式支护结构的优点是为地下工程施工提供开阔的工作面，方便土方开挖、运输和地下结构施工，能施加预应力，有效控制土体变形，施工时不用大型机械，造价低。拉锚支护结构适用于较硬土层，深度不宜超过 18 m。此外，还要求施工范围内应无地下管线、相邻建筑的地下室或基础，如图 3-19 所示。

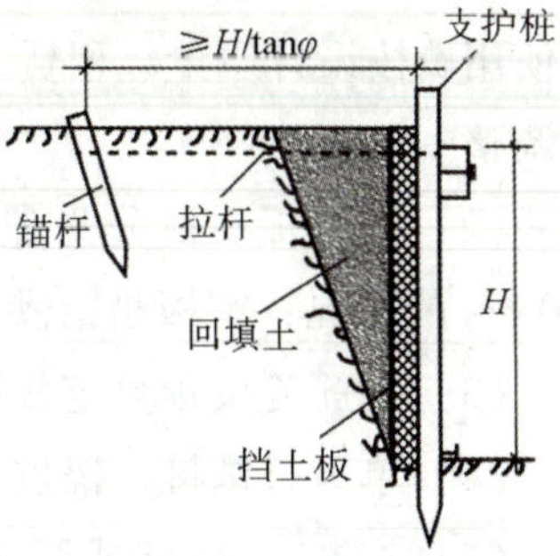

图 3-19　拉锚式支护示意图

（二）计算规则

（1）打、拔钢板桩按设计桩体以质量计算。

（2）插拔型钢按设计图示尺寸以质量计算。

（3）安拆导向夹具按设计图示尺寸以长度计算。

（4）砂浆土钉、砂浆锚杆的钻孔、注浆，按设计文件或施工组织设计规定（设计图示尺寸）按钻孔深度以长度计算。

（5）有黏结预应力钢绞线按设计图示尺寸以锚固长度与工作长度的质量之和计算。

（6）锚杆制作安装按锚杆长度以质量计算。

（7）喷射混凝土支护区分土层与岩层按设计文件（或施工组织设计）规定尺寸，以面积计算。

（8）锚头制作、安装、张拉、锁定按设计图示以“套”计算。

（9）木、钢挡土板按设计文件（或施工组织设计）规定的支挡范围以面积计算。

（10）袋土围堰按设计图示尺寸以体积计算。

（11）人工打圆木桩及接桩、送桩按设计长度及截面尺寸套相应的材积表以体积计算。接圆木桩头以“个”计算。

（三）定额说明

（1）钢板桩。钢板桩是用来支撑土壤、隔离水流或保护周围环境的一种建筑材料，通常用于基坑支护、河道整治和码头建设等工程。钢板桩施工定额主要包括以下几方面内容。

① 打拔槽钢或钢轨，按钢板桩项目，其机械乘以系数 0.77，其他不变。

② 现场制作的钢板桩，其制作执行预算定额“第六章金属结构工程”中钢柱制作相应项目。

③ 预算定额未包括钢板桩的制作、除锈、刷油。

④ 若单位工程的钢板桩的工程量小于等于 50 t 时，其人工、机械量按相应项目乘以系数 1.25。

⑤ 插拔型钢定额已考虑 H 型钢刷减摩剂和围护桩压顶梁之间的隔离处理费用，H 型钢使用费按设计质量、租赁 180 天考虑，实际使用量和租赁时间与定额取定的不同时，可以调整。

（2）挡土板项目分为疏板和密板。疏板是指间隔支挡土板，且板间净空小于等于 150 cm 的情况；密板是指满堂支挡土板或板间净空小于等于 30 cm 的情况。

（3）钢筋笼按预算定额第五章的有关规定计算。

（4）单独打试桩、锚桩，按相应定额的打桩人工及机械乘以系数 1.5。

（5）在桩间补桩或强夯后的地基上打桩的，相应定额人工、机械消耗量乘以系数 1.15。

（6）预算定额以打直桩为准，如打斜桩斜度在 1∶6 以内者，相应定额人工、机械消耗量乘以系数 1.25，如斜度大于 1∶6 者，相应定额人工、机械消耗量乘以系数 1.43。

（7）预算定额以平地（坡度小于 15°）打桩为准。如在堤坡上（坡度大于 15°）打桩的，相应定额人工、机械消耗量乘以系数 1.15；如在基坑内（基坑深度大于 1.5 m）打桩或地坪上打坑槽内（坑槽深度大于 1 m）打桩时，相应定额人工、机械消耗量乘以系数 1.11。

项目小结

本项目主要介绍了土石方工程以及地基处理、基坑与边坡支护工程的相关内容。通过本项目的学习，读者能增强对基础工程造价编制的理解，提高分析和解决实际问题的能力，同时培养严谨细致的工作态度和团队合作精神，强化社会责任感和工程安全意识。

课后习题

一、填空题

1. 温度在 0 ℃及以下，并夹含冰的土壤为冻土。定额中的冻土，指________和________。

2. 人工清理修整，是指机械挖土后，对于基底和边坡遗留厚度≤0.30 m 的土方，由人工进行的________与________。

3. 土石方工程不包括施工现场障碍物清除、________、________以及地下常水位以下施工降水等内容，实际发生时，另按其他工程相应规定计算。

4. ________一般是指用于改善支承建筑物的地基（土或岩石）的承载能力，改善其变形性能或抗渗能力所采取的工程技术措施。

二、简答题

1. 简述普通土的开挖方法。
2. 简述地基处理的目的。
3. 常用的基坑与边坡支护方法有哪些？

学习小结

根据个人的学习情况结合工程造价专业的职业素养进行回顾总结，要求体现自己在本项目学习过程中所获得的知识、学习目标的实现情况，以及在如何坚守中华文化立场、增强中华文明传播力与影响力等方面的感悟。

（撰写总结要求层次清楚，观点明确，建议采用思维导图或表格的形式进行所学知识和学习目标实现情况的总结）

小结如下：____

____

____

____

项目四

主体工程造价编制

项目导读

主体工程造价编制涉及建筑工程的核心部分成本管理和预算规划。这一领域的学习集中于掌握主体结构的造价计算方法和预算编制流程。通过系统的理论学习和实际操作，学生能够全面了解和应用砌筑工程费、钢筋混凝土工程、金属结构、木结构门窗工程、屋面防水工程费计算以及保温隔热防腐工程的成本要素，提升在建筑工程项目管理中的实际操作能力和职业素养。本项目任务一至任务四套用《山东省建筑工程消耗量定额》（SD 01-31-2016）进行编制，任务五套用《河南省房屋建筑与装饰工程预算定额（上册）》进行编制。

学习目标

知识目标

◆了解并掌握砌筑工程量计算规则。

◆了解并掌握钢筋及混凝土工程量计算规则。

◆了解并掌握金属结构、木结构及门窗工程量计算规则。

◆了解并掌握屋面及防水工程量计算规则。

◆了解并掌握保温、隔热及防腐工程量计算规则。

能力目标

◆能够应用所学知识编制主体工程造价。

◆能够分析各项工程造价的经济性和合理性，提出优化建议并能有效实施。

素质目标

◆培养学生细致、严谨的工作态度，确保工程造价计算的准确性和可靠性。

◆提升学生在主体工程各项费用计算和预算编制方面的专业水平和实际操作能力。

思政目标

◆强化学生对工程质量和施工安全的重视，确保工程项目的顺利进行和质量可控。

◆增强学生对建筑工程成本控制和社会责任的认识，促进可持续发展理念的实施和推广。

任务工单

一、任务名称

了解卷材防水的施工。

二、任务描述

了解屋面及防水工程定额说明，掌握工程量计算规则，在任务准备的过程中完成表4-1的填写。

表4-1　实训表（一）

姓名		班级		学号	
学时		日期		实践地点	
实训工具	防水卷材、电动搅拌器、高压吹风机、自动热风焊接机、铁抹子、滚动刷、汽油喷灯、剪刀、钢卷尺、笤帚、小线、粉笔、红土粉				

三、任务目的

通过对卷材防水施工的观看与分析，能够应用所学知识编制主体工程造价。

四、分组讨论

全班学生以3~6人为一组，选出各组的组长，组长对组员进行任务分配并将分工情况记入表4-2中。

表4-2　实训表（二）

成员	姓名	任务分工
组长		
组员		

五、任务实施

在任务实施过程中，将遇到的问题和解决办法记录在表4-3中。

表 4-3　实训表（三）

成员	遇到的问题	解决办法
1		
2		
3		

六、任务评价

请各小组选出一名代表展示任务实施的成果，并配合指导教师完成表 4-4 的任务评价。

表 4-4　实训表（四）

评价项目	评价内容	分值	评价分值		
			自评	互评	师评
职业素养考核项目	考勤、纪律意识	10 分			
	团队交流与合作意识	10 分			
	参与主动性	10 分			
专业能力考核项目	积极参与教学活动并正确理解任务要求	10 分			
	认真查找与任务相关的资料	10 分			
	任务实施过程记录表的完成度	10 分			
	对卷材防水施工的掌握程度	20 分			
	独立完成相应任务的程度	20 分			
合计：综合分数	自评（20%）+互评（20%）+师评（60%）	100 分			

任务一　砌筑工程费计算

砌筑工程费的计算是一项涉及多个因素的复杂过程，需要综合考虑材料成本、人工费用、机械使用费以及其他相关开支。通过详细计算这些费用，可以得出砌筑工程的总费用。

主体工程造价

一、定额说明

（1）本章①定额包括砖砌体、砌块砌体、石砌体和轻质板墙四节。

（2）本章定额中砖、砌块和石料按标准或常用规格编制，设计材料规格与定额不同时允许换算。

①“章”指的是《山东省建筑工程消耗量定额》（SD 01-31-2016）中“土石方工程”章节，该章不再一一说明。

(3) 砌筑砂浆按现场搅拌编制，定额所列砌筑砂浆的强度等级和种类，设计与定额不同时允许换算。

(4) 定额中各类砖、砌块、石砌体的砌筑均按直形砌筑编制。如为圆弧形砌筑时，按相应定额人工用量乘以系数 1.1，材料用量乘以系数 1.03。

(5) 砖砌体、砌块砌体和石砌体的定额说明涉及这些材料在砌筑工程中的使用、计算及费用。每种砌体材料的施工工艺和费用有所不同，以下是各类砌体的定额说明。

① 标准砖砌体计算厚度，按表 4-5 计算。

表 4-5　标准砖砌体计算厚度

墙厚/砖数	1/4	1/2	3/4	1	1.5	2	2.5
计算厚度/mm	53	115	180	240	365	490	615

砌筑材料选用规格见表 4-6。

表 4-6　砌筑材料选用规格

单位：mm

砖的类型	砖的规格	
实心砖	240×115×53	
多孔砖	M 型	190×90×90，190×190×90
	P 型	240×115×90
空心砖	240×115×115，240×180×115	
加气混凝土砌块	600×200×240	
空心砌块	390×190×190，290×190×190	
装饰混凝土砌块	390×90×190	
毛料石	1 000×300×300	
方整石墙	400×220×200	
方整石柱	450×220×200	
零星方整石	400×200×100	

提示

原浆勾缝就是利用在砌墙时砖缝里挤出来的灰进行勾缝，只能在砌墙时同步进行。加浆勾缝则是在墙砌好后再进行勾缝，由于砌墙时的砂浆已经硬化，所以必须另外配制砂浆，因此叫加浆勾缝，加浆勾缝属于清水墙的装饰，应套用装饰的定额。

② 定额中的墙体砌筑层高是按 3.6 m 编制的，如超过 3.6 m 时，其超过部分工程量的定额人工乘以系数 1.3。

③ 砖砌体均包括原浆勾缝用工，加浆勾缝时，按本定额“第十二章墙、柱面装饰与隔断、幕墙工程”的规定另行计算。

④ 零星砌体是指台阶、台阶挡墙、阳台栏板、施工过人洞、梯带、蹲台、池槽、池槽腿、花台、隔热板下砖墩、炉灶、锅台，以及石墙和轻质墙中的墙角、窗台、门窗洞口立边、梁垫、楼板或梁下的零星砌砖等。

⑤ 砖砌挡土墙，墙厚大于 2 砖执行砖基础相应项目，墙厚小于等于 2 砖执行砖墙相应项目。

⑥ 砖柱和零星砌体等子目按实心砖列项，如用多孔砖砌筑时，按相应子目乘以系数 1.15。

⑦ 砌块砌体中已综合考虑了墙底小青砖所需工料，使用时不得调整。墙顶部与楼板或梁的连接依据《蒸压加气混凝土砌块构造详图（山东省）》（L10J125）按铁件连接考虑，铁件制作和安装按本定额“第五章钢筋及混凝土工程”的规定另行计算。

⑧ 装饰砌块夹芯保温复合墙体是指由外叶墙（非承重）、保温层、内叶墙（承重）三部分组成的集装饰、保温、承重于一体的复合墙体。

⑨ 砌块零星砌体执行砖零星砌体子目，人工含量不变。

⑩ 砌块墙中用于固定门窗或吊柜、窗帘盒、暖气片等配件所需的灌注混凝土或预埋构件，按本定额“第五章钢筋及混凝土工程”的规定另行计算。

⑪ 定额中石材按其材料加工程度，分为毛石、毛料石、方整石，使用时应根据石料名称、规格分别执行。

⑫ 毛石护坡高度大于 4 m 时，定额人工乘以系数 1.15。

⑬ 方整石零星砌体子目，适用于窗台、门窗洞口立边、压顶、台阶、栏杆、墙面点缀石等定额未列项目的方整石砌筑。

⑭ 石砌体子目中均不包括勾缝用工，勾缝按定额“第十二章墙、柱面装饰与隔断、幕墙工程”的规定另行计算。

⑮ 设计用于各种砌体中的砌体加固筋，按本定额“钢筋及混凝土工程”的规定另行计算。

(6) 轻质板墙适用于框架、框剪结构中的内外墙或隔墙。定额按不同材质和板形编制，设计与定额不同时，可以换算。

① 轻质板墙，不论空心板或实心板，均按厂家提供板墙半成品（包括板内预埋件，配套吊挂件、U 形卡，S 形钢檩条、螺栓、铆钉等）现场安装编制。

② 轻质板墙中与门窗连接的钢筋码和钢板（预埋件），定额已综合考虑。

二、工程量计算规则

1. 砌筑界线划分

（1）基础与墙体以设计室内地坪为界，有地下室者，以地下室设计室内地坪为界，以下为基础，以上为墙体，如图 4-1 所示。

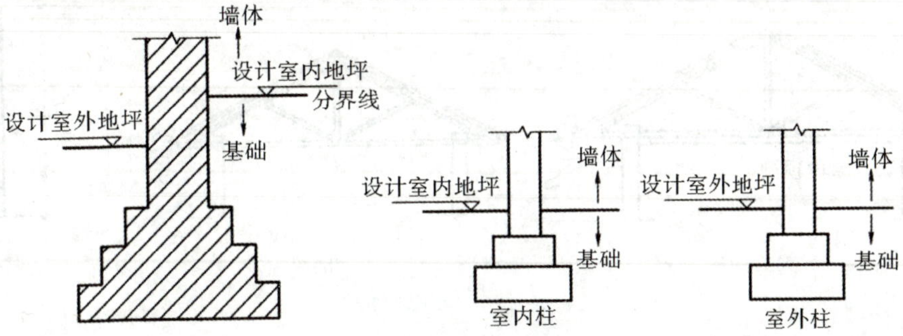

图 4-1　基础与墙体

（2）室内柱以设计室内地坪为界，室外柱以设计室外地坪为界，以下为柱基础，以上为柱，如图 4-2（a）和 4-2（b）所示。

（3）围墙以设计室外地坪为界，以下为基础，以上为墙体，如图 4-2（c）所示。

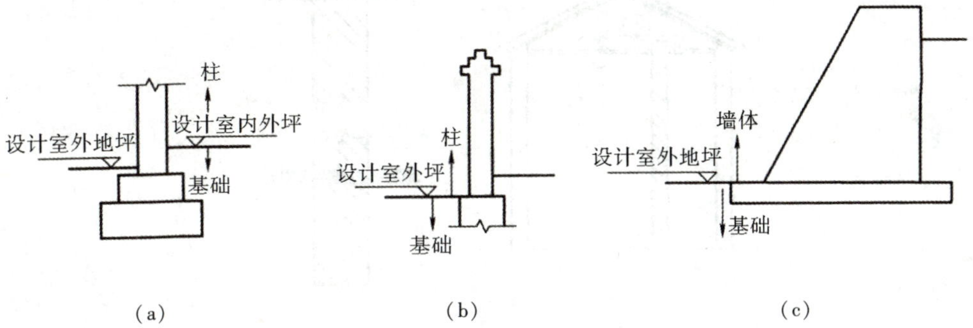

图 4-2　室内外柱与围墙

（4）挡土墙以设计地坪标高低的一侧为界，以下为基础，以上为墙体。

2. 基础工程量计算

（1）条形基础按墙体长度乘以设计断面面积以体积计算。

（2）基础工程量包括附墙垛基础宽出部分体积，扣除地梁（圈梁）、构造柱所占体积，不扣除基础大放脚 T 形接头处的重叠部分，以及嵌入基础的钢筋、铁件、管道、基础防潮层和单个面积≤0.3 m^2 的孔洞所占体积，且靠墙暖气沟的挑檐也不增加。

（3）基础长度，外墙按外墙中心线，内墙按内墙净长度计算。

（4）柱间条形基础，按柱间墙体的设计净长度乘以设计断面面积，以体积计算。

（5）独立基础，按设计图示尺寸以体积计算。

3. 墙体工程量计算

（1）墙长度，外墙按中心线，内墙按净长度计算。

（2）外墙高度，斜（坡）屋面无檐口顶棚者算至屋面板底；有屋架且室内外均有顶棚者算至屋架下弦底另加 200 mm，如图 4-3（a）所示；无顶棚者算至屋架下弦底另加 300 mm，如图 4-3（b）所示，出檐宽度超过 600 mm 时按实砌高度计算；有钢筋混凝土楼板隔层者算至板顶。平屋顶算至钢筋混凝土板顶，如图 4-3（c）所示。

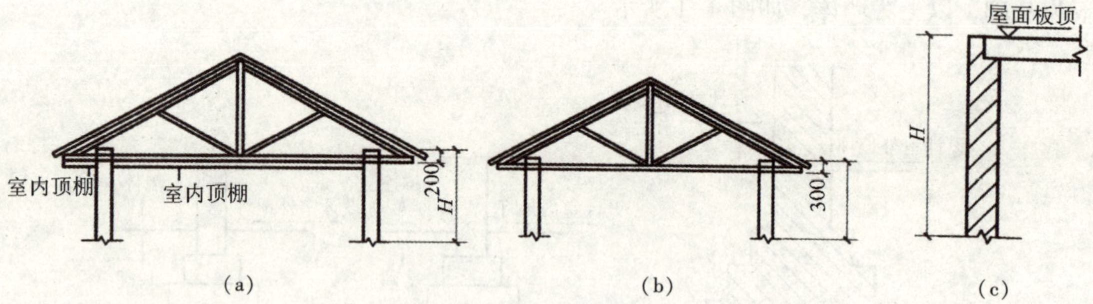

图 4-3　外墙高度

（3）内墙高度，位于屋架下弦者，算至屋架下弦底；无屋架者算至顶棚底另加 100 mm，如图 4-4（a）所示；有钢筋混凝土楼板隔层者算至楼板底，如图 4-4（b）所示；有框架梁时算至梁底。

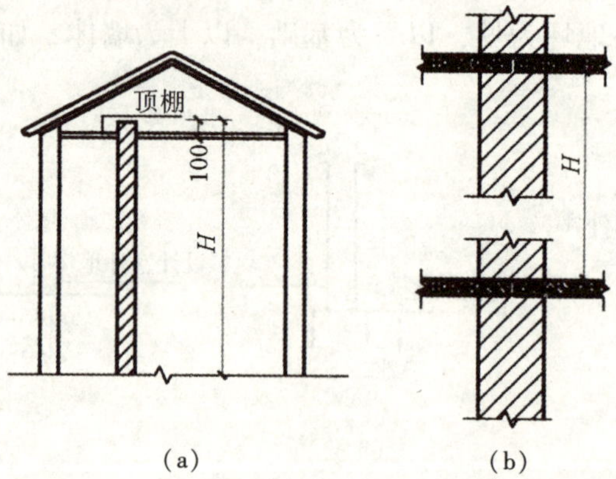

图 4-4　内墙高度

（4）女儿墙高度，从屋面板上表面算至女儿墙顶面（如有混凝土压顶时算至压顶下表面），如图 4-5 所示。

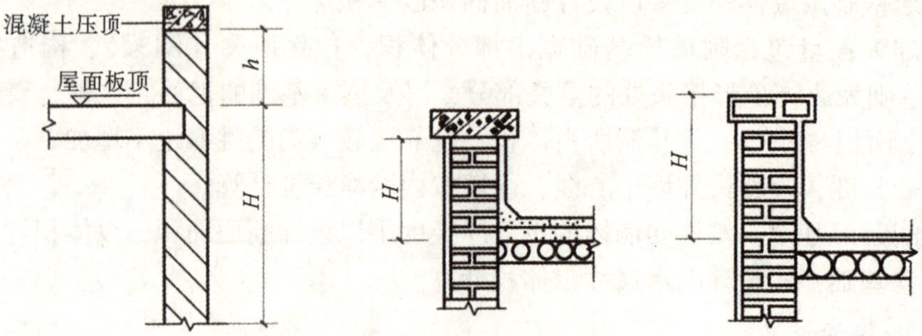

图 4-5　女儿墙高度

(5) 内、外山墙高度，按其平均高度计算，如图 4-6 所示。

(6) 框架间墙，不分内、外墙，按墙体净尺寸以体积计算。

(7) 围墙，高度算至压顶上表面（如有混凝土压项时算至压顶下表面），围墙柱并入围墙体积内。

(8) 墙体体积，按设计图示尺寸以体积计算。计算墙体工程量时，应扣除门窗、洞口、嵌入墙内的钢筋混凝土柱、梁、圈梁、挑梁、过梁及凹进墙内的壁龛、管槽、暖气槽、消火栓箱所占体积。不扣除梁头、外墙板头、檩头、垫木、木楞头、沿椽木、木砖、门窗走头、墙内的加固钢筋、木筋、铁件、钢管及每个面积≤0.3 m^2 孔洞等所占体积。凸出墙面的窗台虎头砖，压顶线、山墙泛水，烟囱根、门窗套及三皮砖以内的腰线和挑檐等体积也不增加。凸出墙面的砖垛、三皮砖以上的腰线和挑檐等体积，并入所附墙体体积内计算。

(9) 附墙烟囱（包括附墙通风道、垃圾道，混凝土烟风道除外），按其外形体积并入所依附的墙体积内计算，如图 4-7 所示。

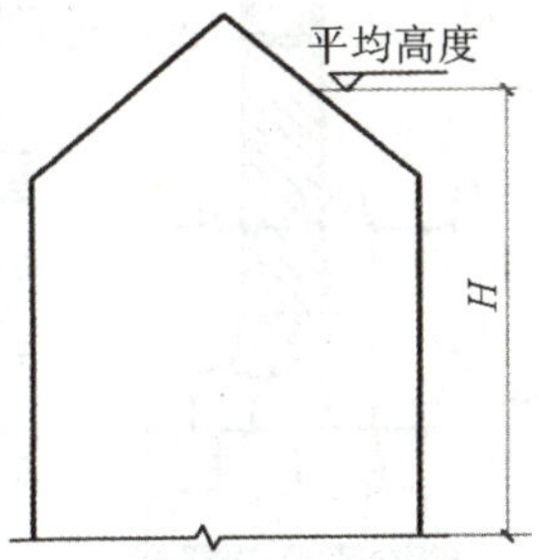

图 4-6　内、外山墙高度

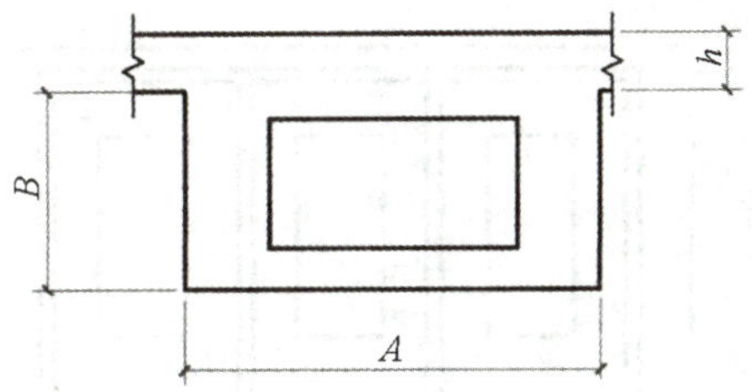

图 4-7　附墙烟囱

4. 柱工程量计算

各种柱均按基础分界线以上的柱高乘以柱断面面积，以体积计算。

5. 轻质板墙

轻质板墙按设计图示尺寸以面积计算。

6. 其他砌筑工程量计算

(1) 砖砌地沟不分沟底、沟壁，按设计图示尺寸以体积计算。

(2) 零星砌体项目，均按设计图示尺寸以体积计算。

(3) 多孔砖墙、空心砖墙和空心砌块墙，按相应规定计算墙体外形体积，不扣除砌体材料中的孔洞和空心部分的体积。

(4) 装饰砌块夹芯保温复合墙体按实砌复合墙体以面积计算。

(5) 混凝土烟风道按设计混凝土砌块体积，以体积计算。计算墙体工程量时，应按混凝土烟风道工程量，扣除其所占墙体的体积。

（6）变压式排气道，区分不同断面，以长度计算工程量（楼层交接处的混凝土垫块及垫块安装灌缝已综合在子目中，不单独计算）。计算时，自设计室内地坪或安装起点，计算至上一层楼板的上表面；顶端遇坡屋面时，按其高点计算至屋面板面。

（7）混凝土镂空花格墙按设计空花部分外形面积（空花部分不予扣除）以面积计算。定额中混凝土镂空花格按半成品考虑。

（8）石砌护坡按设计图示尺寸以体积计算。

（9）砖背里和毛石背里按设计图示尺寸以体积计算。

（10）本任务定额中用砂为符合规范要求的过筛净砂，不包括施工现场的筛砂用工，现场筛砂用工按定额“土石方工程”的规定另行计算。

案例解析

【例 4-1】求如图 4-8 所示砌筑基础工程的工程量（单位：mm）。

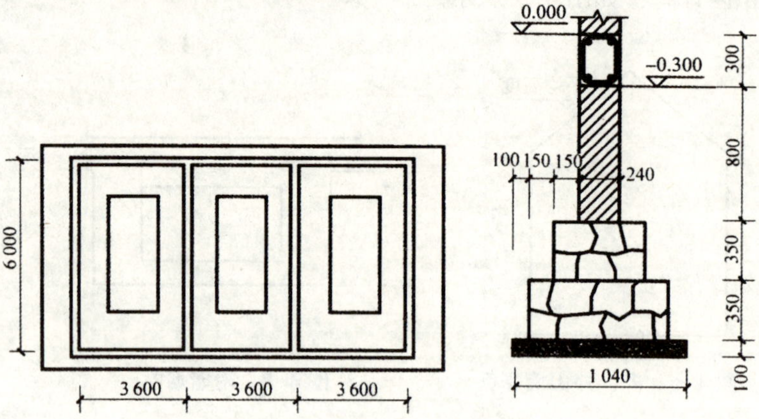

图 4-8　砌筑基础工程（单位：mm）

【解】1. 计算基数 $L_{中}$ =（3.6×3+6）×2=33.6（m）

$L_{内}$ =（6-0.24）×2=11.52（m）

2. 计算砖基础的工程量

转基础的工程量=（0.8+0.3）×0.24×（33.6+11.52）=11.91（m^3），套用定额 4-1-1。

3. 计算毛石基础工程量

毛石基础工程量=［（1.04-0.1×2）×0.35+（0.24+0.15×2）×0.35］×（33.6+11.52）=21.79（m^3），套用定额 4-3-1。

【例 4-2】某办公室平面图如图 4-9 所示，实心砖墙墙体用 M5.0 混合砂浆砌筑，M1 为 1 000 mm×2 400 mm，M2 为 900 mm×2 400 mm，C1 为 1 500 mm×1 500 mm，门窗上部均设过梁，断面为 240 mm×180 mm，长度按门窗洞口宽度每边增加 250 mm；外墙均设圈梁（内墙不设），断面为 240 mm×240 mm，计算墙体工程量，确定定额项目。

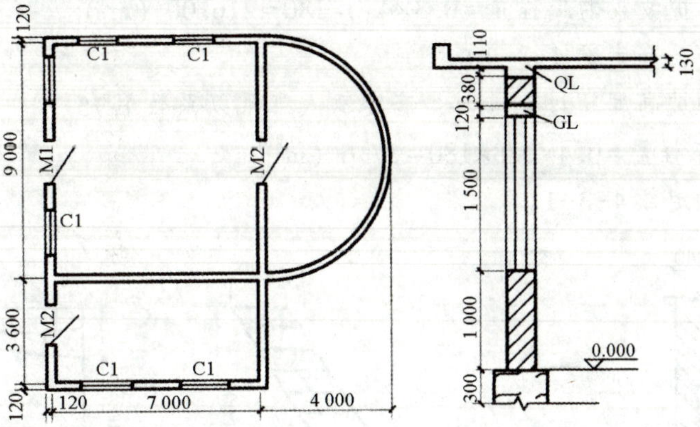

图 4-9　某办公室平面图（单位：mm）

【解】1. 外墙体积＝［（9.00+3.60+7.00+3.60+7.00）×（1.0+1.50+0.12+0.38）］×0.24＝30.2×3×0.24＝21.74（m^3）

门窗洞口所占体积＝（1.50×1.50×6+1.00×2.40+0.90×2.4）×0.24＝4.33（m^3）

过梁所占体积＝0.24×0.12×2.00×6+0.24×0.12×1.50+0.24×0.12×1.4＝0.43（m^3）

外墙工程量＝21.74−4.33−0.43＝16.98（m^3）

内墙工程量＝［（7.0−0.24+9.0−0.24）×（1+1.5+0.12+0.38+0.11）−0.9×2.4］×0.24−0.24×0.12×1.40＝（48.27−2.16）×0.24−0.04＝11.03（m^3）

墙体工程量合计＝16.98+11.03＝28.01（m^3），套用定额 4-2-1。

半圆弧外墙工程量＝4.00×3.14×（1.0+1.50+0.12+0.38）×0.24＝9.04（m^3）

弧形外墙，套用定额 4-2-1，相应定额换算人工用量乘以系数 1.1，材料用量乘以系数 1.03。

2. 分部分项工程费（表 4-7）

表 4-7　分部分项工程费

序号	定额编号	项目名称	单位	工程量	单价/元	总价/元
1	4-2-1	M5.0 混合砂浆加气混凝土砌块墙	10 m^3	2.801	5 052.12	14 150.99
2	4-2-1	M5.0 混合砂浆加气混凝土砌块墙（弧形）	10 m^3	0.904	5 341.16	4 828.41
小计						18 979.40

【例 4-3】某工程如图 4-10 所示，附墙烟道高 3.9 m。计算附墙烟道体积，确定定额项目。

【解】附墙烟道工程量＝1×0.375×3.9＝1.46（m^3）

附墙烟道，套（山东省）定额 4-1-7。

【例 4-4】如图 4-11 所示，某工程用 M7.5 混合砂浆砌筑乱毛石护坡。求其工程量，确定定额项目。

【解】1. 毛石护坡浆砌工程量=0.3×4.0×180=216.00（m^3）

毛石护坡浆砌，套定额 4-3-10。

注意：毛石护坡高度超过 4 m 时，套定额人工乘以系数 1.15。

2. 毛石基础工程量=0.4×0.8×180=57.6（m^3）

毛石基础，套定额 4-3-1。

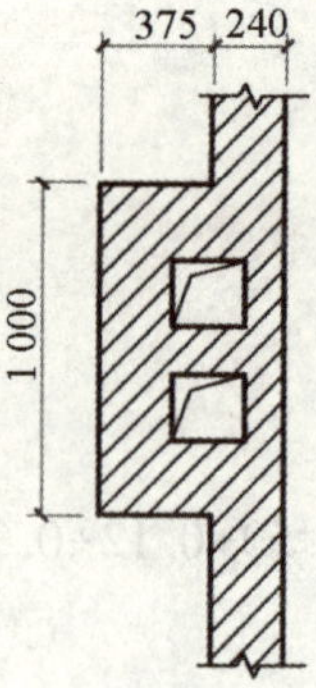

图 4-10　附墙烟道（单位：mm）

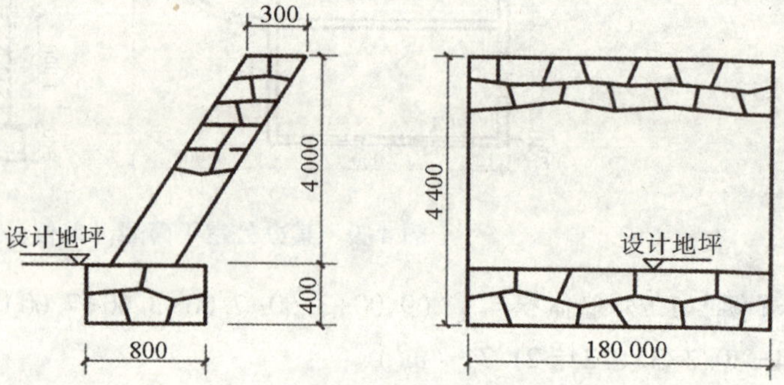

图 4-11　某工程平面图（单位：mm）

任务二　钢筋及混凝土工程

钢筋及混凝土工程是指在建筑施工过程中，使用钢筋和混凝土这两种主要材料进行结构构建的工程。在进行钢筋及混凝土工程的造价编制时，需要详细计算和估算各种材料、人工和机械费用，以确保整个工程的成本控制在预算范围内。

一、定额说明

（1）本章定额包括现浇混凝土、预制混凝土，混凝土搅拌制作及泵送、钢筋、预制混凝土构件安装五节。

（2）混凝土浇筑项目包括润湿模板、浇灌、捣固、养护等内容。

① 定额内混凝土搅拌项目包括筛沙子、筛洗石子、搅拌、前台运输上料等内容。

② 毛石混凝土，按毛石占混凝土总体积 20%计算。如设计要求不同时，允许换算。

③ 小型混凝土构件，是指单件体积≤0.1 m^3 的定额未列项目。

④ 现浇钢筋混凝土柱、墙、后浇带定额项目，定额综合了底部灌注 1∶2 水泥砂浆的用量。

⑤ 定额中已列出常用混凝土强度等级，如与设计要求不同时，允许换算。

⑥ 混凝土柱、墙连接时，柱单面突出墙面大于墙厚或双面突出墙面时，柱按其完整断面计算，墙长算至柱侧面；柱单面突出墙面小于墙厚时，其突出部分并入墙体积内计算。

⑦ 轻型框剪墙，是轻型框架剪力墙的简称，结构设计中也称为短肢剪力墙结构。轻型框剪墙，由墙柱、墙身、墙梁三种构件构成。墙柱，即短肢剪力墙，也称边缘构件（又

分为约束边缘构件和构造边缘构件)，呈十字形、T形、Y形、L形、一字形等形状，柱式配筋。墙身为一般剪力墙。墙柱与墙身相连，还可能形成**工**、**匚**、**Z**字等形状。墙梁处于填充墙大洞口或其他洞口上方，梁式配筋。通常情况下，墙柱、墙身、墙梁厚度（≤300 mm）相同，构造上没有明显的区分界限。

轻型框剪墙子目，已综合考虑了墙柱、墙身、墙梁的混凝土浇筑因素，计算工程量时执行墙的相应规则，墙柱、墙身、墙梁不分别计算。

⑧ 叠合箱、蜂巢芯混凝土楼板浇筑时，混凝土子目中人工、机械乘以系数1.15。

⑨ 阳台指主体结构外的阳台，定额已综合考虑了阳台的各种类型因素，使用时不得分解。主体结构内的阳台，按梁、板相应规定计算。

⑩ 劲性混凝土柱（梁）中的混凝土在执行定额相应子目时，人工、机械乘以系数1.15。

⑪ 有梁板及平板的区分，如图4-12所示。

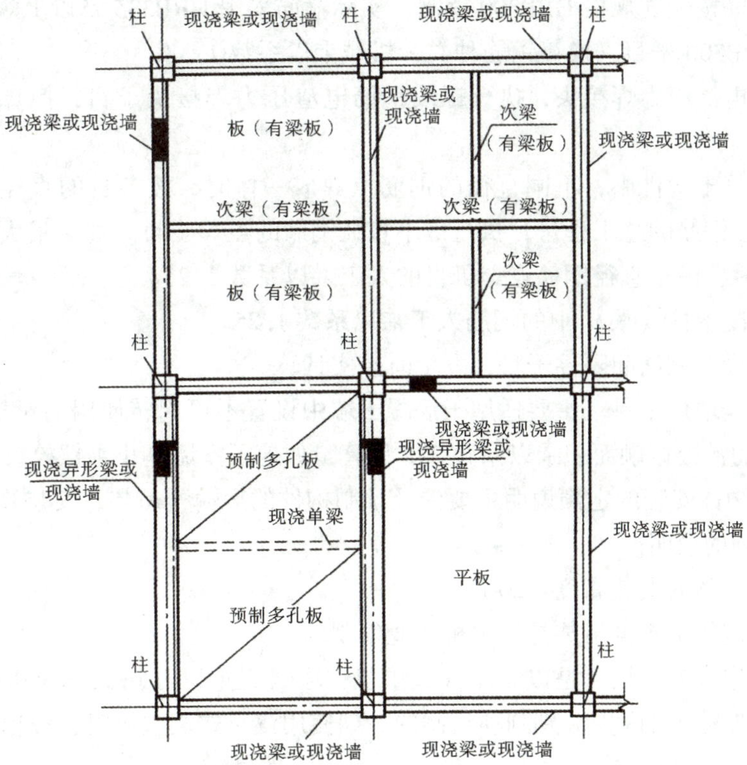

图4-12　有梁板及平板区分示意图

（3）钢筋定额按钢筋现行平法规定的HPB300、HRB335、HRB400、HRB500综合规格编制，并按现浇构件钢筋、预制构件钢筋、预应力钢筋及箍筋分别列项。

① 预应力构件中非预应力钢筋按预制钢筋相应项目计算。

② 绑扎低碳钢丝、成型点焊和接头焊接用的电焊条已综合在定额项目内，不另行计算。

③ 非预应力钢筋不包括冷加工，如设计要求冷加工时，另行计算。

④ 预应力钢筋如设计要求人工时效处理时，另行计算。

⑤ 后张法钢筋的锚固是按钢筋帮条焊、U 形插垫编制的。如采用其他方法锚固时，可另行计算。

⑥ 表 4-8 所列构件，其钢筋可校表内系数调整人工、机械用量。

表 4-8　调整系数

项目	预制构件钢筋		现浇构件钢筋	
系数范围	拱形屋架	托架梁	小型构件（或小型池槽）	构筑物
人工、机械调整系数	1.16	1.05	2	1.25

⑦ 本章设置了马凳钢筋子目，发生时按实计算。防护工程的钢筋锚杆，护壁钢筋、钢筋网执行现浇构件钢筋子目。

⑧ 冷轧扭钢筋，执行冷轧带肋钢筋子目。

⑨ 砌体加固筋，定额按焊接连接编制。实际采用非焊接方式连接时，不得调整。

⑩ 构件箍筋按钢筋规格 HPB300 编制，实际箍筋采用 HRB335 及以上规格钢筋时，执行构件箍筋 HPB300 子目，换算钢筋种类，机械乘以系数 1.38。

⑪ 圆钢筋电渣压力焊接头，执行螺纹钢筋电渣压力焊接头子目，换算钢筋种类，其他不变。

⑫ 预制混凝土构件中，不同直径的钢筋点焊成一体时，按各自的直径计算钢筋工程量，按不同直径钢筋的总工程量，执行最小直径钢筋的点焊子目。如果最大与最小钢筋的直径比大于 2 时，最小直径钢筋点焊子目的人工乘以系数 1.25。

⑬ 劲性混凝土柱（梁）中的钢筋人工乘以系数 1.25。

⑭ 定额中设置钢筋间隔件子目，发生时按实计算。

⑮ 对拉螺栓增加子目，主要适用于混凝土墙中设置不可周转使用的对拉螺栓的情况，按照混凝土墙的模板接触面积乘以系数 0.5 计算，如地下室墙体止水螺栓。

（4）预制构件安装的定额说明主要涉及预制构件的运输、吊装、安装等工序的费用计算，以下是详细的说明。

① 此部分定额的安装高度≤20 m。

② 此部分定额中机械吊装是按单机作业编制的。

③ 此部分定额安装项目是以轮胎式起重机、塔式起重机（塔式起重机台班消耗量包括在垂直运输机械项目内）分别列项编制的。如使用汽车式起重机时，按轮胎式起重机相应定额项目乘以系数 1.05。

④ 小型构件安装是指单体体积≤0.1 m^3，且此部分定额中未单独列项的构件。

⑤ 升板预制柱加固是指柱安装后，至楼板提升完成期向所需要的加固搭设。

⑥ 预制混凝土构件安装子目均不包括为安装工程所搭设的临时性脚手架及临时平台，发生时按有关规定另行计算。

⑦ 预制混凝土构件必须在跨外安装就位时，按相应构件安装子目中的人工、机械台班乘以系数 1.18。使用塔式起重机安装时，不再乘以系数。

二、工程量计算规则

（一）现浇混凝土工程量

现浇混凝土工程量除另有规定者外，均按图示尺寸以体积计算。不扣除构件内钢筋、铁件及墙、板中≤0.3 m^2 的孔洞所占体积，但劲性混凝土中的金属构件、空心楼板中的预埋管道所占体积应予扣除。

1. 基础

（1）带形基础，外墙按设计外墙中心线长度、内墙按设计内墙基础净长度乘以设计断面面积，以体积计算，如图 4-13 所示。

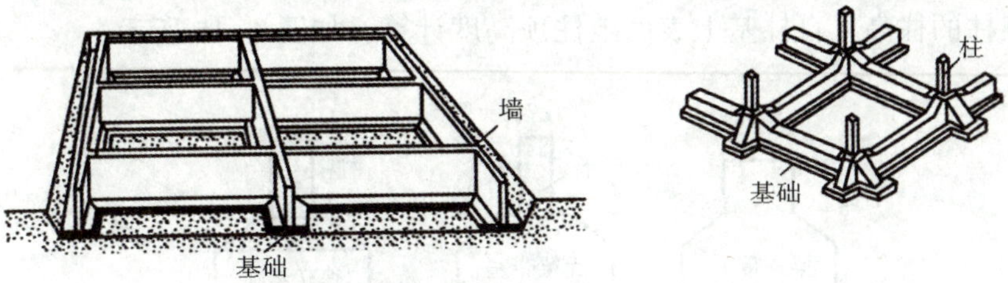

（a）墙下带形基础　　（b）柱下带形基础

图 4-13　带形基础

（2）满堂基础，按设计图示尺寸以体积计算。

（3）箱式满堂基础分别按无梁式满堂基础、柱、墙、梁、板有关规定计算，套用相应定额子目，如图 4-14 所示。

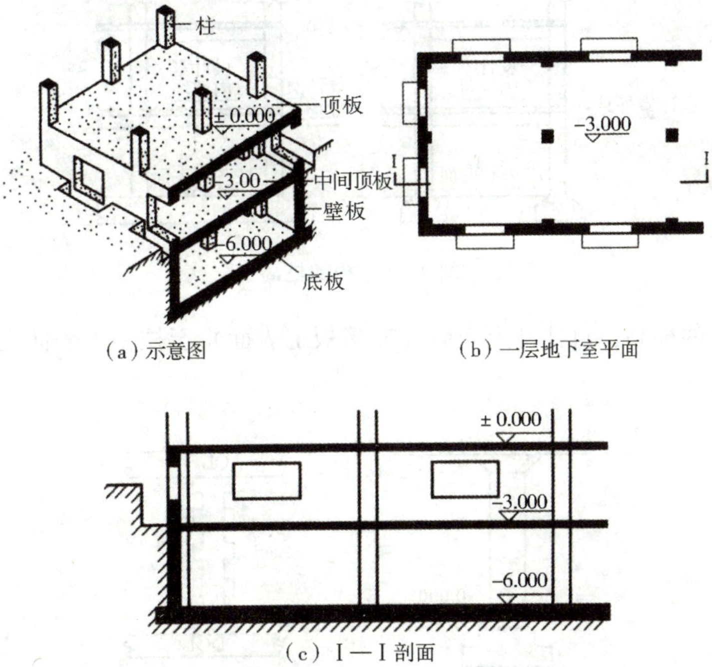

（a）示意图　　（b）一层地下室平面

（c）I—I 剖面

图 4-14　箱式满堂基础

（4）独立基础，包括各种形式的独立基础及柱墩，其工程量按图示尺寸以体积计算。柱与柱基的划分以柱基的扩大顶面为分界线。

（5）带形桩承台按带形基础的计算规则计算，独立柱承台的计算规则计算。不扣除伸入承台基础的桩头所占体积。

（6）设备基础，除块体基础外，分别按基础、柱、梁、板、墙等有关规定计算，套用相应定额子目。楼层上的钢筋混凝土设备基础，按有梁板项目计算。

2. 柱按图示断面尺寸乘以柱高以体积计算

柱高按下列规定确定。

（1）现浇混凝土柱与基础的划分，以基础扩大面的顶面为分界线，以下为基础，以上为柱。框架柱的柱高，自柱基上表面至柱顶高度计算，如图 4-15 所示。

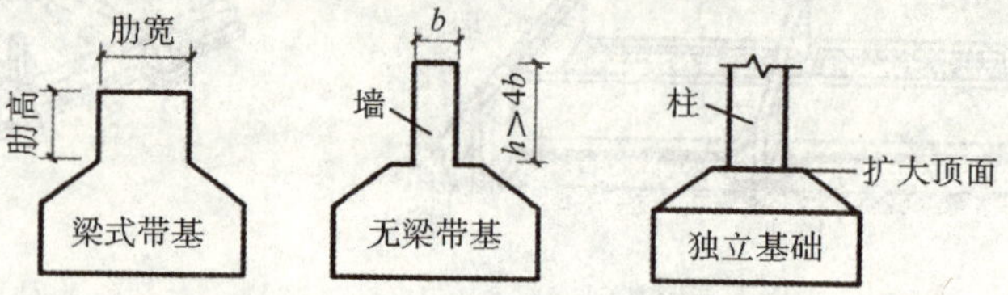

图 4-15　基础扩大面

（2）板的柱高，自柱基上表面（或楼板上表面）至上一层楼板上表面之间的高度计算，如图 4-16 所示。

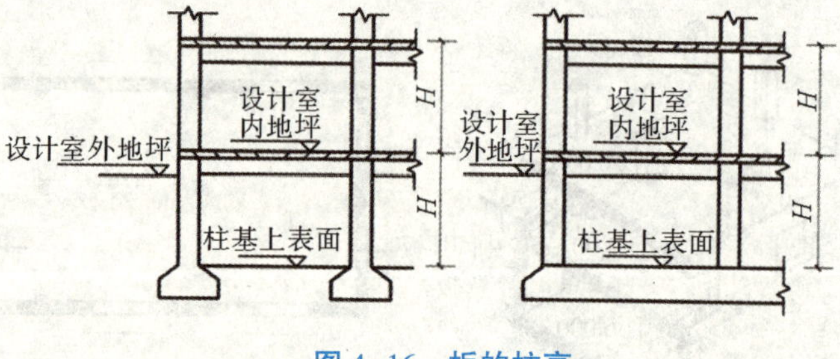

图 4-16　板的柱高

（3）无梁板的柱高，自柱基上表面（或楼板上表面）至柱帽下表面之间的高度计算，如图 4-17 所示。

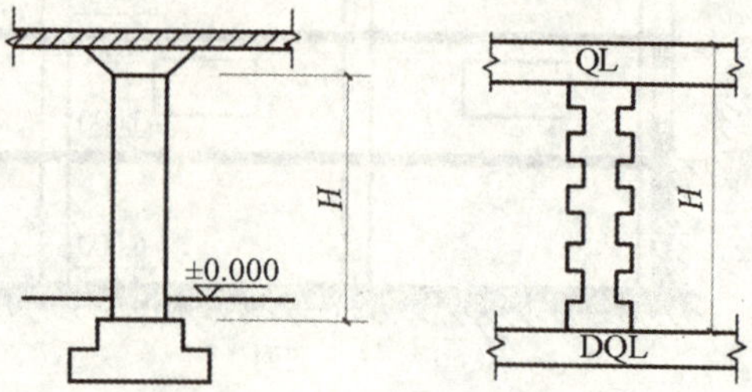

图 4-17　无梁板的柱高

（4）构造柱按设计高度计算，与墙嵌接部分（马牙槎）的体积，按构造柱出槎长度的一半（有槎与无槎的平均值）乘以出槎宽度，再乘以构造柱柱高，并入构造柱体积内计算。

（5）依附柱上的牛腿，并入柱体积内计算，如图 4-18 所示。

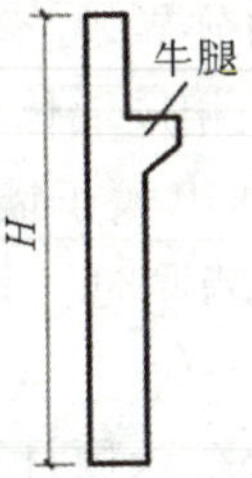

图 4-18 牛腿

3. 梁按图示断面尺寸乘以梁长以体积计算

梁长及梁高按下列规定确定

（1）梁与柱连接时，梁长算至柱侧面，如图 4-19 所示。

（2）主梁与次梁连接时，次梁长算至主梁侧面。伸入墙体内的梁头、梁垫体积并入梁体积内计算，如图 4-20 所示。

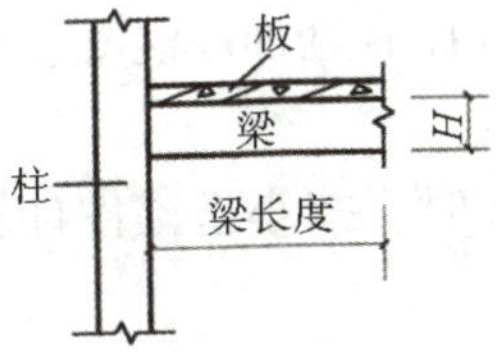

图 4-19

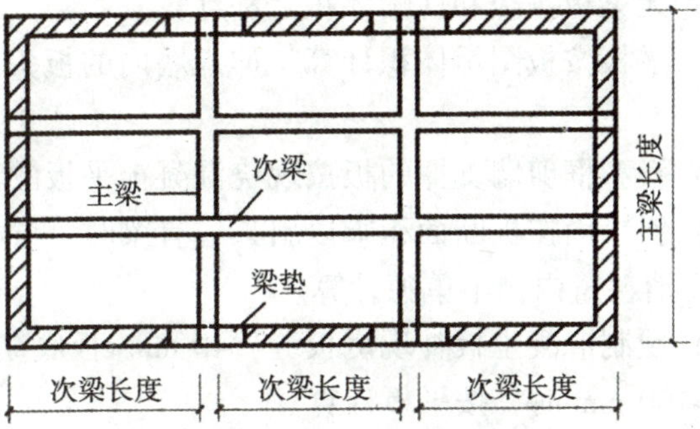

图 4-20 梁长示意图

（3）过梁长度按设计规定计算，设计无规定时，按门窗洞口宽度，两端各加 250 mm 计算。

（4）房间与阳台连通，洞口上坪与圈梁连成一体的混凝土梁，按过梁的计算规则计算工程量，执行单梁子目。

（5）圈梁与梁连接时，圈梁体积应扣除伸入圈梁内的梁体积。圈梁与构造住连接时，圈梁长度算至构造柱侧面。构造柱有马牙槎时，圈梁长度算至构造柱主断面的侧面。基础圈梁，按圈梁计算。

（6）在圈梁部位挑出外墙的混凝土梁，以外墙外边线为界限，挑出部分按图示尺寸以体积计算。

（7）梁（单梁、框架梁、圈梁、过梁）与板整体现浇时，梁高计算至板底。

4. 墙按图示中心线长度尺寸乘以设计高度及墙体厚度，以体积计算

扣除门窗洞口及单个面积>0.3 m^3 孔洞的体积，墙垛突出部分并入墙体积内计算。

（1）现浇混凝土墙（柱）与基础的划分以基础护大面的顶面为分界线，以下为基础，以上为墙（柱）身。

（2）现浇混凝土柱、梁、墙、板的分界。

① 混凝土墙中的暗柱、暗梁，并入相应墙体积内，不单独计算。

② 混凝土柱、墙连接时，柱单面凸出大于墙厚或双面凸出墙面时，柱、墙分别单独计算，墙算至柱侧面；柱单面凸出小于墙厚时，其凸出部分并入墙体积内计算。

③ 梁、墙连接时，墙高算至梁底。

④ 墙、墙相交时，外墙按外墙中心线长度计算，内墙按墙间净长度计算。

⑤ 柱、墙与板相交时，柱和外墙的高度算至板上坪；内墙的高度算至板底；板的宽度按外墙间净宽度（无外墙时，按板边缘之间的宽度）计算，不扣除柱、垛所占板的面积。

（3）电梯井壁，工程量计算执行外墙的相应规定。

（4）轻型框剪墙，由剪力墙柱、剪力墙身、剪力墙梁三类构件构成，计算工程量时按混凝土墙的计算规则合并计算。

5. 板按图示面积乘以板厚以体积计算

（1）有梁板，包括主、次梁及板，工程量按梁、板体积之和计算。

（2）无梁板按板和柱帽体积之和计算。

（3）平板按板图示体积计算。伸入墙内的板头、平板边沿的翻檐，均并入平板体积内计算。

（4）轻型框剪墙支撑的板按现浇混凝土平板的计算规则，以体积计算。

（5）斜屋面按板断面积乘以斜长，有梁时，梁板合并计算。屋脊处加厚混凝土已包括在混凝土消耗量内，不单独计算。

（6）预制混凝土板补现浇板缝，40 mm<板底缝宽≤100 mm 时，按小型构件计算；板底缝宽>100 mm 时，按平板计算。

（7）坡屋面板，按斜板计算。屋脊处八字脚的加厚混凝土（素混凝土）已包括在消耗量内，不单独计算。若屋脊处八字脚的加厚混凝土配置钢筋作梁使用，应按设计尺寸并入斜板工程量内计算。

（8）现浇挑檐与板（包括屋面板）连接时，以外墙外边线为界限；与圈梁（包括其他梁）连接时，以梁外边线为界限，外边线以外为挑檐。

（9）叠合箱、蜂巢芯混凝土楼板扣除构件内叠合箱、蜂巢芯所占体积，按有梁板相应规则计算。

6. 其他

（1）整体楼梯包括休息平台、平台梁、楼梯底板、斜梁及楼梯的连接梁、楼梯段，按水平投影面积计算，不扣除宽度<50 mm 的楼梯井，伸入墙内部分不另增加，如图 4-21 所示。踏步旋转楼梯，按其楼梯部分的水平投影面积乘以周数计算（不包括中心柱）。

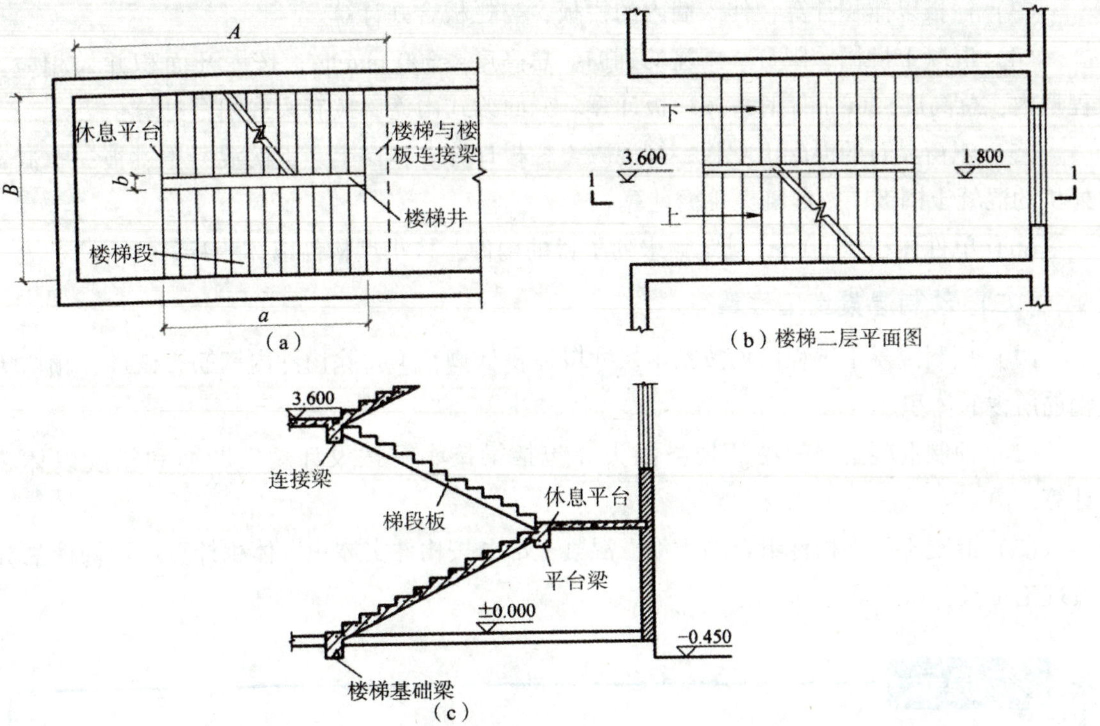

图 4-21　楼梯间（单位：m）

① 混凝土楼梯（含直形和旋转形）与楼板，以楼梯顶部与楼板的连接梁为界，连接梁以外为楼板；楼梯基础，按基础的相应规定计算。

② 踏步底板、休息平台的板厚不同时，应分别计算。踏步底板的水平投影面积包括底板和连接梁；休息平台的投影面积包括平台板和平台梁。

③ 弧形楼梯，按旋转楼梯计算。

④ 独立式单跑楼梯间，楼梯踏步两端的板，均视为楼梯的休息平台板。非独立式楼梯间单跑楼梯，楼梯踏步两端宽度（自连接梁外边沿起）≤1.2 m 的板，均视为楼梯的休息平台板。单跑楼梯侧面与楼板之间的空隙视为单跑楼梯的楼梯井。

（2）阳台、雨篷按伸出外墙部分的水平投影面积计算，伸出外墙的牛腿不另计算，其嵌入墙内的梁按梁有关规定单独计算；雨篷的翻檐按展开面积，并入雨篷内计算，如图 4-22 所示。井字雨篷梁，按有梁板计算规则计算。

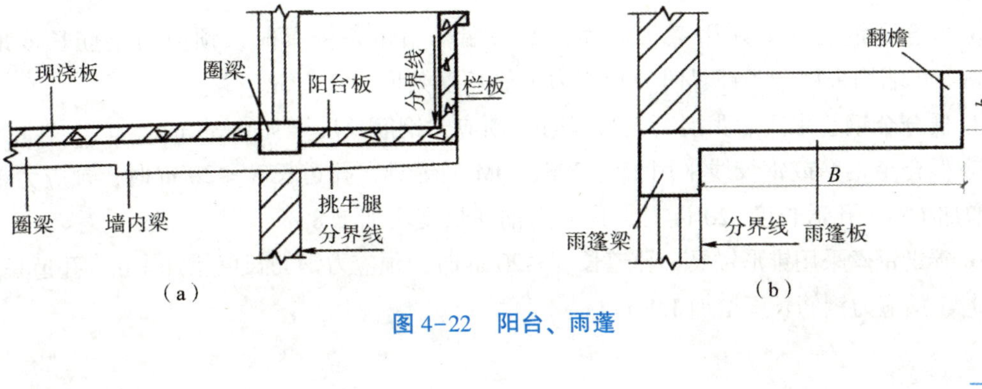

图 4-22　阳台、雨篷

（3）栏板以体积计算，伸入墙内的栏板，与栏板合并计算。

（4）混凝土挑檐、阳台、雨篷的翻檐，总高度≤300 mm 时，按展开面积并入相应工程量内；总高度>300 mm 时，按栏板计算。三面梁式雨篷，按有梁式阳台计算。

（5）飘窗左右的混凝土立板，按混凝土栏板计算。飘窗上、下的混凝土挑板、空调室外机的混凝土搁板，按混凝土挑檐计算。

（6）单件体积≤0.1 m^3 且定额未列子目的构件，按小型构件以体积计算。

（二）预制混凝土工程量

（1）预制混凝土工程量均按图示尺寸以体积计算，不扣除构件内钢筋、铁件、预应力钢筋所占的体积。

（2）预制混凝土框架柱的现浇接头（包括梁接头）按设计规定断面和长度以体积计算。

（3）混凝土与钢构件组合的构件，混凝土部分按构件实体积以体积计算；钢构件部分按理论重量，以质量计算。

提示

混凝土搅拌制作和泵送子目，按各混凝土构件的混凝土消耗量之和，以体积计算。

（三）钢筋工程量及定额应用

（1）钢筋工程应区别现浇、预制构件，不同钢种和规格，计算时分别按设计长度乘以单位理论重量，以质量计算。钢筋电渣压焊接、套筒挤压等接头，按数量计算。

（2）计算钢筋工程量时，设计规定钢筋搭接的，按规定搭接长度计算；设计、规范未规定的，已包括在钢筋的损耗率之内，不另计算搭接长度。

（3）先张法预应力钢筋，按构件外形尺寸计算长度；后张法预应力钢筋按设计规定的预应力钢筋预留孔道长度，并区别不同的锚具类型，分别按下列规定计算。

① 钢筋两端采用螺杆锚具时，预应力钢筋按预留孔道长度减 0.35 m，螺杆另行计算。

② 低合金钢筋一端采用镦头插片，另一端为螺杆锚具时，预应力钢筋长度按预留孔道长度计算，螺杆另行计算。

③ 低合金钢筋一端采用镦头插片，另一端采用帮条锚具时，预应力钢筋长度增加 0.15 m；两端均采用帮条铺具时，预应力钢筋长度共增加 0.3 m。

④ 低合金钢筋采用后张混凝土自锚时，预应力钢筋长度增加 0.35 m。

⑤ 低合金钢筋或钢绞线采用 JM、XM、QM 型锚具，孔道长度≤20 m 时，预应力钢筋长度增加 1 m；孔道长度>20 m 时，预应力钢筋长度增加 1.8 m。

⑥ 碳素钢丝采用锥形锚具，孔道长度≤20 m 时，预应力钢筋长度增加 1 m；孔道长度>20 m 时，预应力钢筋长度增加 1.8 m。

⑦ 碳素钢丝两端采用镦粗头时，预应力钢丝长度增加 0.35 m。

（4）马凳的现场布置是通长设置按设计图纸规定或已审批的施工方案计算。设计无规定时现场马凳布置方式是其他形式的，马凳的材料应比底板钢筋降低一个规格（若底板钢筋规格不同时，按其中规格大的钢筋降低一个规格计算），长度按底板厚度的 2 倍加 200 mm 计算，按 1 个/m^3 计入马凳筋工程量。

（5）墙体拉结 S 钩，设计有规定的按设计规定，设计无规定的按 φ8 钢筋，长度按墙厚加 150 mm 计算，按 3 个/m^3 计入钢筋总量。

（6）砌体加固钢筋按设计用量以质量计算。

（7）锚喷护壁钢筋、钢筋网按设计用量以质量计算。防护工程的钢筋锚杆，护壁钢筋、钢筋网，执行现浇构件钢筋子目。

（8）螺纹套筒接头、冷挤压带肋钢筋接头、电渣压焊接头，按设计要求或按施工组织设计规定，以数量计算。

（9）混凝土构件预埋铁件工程量，按设计图示尺寸，以质量计算。

（10）桩基工程钢筋笼制作安装，按设计图示长度乘以理论重量，以质量计算。

（11）钢筋间隔件子目，发生时按实际计算。编制标底时，按水泥基类间隔件 1.21 个/m^2（模板接触面积）计算编制。设计与定额不同时可以换算。

（12）对拉螺栓增加子目，按照混凝土墙的模板接触面积乘以系数 0.5 计算。

（四）预制混凝土构件

预制混凝土构件安装，均按图示尺寸，以体积计算。

（1）预制混凝土构件安装子目中的安装高度，指建筑物的总高度。

（2）焊接成型的预制混凝土框架结构，其柱安装按框架柱计算；梁安装按框架梁计算。

（3）预制钢筋混凝土工字形柱、矩形柱、空腹柱、双肢柱、空心柱、管道支架等的安装，均按柱安装计算。

（4）柱加固子目，是指柱安装后至楼板提升完成前的预制混凝土柱的搭设加固。其工程量按提升混凝土板的体积计算。

（5）组合屋架安装，以混凝土部分的实体积计算，钢杆件部分不另计算。

（6）预制钢筋混凝土多层柱安装，首层柱按柱安装计算，二层及二层以上按柱接柱计算。

案例解析

【例 4-5】计算某带形混凝土基础的工程量。已知图 4-23 带形基础为 C30 预拌混凝土，构件中线与轴线重合，具体尺寸如图 4-23 所示。

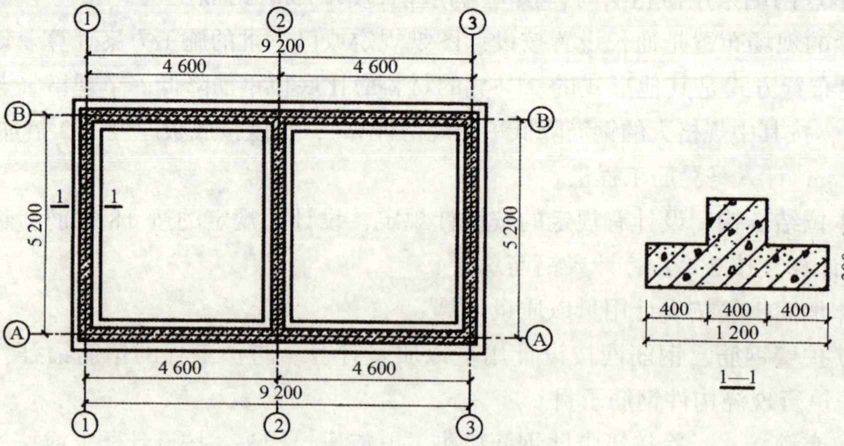

图 4-23　某带形混凝土基础（单位：mm）

【解】带形基础

$S_1=1.2\times0.3=0.36\ (m^2)$

$L_1=(9.2+5.2)\times2+(5.2-1.2)=32.8\ (m)$

$V_1=S_1\times L_1=0.36\times32.8=11.81\ (m^3)$

$S_2=0.4\times0.3=0.12\ (m^2)$

$L_2=(9.2+5.2)\times2+(5.2-0.4)=33.6\ (m)$

$V_2=S_2\times L_2=0.12\times33.6=4.03\ (m^3)$

$V=V_1+V_2=11.81+4.03=15.84\ (m^3)$，套定额 5-1-4。

【例 4-6】有梁式满堂基础尺寸如图 4-24 所示（单位：mm），混凝土强度等级为 C30，采用泵送商品混凝土，因冬雨季施工掺早强防冻剂为水泥质量的 2%。计算满堂基础混凝土浇筑工程量，并确定定额项目。

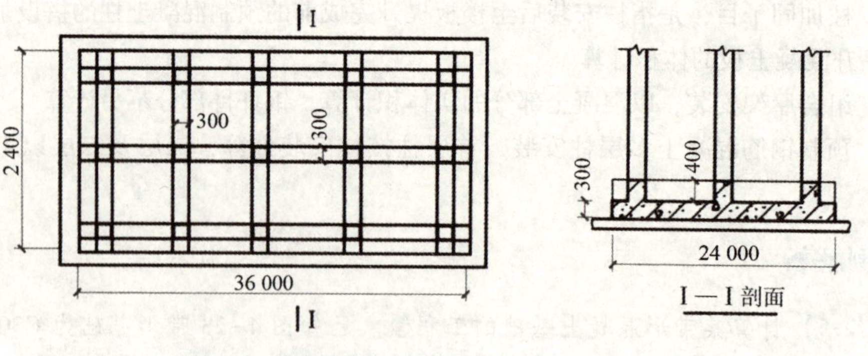

图 4-24　有梁式满堂基础尺寸（单位：mm）

【解】满堂基础混凝土工程量$=36\times24\times0.3+0.3\times0.4\times[36\times3+(24-0.3\times3)\times5]=286.02\ (m^3)$

套无梁式现浇混凝土满堂基础定额 5-1-8，早强防冻剂考虑在冬、雨季施工费中。

任务三 金属结构、木结构及门窗工程

在金属结构、木结构及门窗工程的实际操作中，建议结合具体项目的需求和当地定额标准进行详细核算。

一、金属结构工程

（一）定额说明

（1）本章定额包括金属结构制作、无损探伤检验、除锈、平台摊销、金属结构安装五节。

（2）本章构件制作均包括现场内（工厂内）的材料运输、号料、加工、组装及成品堆放、装车出厂等全部工序。

（3）本章定额金属构件制作包括各种杆件的制作、连接以及拼装成整体构件所需的人工、材料及机械台班用量（不包括为拼装钢屋架、托架、天窗架而搭设的临时钢平台）。在套用了本章金属构件制作项目后，拼装工作不再单独计算。本章 6-5-26 至 6-5-29 拼装子目只适用于半成品构件的拼装。本章安装项目中，均不包含拼装工序。

（4）金属结构的各种杆件的连接以焊接为主，焊接前连接两组相邻构件使其固定以及构件运输时为避免出现误差而使用的螺栓，已包括在制作子目内。

（5）本章构件安装未包括堆放地至起吊点运距>15 m 的现场范围内的水平运输，发生时按本定额“第十九章施工运输工程”相应项目计算。

（6）金属构件制作子目中，钢材的规格和用量，设计与定额不同时，可以调整，其他不变（钢材的损耗率为 6%）。

（7）钢零星构件，是指定额未列项的，且单体重量≤0.2 t 的金属构件。

（8）需预埋入钢筋混凝土中的铁件、螺栓按本定额“第五章钢筋及混凝土工程”相应项目计算。

（9）本章构件制作项目中，均已包括除锈，刷一遍防锈漆。本章构件制作中要求除锈等级为 Sa2.5 级，设计文件要求除锈等级≤Sa2.5 级，不另套项。若设计文件要求除锈等级为 Sa3 级，则每定额制作单位增加人工 0.2 工日、机械 10 m^3/min 电动空气压缩机 0.2 台班。

（10）本章构件制作中防锈漆为制作、运输、安装过程中的防护性防锈漆，设计文件规定的防锈，防腐油漆另行计算，制作子目中的防锈漆工料不扣除。

（11）在钢结构安装完成后、防锈漆或防腐等涂装前，需对焊缝节点处、连接板、螺栓、底漆损坏处等进行除锈处理，此项工作按实际施工方法套用本章相应除锈子目，工程量按制作工程量的 10% 计算。

（12）成品金属构件或防护性防锈漆超出有效期（构件出场后 6 个月）发生锈蚀的构

件，如需除锈，套用本章除锈相关子目计算。

（13）本章除锈子目《涂覆涂料前钢材表面处理 表面清洁度的目视评定 第1部分》（GT/T 8923.1—2011）中锈等级C级考虑除锈至Sa2.5或St2，若除锈前锈蚀等级为B级或D级，相应定额应分别乘以系数0.75或1.25，相关定义参见该标准。

（14）网架结构中焊接钢板节点、焊接钢管节点、杆件直接交汇节点的制作、安装，执行焊接空心球网架的制作、安装相应子目。

（15）实腹柱是指十字、T、L、H形等，空腹钢柱是指箱型、格构型等。

（16）轻钢檩条间的钢拉条的制作、安装，执行屋架钢支撑相应子目。

（17）成品H型钢制作的柱、梁构件，相应制作子目人工、机械及除钢材外的其他材料乘以系数0.6。

（18）本章钢材如为镀锌钢材，则将主材调整为镀锌钢材，同时扣除人工3.08工日/t，扣除制作定额内环氧富锌底漆及钢丸含量。

（19）制作项目中的钢管按成品钢管考虑，如实际采用钢板加工而成的，需将制作项目中主材价格进行换算，人工、机械及除钢材外的其他材料乘以系数1.5。

（20）劲性混凝土的钢构件套用本章相应定额子目时，定额未考虑开孔费。如需开孔，钢构件制作定额的人工、机械乘以系数1.15。

（21）劲性混凝土柱（梁）中的钢筋在执行定额相应子目时人工乘以系数1.25。劲性混凝土柱（梁）中的混凝土在执行定额相应子目时人工、机械乘以系数1.15。

（22）轻钢屋架，是指每榀重量<1 t的钢屋架。

（23）钢屋架、托架、天窗架制作平台摊销子目，是与钢屋架、托架、天窗架制作子目配套使用的子目，其工程量与钢屋架、托架、天窗架的制作工程量相同。其他金属构件制作不计平台摊销费用。

（24）钢梁制作、安装执行钢吊车梁制作、安装子目。

（25）金属构件安装，定额按单机作业编制。

（26）本章铁栏杆制作，仅适用于工业厂房中平台、操作台的钢栏杆。工业厂房中的楼梯、阳台、走廊的装饰性铁栏杆，民用建筑中的各种装饰性铁栏杆，均按其他章相应规定计算。

（27）本定额的钢网架制作，按平面网架结构考虑，如设计成筒壳、球壳及其他曲面状，构件制作的人工、机械乘以系数1.3，构件安装定额的人工、机械乘以系数1.2。

（28）本定额中的屋架、托架、钢柱等均按直线考虑，如设计为曲线、折线形构件，构件制作的人工、机械乘以系数1.3，构件安装定额的人工、机械乘以系数1.2。

（29）本章单项定额内，均不包括脚手架及安全网的搭拆内容，脚手架及安全网均按相关章节有关规定计算。

（30）本章金属构件安装子目内，已包括金属构件本体的垂直运输机械。金属构件本体以外工程的垂直运输以及建筑物超高等内容，发生时按照相关章节有关规定计算。

（31）钢柱安装在钢筋混凝土柱上，其人工、机械乘以系数1.43。

（二）工程量计算规则

（1）金属结构制作、安装工程量，按图示钢材尺寸以质量计算，不扣除孔眼、切边的质量。焊条、铆钉、螺栓等质量已包括在定额内，不另计算。计算不规则或多边形钢板质量时，均以其最大对角线乘以最大宽度的矩形面积计算，如图 4-25 所示。

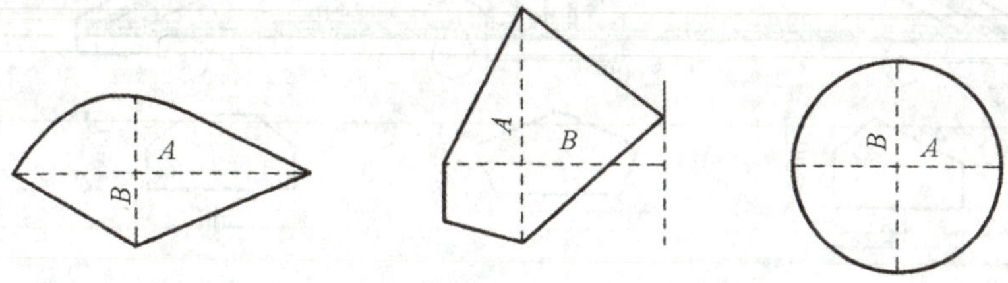

图 4-25　金属构件面积计算

（2）实腹柱、吊车梁、H 型钢等均按图示尺寸计算，其腹板及翼板宽度按每边增加 25 mm 计算。

（3）钢柱制作、安装工程量，包括依附于柱上的牛腿、悬臂梁及柱脚连接板的质量。

（4）钢管柱制作、安装执行空腹钢柱子目，柱体上的节点板、加强环、内衬管、牛腿等依附构件并入钢管柱工程量内。

（5）计算钢屋架、钢托架、天窗架工程量时，依附其上的悬臂梁、檩托、横档、支爪、檩条爪等分别并入相应构件内计算。

（6）制动梁的制作安装工程量包括制动梁、制动桁架、制动板质量。

（7）钢墙架的制作工程量包括墙架柱、墙架梁及连接柱杆质量。

（8）钢筋混凝土组合屋架钢拉杆，按屋架钢支撑计算。

（9）钢漏斗的制作工程量，矩形按图示分片，圆形按图示展开尺寸，并以钢板宽度分段计算，每段均以其上口长度（圆形以分段展开上口长度）与钢板宽度，按矩形计算，依附漏斗的型钢并入漏斗重量内计算。

（10）高强螺栓、花篮螺栓、剪力栓钉按设计图示以套数计算。

（11）X 射线焊缝无损探伤，按不同板厚，以“张”（胶片）为单位。拍片张数按设计规定计算的探伤焊缝总长度除以定额取定的胶片有效长度（250 mm）计算。

（12）金属板材对接焊缝超声波探伤，以焊缝长度为计量单位。

（13）除锈工程的工程量，依据定额单位，分别按除锈构件的质量或表面积计算。

（14）楼面及平板屋面按设计图示尺寸以铺设水平投影面积计算；屋面为斜坡的，按斜坡面积计算。不扣除≤0.3 m 柱、垛及孔洞所占面积。

案例解析

【例 4-7】 某工程钢屋架如图 4-26 所示（单位：mm）。计算钢屋架工程量，确定定额项目，并计算省价分部分项工程费。

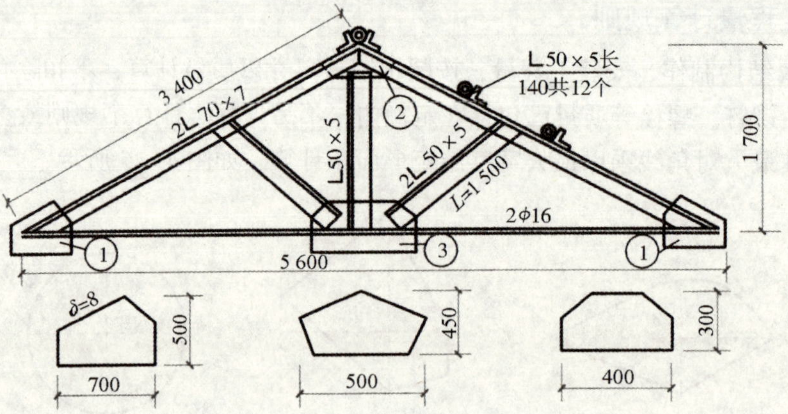

图 4-26　某工程钢屋架（单位：mm）

【解】1. 计算工程量

上弦重量 = 3.40×2×2×7.398 = 100.61（kg）

下弦重量 = 5.60×2×1.58 = 17.70（kg）

立杆重量 = 1.70×3.77 = 6.41（kg）

斜撑重量 = 1.50×2×2×3.77 = 22.62（kg）

①号连接板重量 = 0.7×0.5×2×62.80 = 43.96（kg）

②号连接板重量 = 0.5×0.45×62.80 = 14.13（kg）

③号连接板重量 = 0.4×0.3×62.80 = 7.54（kg）

檩托重量 = 0.14×12×3.77 = 6.33（kg）

屋架工程量 = 100.61 + 17.70 + 6.41 + 22.62 + 43.96 + 14.13 + 7.54 + 6.33 = 219.30 kg = 0.219（t）

2. 套用定额

轻钢屋架制作（包括刷防锈漆）套定额 6-1-5。

钢屋架制作平台摊销套定额 6-4-1。

轻钢屋架安装套用定额 6-5-3。

3. 省价分部分项工程费（表 4-9）

表 4-9　省价分部分项工程费

序号	定额编号	项目名称	单位	工程量	单价/元	总价/元
1	6-1-5	轻钢屋架制作	t	0.219	8 818.04	1 931.15
2	6-4-1	钢屋架制作平台摊销	t	0.219	721.39	157.98
3	6-5-3	轻钢屋架安装	t	0.219	1 816.33	397.78
—	—	省价分部分项工程费合计	元	—	—	2 486.91

二、木结构工程

(一) 定额说明

(1) 本章定额包括木屋架、木构件、屋面木基层三节。

(2) 木材木种均以一、二类木种取定。若采用三、四类木种时，相应项目人工和机械乘以系数 1.35。

(3) 木材木种分类如下。

① 一类：红松、水桐木、樟子松。

② 二类：白松（方杉、冷杉）、杉木、杨木、柳木、椴木。

③ 三类：青松、黄花松、秋子木、马尾松、东北榆木、柏木、苦木、梓木、黄菠萝、椿木、楠木、柚木、樟木。

④ 四类：枥木（柞木）、檩木、色木、槐木、荔木、麻栗木、桦木、荷木、水曲柳、华北榆木。

(4) 本章材料中的"锯成材"是指方木、一等硬方木、一等方木、一等方托木、装修材、木板和板方材等的统称。

(5) 定额中木材以自然干燥条件下的含水率编制，需人工干燥时，另行计算。

(6) 钢木屋架是指下弦杆件为钢材，其他受压杆件为木材的屋架。

(7) 屋架跨度是指屋架两端上、下弦中心线交点之间的距离。

(8) 屋面木基层是指屋架上弦以上至屋面瓦以下的结构部分，如图 4-27 所示。

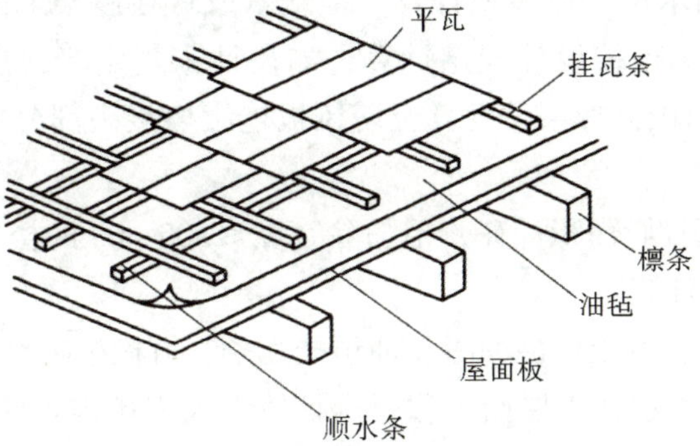

图 4-27　屋面木基层

(9) 木屋架、钢木屋架定额项目中的钢板、型钢、圆钢，设计与定额不同时，用量可按设计数另加 6%损耗调整，其他不变。

(10) 钢木屋架中钢杆件的用量已包括在相应定额子目内，设计与定额不同时，可按设计数量另加 6%损耗调整，其他不变。

(11) 木屋面板，定额按板厚 15 mm 编制。设计与定额不同时，锯成材（木板材）用量可以调整，其他不变（木板材的损耗率平口为 4.4%，错口为 13%）。

(12) 封檐板、博风板，定额按板厚 25 mm 编制。设计与定额不同时，锯成材（木板材）可按设计用量另加23%损耗调整，其他不变，如图4-28所示。

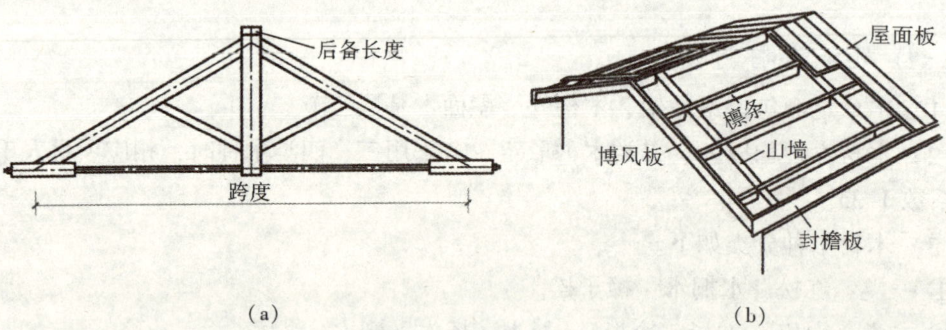

图4-28 檩条挑檐

（二）工程量计算规则

（1）木屋架、檩条工程量按设计图示尺寸以体积计算，附属于其上的木夹板、垫木、风撑、挑檐木、檩条、三角条均按木料体积并入屋架、檩条工程量内。单独挑檐木并入檩条工程量内。檩托木、檩垫木已包括在定额项目内，不另计算。

（2）钢木屋架的工程量按设计图示尺寸以体积计算，只计算木杆件体积。后备长度、配置损耗以及附属于屋架的垫木等已并入屋架子目内，不另计算。

（3）支撑屋架的混凝土垫块，按本定额“第五章钢筋及混凝土工程”中的有关规定计算。

（4）木柱、木梁按设计图示尺寸以体积计算。

（5）檩木按设计图示尺寸以体积计算。檩垫木或钉在屋架上的檩托木已包括在定额内，不另计算。简支檩长度按设计规定计算，如设计未规定者，按屋架或山墙中距增加200 mm计算，如两端出山，椽条长度算至博风板连续檩接头部分按全部连续檩木总体积增加5%计算。

（6）木楼梯按水平投影面积计算，不扣除宽度≤300 mm的楼梯井面积，踢脚板、平台和伸入墙内部分不另计算。

（7）屋面板制作、檩木上钉屋面板、油毡挂瓦条、钉椽板项目按设计图示屋面的斜面积计算。天窗挑出部分面积并入屋面工程量内计算，天窗挑檐重叠部分按设计规定计算，不扣除截面积备0.3 m^{2}的屋面烟囱、风帽底座、风道及斜沟等部分所占面积。

（8）封檐板按设计图示檐口外围长度计算。博风板按斜长度计算，每个大刀头增加长度500 mm。

（9）带气楼屋架的气楼部分及马尾、折角和正交部分半屋架，并入相连接屋架的体积内计算。

（10）屋面上人孔按设计图示数量以“个”为单位按数量计算。

案例解析

【例4-8】某临时仓库，共4间房屋，设计采用方木檩条，断面为80 mm×120 mm，檩木上钉 15 mm 厚平口屋面板和油毡挂瓦条，如图 4-29 所示。计算方木檩条、屋面板和油毡挂瓦条工程量，并确定定额项目。

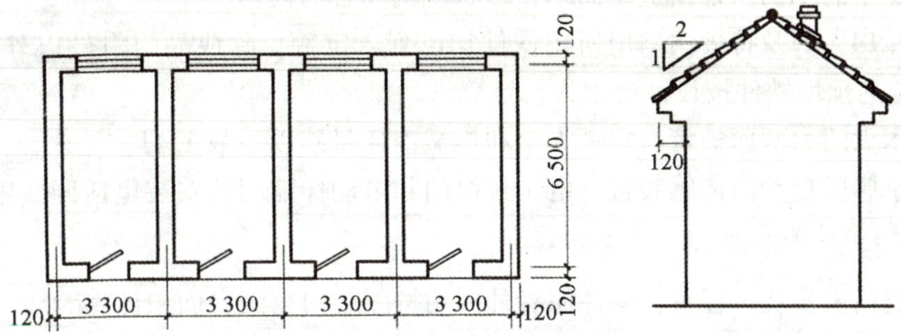

图 4-29　某临时仓库（单位：mm）

【解】1. 方木檩条工程量=0. 08×0. 12×（3. 30+0. 24）×7×4=0. 952（m^3）

方木檩条，套定额 7-3-1。

2. 15 mm 厚平口屋面板工程量=（6. 5+0. 24+0. 12×2）×（3. 3×4+0. 12×2）×1. 118=104. 88（m^2）

15 mm 厚平口屋面板，套定额 7-3-3。

3. 钉屋面板和油毡挂瓦条工程量=（6. 5+0. 24+0. 12×2）×（3. 3×4+0. 12×2）×1. 118=104. 88（m^2）

檩木上钉屋面板和油毡挂瓦条，套定额 7-3-8。

4. 省价分部分项工程费（表 4-10）

表 4-10　省价分部分项工程费

序号	定额编号	项目名称	单位	工程量	单价/元	总价/元
1	7-3-1	方木檩条	10 m^3	0. 095 2	22 656. 3	2 156. 88
2	7-3-3	屋面板制作 15 mm 厚平口	10 m^3	10. 488	295. 81	3 102. 46
3	7-3-8	檀木上钉屋面板油毡挂瓦条	10 m^3	10. 488	165. 3	1 733. 67
—	—	省价分部分项工程费合计	元	—	—	6 993. 01

三、门窗工程

（一）定额说明

（1）本章定额包括木门、金属门、金属卷帘门、厂库房大门、特种门、其他门、木窗和金属窗七节。

（2）本章主要为成品门窗安装项目。

（3）木门窗及金属门窗不论现场或附属加工厂制作，均执行本章定额。现场以外至施工现场的水平运输费用可计入门窗单价。

（4）门窗安装项目中，玻璃及合页、插销等一般五金零件均按包含在成品门窗单价内考虑。

（5）单独木门框制作安装中的门框断面按 55 mm×100 mm 考虑。实际断面不同时，门窗材料的消耗量按设计图示用量另加 18%损耗调整。

（6）木窗中的木橱窗是指造型简单、形状规则的普通橱窗。

（7）厂库房大门及特种门门扇所用铁件均已列入定额，除成品门附件以外，墙、柱、楼地面等部位的预埋铁件按设计要求另行计算。

（8）钢木大门为两面板者，定额人工和机械消耗量乘以系数 1.11。

（9）电子感应自动门传感装置、电子对讲门和电动伸缩门的安装包括调试用工。

（二）工程量计算规则

（1）各类门窗安装工程量，除注明者外，均按图示门窗洞口面积计算。

（2）门连窗的门和窗安装工程量，应分别计算，窗的工程量算至门框外边线，如图 4-30 所示。

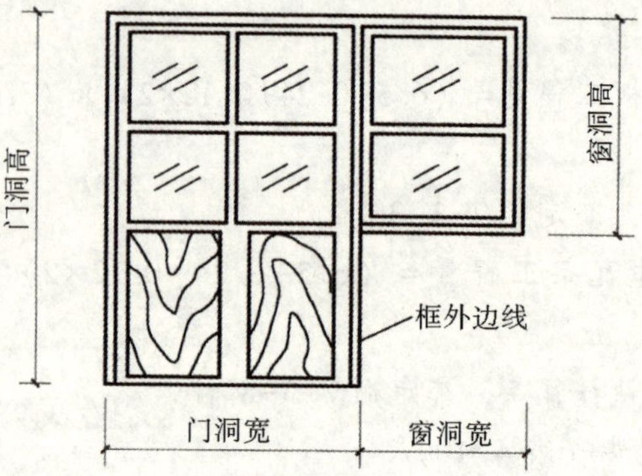

图 4-30　门连窗洞口计算尺寸

（3）木门框按设计框外围尺寸以长度计算。

（4）金属卷帘门安装工程量按洞口高度增加 600 mm 乘以门实际宽度以面积计算；若有活动小门，应扣除卷帘门中小门所占面积。电动装置安装以“套”为单位按数量计算，小门安装以“个”为单位按数量计算。

（5）普通成品门、木质防火门、纱门扇、成品窗扇、纱窗扇、百叶窗（木）、铝合金纱窗扇和塑钢纱窗扇等安装工程量均按扇外围面积计算。

（6）木橱窗安装工程量按框外围面积计算。

（7）电子感应自动门传感装置、全玻转门、电子对讲门、电动伸缩门均以“套”为单位按数量计算。

案例解析

【例 4-9】某住宅用成品木门 10 樘，洞口尺寸如图 4-31 所示。计算木门制作、安装工程量，确定定额项目，并计算省价分部分项工程费。

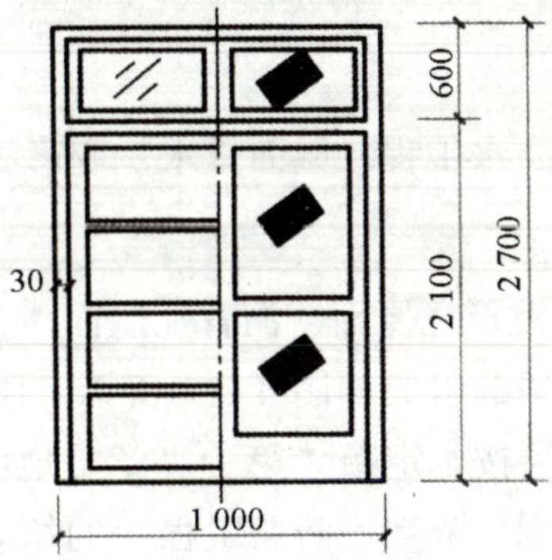

图 4-31　木门洞口尺寸（单位：mm）

【解】1. 成品木门框安装工程量＝（1+2.7×2）×10＝64（m）

套定额 8-1-2：成品木门框安装。

2. 门扇安装工程董＝（1-0.03×2）×（2.7-0.03）×10＝25.1（m^2）

套定额 8-1-3：普通成品门扇安装。

3. 纱门扇安装工程量＝门扇安装工程量

套定额 8-1-5：纱门扇安装。

4. 窗扇安装工程量＝（1-0.03×2）×（0.6-0.03）×10＝5.36（m^2）

套定额 8-6-1：普通成品门扇安装。

5. 纱窗扇安装工程量＝窗扇安装工程量，套定额 8-6-3：纱窗扇安装。

6. 省价分部分项工程费（表 4-11）

表 4-11　省价分部分项工程费

序号	定额编号	项目名称	单位	工程量	单价/元	总价/元
1	8-1-2	成品木门框安装	10 m^2	6.4	201.64	1 290.50
2	8-1-3	普通成品门扇安装	10 m^2	2.51	4 344.9	10 905.70
3	8-1-5	纱门扇安装	10 m^2	2.51	315.56	792.06
4	8-6-1	普通成品门扇安装	10 m^2	0.536	1 144.31	613.35
5	8-6-3	纱窗扇安装	10 m^2	0.536	694.32	372.16
合计						13 973.77

任务四　屋面及防水工程费计算

屋面及防水工程的费用计算涉及多方面的内容，包括材料、人工、机械及其他相关费用。工程量计算应结合实际设计图纸和施工要求，确保费用预算准确和工程质量符合标准。

一、定额说明

本章定额包括屋面工程、防水工程、屋面排水、变形缝与止水带四节。

（一）屋面工程

（1）本节考虑块瓦屋面、波形瓦屋面、沥青瓦屋面、金属板屋面、采光板屋面和膜结构屋面六种屋面面层形式，屋顶的组成如图 4-32 所示。屋架、基层、檩条等项目按其材质分别按相应项目计算，找平层按本定额“第十一章楼地面装饰工程”的相应项目执行，屋面保温按本定额“第十章保温、隔热、防腐工程”的相应项目执行，屋面防水层按本章第二节相应项目计算。

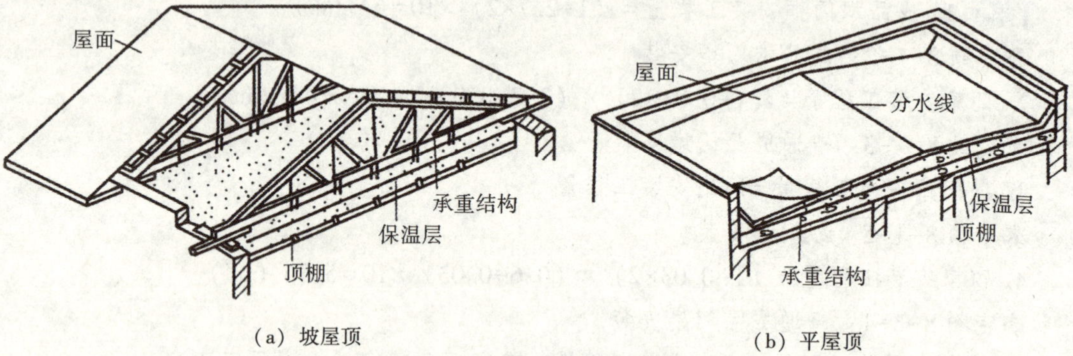

图 4-32　屋顶的组成

（2）设计瓦屋面材料规格与定额规格（定额未注明具体规格的除外）不同时，可以换算，其他不变。波形瓦屋面采用纤维水泥、沥青、树脂、塑料等不同材质波形瓦时，材料可以换算，人工、机械不变。

（3）瓦屋面琉璃瓦面如实际使用盾瓦者，每 10 m 的脊瓦长度，单侧增计盾瓦 50 块，其他不变。如增加勾头、博古等另行计算。

（4）一般金属板屋面，执行彩钢板和彩钢夹心板子目，成品彩钢板和彩钢夹心板包含铆钉、螺栓、封板、封口（边）条等用量，不另计算。装配式单层金属压型板屋面根据檩距不同执行相应定额子目，金属屋面板材质和规格不同时，可以换算，人工、机械不变。

（5）采光板屋面和玻璃采光顶，其支撑龙骨含量不同时，可以调整，其他不变。采光板屋面如设计为滑动式采光顶，可以按设计增加 U 形滑动盖帽等部件调整材料消耗量，人工乘以系数 1.05。

（6）膜结构屋面的钢支柱、锚固支座混凝土基础等执行其他章节相应项目。

（7）屋面以坡度≤25%为准，坡度>25%及人字形、锯齿形、弧形等不规则屋面，人工乘以系数 1.3；坡度>45%的，人工乘以系数 1.43。

（二）防水工程

（1）本章考虑卷材防水、涂料防水、板材防水、刚性防水四种防水形式。项目设置不分室内、室外及防水部位，使用时按设计做法套用相应项目。

（2）细石混凝土防水层使用钢筋网时，钢筋网执行其他章节相应项目。

（3）平（屋）面按坡度≤15%考虑，15%<坡度≤25%的屋面，按相应项目的人工乘以系数1.13；坡度>25%及人字形、锯齿形、弧形等不规则屋面或平面，人工乘以系数1.3；坡度>45%的，人工乘以系数1.43。

（4）防水卷材、防水涂料及防水砂浆，定额以平面和立面列项，实际施工桩头、地沟、零星部位时，人工乘以系数1.82；单个房间楼地面面积≤8 m时，人工乘以系数1.3。

（5）卷材防水附加层套用卷材防水相应项目，人工乘以系数1.82，卷材防水构造做法如图4-33所示。

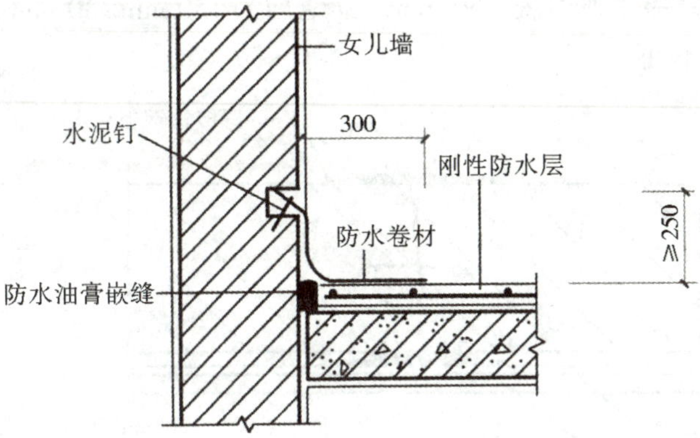

图4-33　卷材防水构造做法（单位：mm）

（6）立面是以直形为准编制的，弧形者，人工乘以系数1.18。

（7）冷粘法按满铺考虑。点、条铺者按其相应项目的人工乘以系数0.91，粘合剂乘以系数0.7。

（8）分隔缝主要包括细石混凝土面层分隔缝、水泥砂架面层分隔缝两种，缝截面按照15 m乘以面层厚度考虑，当设计材料与定额材料不同时，材料可以换算，其他不变。

（三）屋面排水

（1）本章包括屋面镀锌铁皮排水、铸铁管排水、塑料排水管排水、玻璃钢管、镀锌钢管、虹吸排水及种植屋面排水内容。水落管、水口、水斗均按成品材料现场安装考虑，选用时可以依据排水管材料材质不同套用相应项目换算材料，人工、机械不变。

（2）铁皮屋面及铁皮排水项目内已包括铁皮咬口和搭接的工料。

（3）塑料排水管排水按PN材质水落管、水斗、水口和弯头考虑，实际采用UPWC、PP（聚丙烯）管、ABS（丙烯腈-丁二烯-苯乙烯共聚物）管、PB（聚丁烯）等塑料管材或塑料复合管材时，材料可以换算，人工、机械不变。

（4）若采用不锈钢水落管排水时，执行镀锌钢管子目，材料据实换算，人工乘以系数1.1。

（5）种植屋面排水子目仅考虑了屋面滤水层和排（蓄）水层，其找平层、保温层等执行其他章节相应项目，防水层按本章第二节相应项目计算。

（四）变形缝与止水带

（1）变形缝嵌填缝子目中，建筑油膏、聚氯乙烯胶泥设计断面取定 30 mm×20 mm：油浸木丝板取定 150 mm×25 mm；其他填料取定为 150 mm×30 mm。若实际设计断面不同时用料可以换算，人工不变。

（2）沥青砂浆填缝设计砂浆不同时，材料可以换算，其他不变。

（3）变形缝盖缝，木板盖板断面取定为 200 mm×25 mm；铝合金盖板厚度取定为 1 mm；不锈钢板厚度取定为 1 mm。如设计不同时，材料可以换算，人工不变。

（4）钢板（紫铜板）止水带展开宽度 400 mm，如图 4-34 所示，氯丁橡胶宽 300 mm，涂刷式氯丁胶贴玻璃纤维止水片宽 350 mm，其他均为 150 mm×30 mm。如设计断面不同时用料可以换算，人工不变。

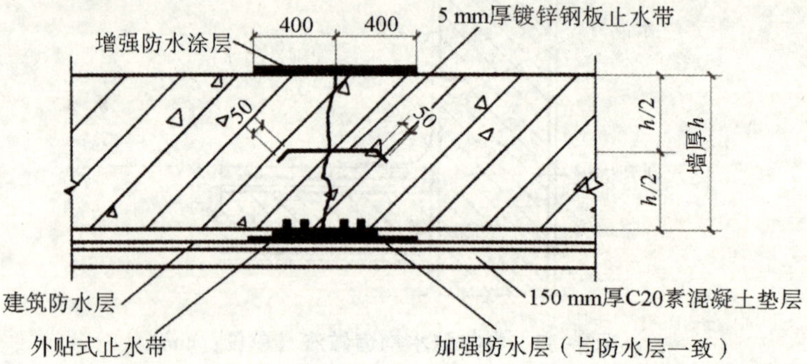

图 4-34　钢板止水带（单位：mm）

二、工程量计算规则

（一）屋面

（1）各种屋面和型材屋面（包括挑檐部分），均按设计图示尺寸以面积计算（斜屋面按斜面面积计算），不扣除房上烟囱、风帽底座、风道、小气窗、斜沟和脊瓦等所占面积，小气窗的出檐部分也不增加。

（2）西班牙瓦、瓷质波形瓦、英红瓦屋面的正斜脊瓦、檐口线，按设计图示尺寸以长度计算。

（3）琉璃瓦屋面的正斜脊瓦、檐口线，按设计图示尺寸以长度计算。设计要求安装勾头（卷尾）或博古（宝顶）等时，另按“个”计算。

（4）采光板屋面和玻璃采光顶屋面按设计图示尺寸以面积计算，不扣除面积≤0.3 m孔洞所占面积。

（5）膜结构屋面按设计图示尺寸以需要覆盖的水平投影面积计算。

（二）防水

（1）屋面防水，按设计图示尺寸以面积计算（斜屋面按斜面面积计算），不扣除房上烟囱、风帽底座、风道、屋面小气窗等所占面积，上翻部分不另计算。屋面的女儿墙、伸缩缝和天窗等处的弯起部分，按设计图示尺寸计算；设计无规定时，伸缩缝、女儿墙、天窗的弯起部分按 500 mm 计算，计入立面工程量内，如图 4-35 所示。

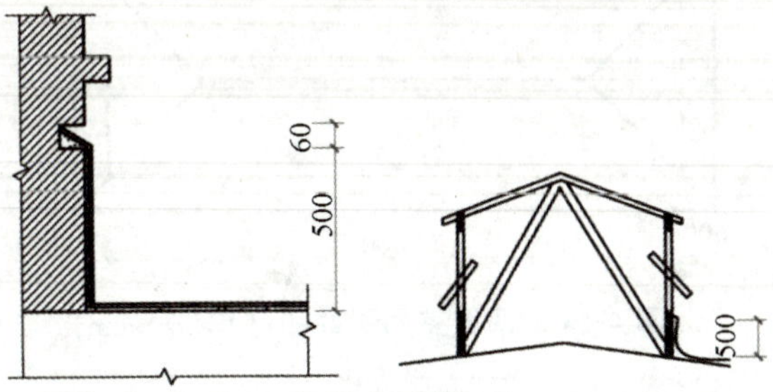

图 4-35 女儿墙、天窗弯起部分（单位：mm）

（2）楼地面防水、防潮层按设计图示尺寸以主墙间净面积计算，扣除凸出地面的构筑物、设备基础等所占面积，不扣除间壁墙及单个面积≤0.3 m 柱、垛、烟和孔洞所占面积，平面与立面交接处，上翻高度≤300 mm 时，按展开面积并入平面工程量内计算；上翻高度>300 mm 时，按立面防水层计算。

（3）墙基防水、防潮层，外墙按外墙中心线长度，内墙按墙体净长度乘以宽度，以面积计算。

（4）墙的立面防水、防潮层，不论内墙、外墙，均按设计图示尺寸以面积计算。

（5）基础底板的防水、防潮层按设计图示尺寸以面积计算，不扣除桩头所占面积。桩头处外包防水按桩头投影外扩 300 mm 以面积计算，地沟处防水按展开面积计算，均计入平面工程量，执行相应规定。

（6）屋面、楼地面及墙面、基础底板等，其防水搭接、拼缝、压边、留槎用量已综合考虑，不另行计算；卷材防水附加层按实际铺贴尺寸以面积计算。

（7）屋面分格缝，按设计图示尺寸以长度计算。

（三）屋面排水

（1）水落管、镀锌铁皮天沟、沟，按设计图示尺寸以长度计算。

（2）水斗、下水口、雨水口、弯头、短管等，均按数量以“套”计算。

（3）种植屋面排水按设计尺寸以实际铺设排水层面积计算，不扣除房上烟囱、风帽底座、风道、屋面小气窗及面积≤0.3 m 孔洞所占面积。

提示

变形缝与止水带按设计图示尺寸以长度计算。

案例解析

【例 4-10】某四坡屋面平面图如图 4-36 所示，屋面板上铺西班牙瓦，设计屋面坡度为0.5，试计算斜面积、斜脊长，套定额并计算省价分部分项工程费。

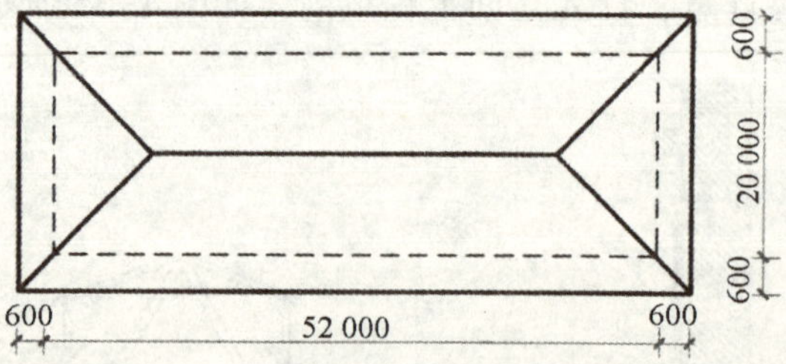

图4-36 四坡屋面平面图（单位：mm）

【解】1. 屋面坡度$=B/A=0.5$，查屋面坡度系数表得$C=1.118$。

2. 屋面斜面积=（52+0.6×2）×（20+0.6×2）×1.118=1 260.93（m^2），套定额9-1-6。

3. 查屋面坡度系数表，得$D=1.5$，则单个斜脊长$=A\times D=10.6\times1.5=15.9$（m）。

4. 斜脊总长=15.9×4=63.6（m），套定额9-1-7。

5. 省价分部分项工程费见表4-12。

表4-12 省价分部分项工程费

序号	定额编号	项目名称	单位	工程量	单价/元	总价/元
1	9-1-6	西班牙瓦屋面板上或椽子挂瓦条上铺设	10 m^2	126.09	1 320.62	166 516.98
2	9-1-7	西班牙瓦正斜脊	10 m^2	6.36	573.3	3 646.19
合计						170 163.17

任务五 保温、隔热、防腐工程

保温、隔热、防腐工程的造价编制需要综合考虑材料费用、人工费用、机械费用和其他相关费用。工程量计算应依据实际设计图纸和施工要求，确保预算的准确性和合理性。

一、保温、隔热工程

（一）保温、隔热工程的基本知识

1. 建筑保温隔热的分类及项目划分

（1）保温隔热分类

保温隔热常用的材料有：软木板、聚苯乙烯泡沫塑料板、加气混凝土块、膨胀珍珠岩板、沥青玻璃棉、沥青矿渣棉、微孔硅酸钙、稻壳等。可用于屋面、墙体、柱子、楼地面、天棚等部位。屋面保温层中应设有排气管或排气孔。

（2）隔热保温工程项目划分

① 保温隔热屋面

泡沫混凝土块、珍珠岩块、水泥蛭石块、沥青玻璃棉（矿渣棉）毡、现浇珍珠岩

（蛭石）、乳化沥青珍珠岩、泡沫混凝土、加气混凝土、陶粒混凝土、喷涂改性聚氨酯硬泡体、架空隔热层等均可作为保温隔热屋面。

② 保温隔热天棚

板底顶棚：铺贴塑料板、沥青软木、聚苯板。

悬吊顶棚：龙骨上铺放玻璃棉板、袋装矿棉、泡沫板。

③ 保温隔热墙、柱面

沥青贴软木（泡沫板）、加气混凝土块、沥青珍珠岩墙板、沥青玻璃棉（矿渣棉、稻壳板）、喷涂改性聚氨酯硬泡体（防水、保温）、聚苯颗粒（EPS/XPS）外墙外保温系统（现行做法）等。

④ 隔热楼地面

沥青贴软木、沥青贴泡沫板、沥青贴加气混凝土块等。

2. 建筑保温主要方式

（1）外墙内保温

外墙内保温就是在外墙的内侧使用苯板、保温砂浆等保温材料，使建筑达到保温节能作用的施工方法。该施工方法具有施工方便，对建筑外墙垂直度要求不高，施工进度快等优点。近年来，在工程上也经常被采用。但外墙内保温所带来的质量问题也随之而来。

（2）内外混合保温

内外混合保温，是指施工中，在外保温施工操作方便的部位采用外保温，在外保温施工操作不方便的部位作内保温，从而对建筑保温的施工方法。从施工操作上看，混合保温可以提高施工速度，对外墙内保温不能保护到的内墙、板同外墙交接处的冷（热）桥部分进行有效的保护，从而使建筑处于保温中。

（3）外墙外保温

外墙外保温，是将保温隔热体系置于外墙外侧，使建筑达到保温效果的施工方法。由于外保温是将保温隔热体系置于外墙外侧，因而主体结构所受温差作用大幅度下降，温度变形减小，对结构墙体起到保护作用并可有效阻断冷（热）桥，有利于结构寿命的延长。因此从有利于结构稳定性方面来说，外保温隔热具有明显的优势，在可选择的情况下应首选外保温隔热。

知识链接

建筑保温各种方式的优缺点

1. 内保温优缺点

（1）优点

① 将保温材料复合在承重墙内侧，技术不复杂，施工简便。

② 绝热材料强度要求低，技术性要求比外保温低。

③ 造价相对较低。

（2）缺点

① 难以避免“热桥”的产生。墙体内表面易产生结露、潮湿、甚至发霉现象。

② 防水和气密性差。

③ 不利于建筑物围护结构的保护。

④ 内保温板材易出现裂缝。

2. 外保温优缺点

（1）优点

① 适用范围广。

② 保护主体结构，延长建筑物寿命。

③ 基本消除了“热桥”的影响。

④ 使墙体潮湿状况得到改善。

⑤ 有利于室温保持稳定，改善室内热环境质量。

⑥ 有利于提高墙体的防水和气密性。

⑦ 便于对旧建筑的节能改造。

⑧ 可相对减少保温材料用量。

⑨ 增加房屋使用面积。

（2）缺点

① 因保温层在墙体外侧，所处环境恶劣，对保温体系各材料要求较严格。

② 材料要求配套及彼此相容性好。

③ 对保温系统的耐候性和耐久性提出了较高的要求。

④ 施工难度大，要有素质较好的施工队伍和技术支持。

3. 夹心保温优缺点

（1）优点

将绝热材料设置在外墙中间，有利于较好地发挥墙体本身对外界的防护作用；对保温材料的强度要求不严格。

（2）缺点

① 易产生热桥。

② 内部易形成空气对流。

③ 施工相对困难。

④ 墙体裂缝不易控制。

⑤ 抗震性差。

（二）保温隔热工程的计算规则

1. 保温隔热项目清单计算规则

（1）保温隔热层按体积计算，其厚度按隔热材料净厚度（不包括胶结材料厚度）尺寸计算。

（2）地坪隔热层按围护结构墙间净面积计算，不扣除柱、垛及每个面积在 0.3 m^2 内的孔洞所占面积。

（3）墙体隔热层：外墙按围护结构的隔热层中心线；内墙按隔热层净长乘以图示尺寸

的高度及厚度以立方米计算。应扣除冷藏门洞口、管道穿墙洞口所占体积。

(4) 柱包隔热层按图示柱的隔热层中心线的展开长度乘以图示高度及厚度以立方米计算。

(5) 软木、泡沫塑料板铺贴天棚，按图示尺寸以立方米计算。

(6) 柱帽贴软木、泡沫塑料按图示尺寸以立方米计算，工程量并入天棚。

(7) 树脂珍珠岩板按图示尺寸以平方米计算，并扣除 0.3 m^2 以上孔洞所占的面积。

(8) 保温层排气管按图示尺寸以延长米计算，不扣除管件所占长度，保温层排气孔按不同材料以个计算。

(9) 天棚保温吸音层按图示尺寸以平方米计算，不扣除柱、垛及每个面积在 0.3 m^2 以内孔洞所占面积。

2. 保温隔热项目定额计算规则

(1) 本分部包括屋面、天棚、地面、墙柱面的隔热保温，适用于中温、低温及恒温的工业厂（库）房隔热工程以及一般保温工程。

(2) 附墙铺贴板材时，基层上应先涂沥青一道，其工料消耗已包括在定额子目内，不得另计。

(3) 保温隔热墙的装饰面层，应按相关分部内容列项。

(4) 柱帽保温隔热应并入天棚保温隔热工程量内。

(5) 池槽隔热保温，池壁、池底应分别列项，池壁执行墙面保温隔热子目，池底执行地面保温隔热子目。

(6) 保温隔热屋面应区别不同保温隔热材料，分别按设计图示尺寸以体积或面积计算，不扣除柱、垛所占体积或面积。

(7) 保温隔热天棚、墙柱、楼地面按设计图示尺寸以面积计算。

(8) 保温隔热天棚、楼地面工程量不扣除柱、垛所占面积。

(9) 保温隔热墙：外墙按隔热层中心线；内墙按隔热层净长乘以图示尺寸的高度以面积计算。扣除门窗洞口所占面积，门窗洞口侧壁需做保温时，并入保温墙体工程量内。

(10) 保温柱按设计图示以保温层中心线展开长度乘以保温层高度以面积计算。

(11) 楼地面隔热层按围护结构墙体间净面积乘以设计厚度以体积计算，不扣除柱、垛所占的体积。

二、防腐工程

（一）防腐面层的基本知识

1. 防腐面层要点

(1) 防腐设计

① 限制侵蚀性介质的作用范围。

② 将侵蚀性介质稀释排放。

③ 在建筑布置、结构选型、节点构造和材料选择等方面采取防护措施。

（2）布置要点

① 对散发大量侵蚀性介质的厂房、仓库、贮罐、排气筒、堆场等，尽可能集中布置于常年主导风向的下风侧和地下水流向的下游。为利于通风，厂房和仓库的长轴应尽量垂直于主导风向。

② 室外场地应有足够的排水坡度（一般不小于0.5%），并布置排水明沟。

③ 厂内输送侵蚀性液体、气体的管道应尽量集中埋置。架空敷设时放在下层，以免危及其他管道。

④ 排除侵蚀性污水的管道所设的检查井（窨井），应同建筑物基础保持一定的距离。

（3）设计要点

① 凡散发侵蚀性气体、粉尘的建筑物，造型力求简单。为保持良好的自然通风，可采用敞开式、半敞开式建筑。

② 围护结构应根据室内温度、湿度情况，加强保温性能，以减少墙面、屋面由于侵蚀性气体的冷凝结露腐蚀建筑物。为避免侵蚀性粉尘集聚，屋面不宜砌筑女儿墙。

③ 采用木制或塑料、玻璃钢制门窗。

④ 外露的金属构件或零件应适当加大尺寸或涂饰耐腐蚀涂料。

⑤ 楼面、地面的防护是建筑防腐蚀设计的关键。为了缩小侵蚀性介质的危害范围，便于防护，应配合生产工艺要求将滴、漏严重的设备集中布置，并可在设备底下设置托盘、地槽，局部地面、楼面作成耐酸、耐碱地坪。地坪的面层材料可选用沥青混凝土、水玻璃混凝土、聚氯乙烯、玻璃钢、陶瓷、花岗岩等制成的板材或块材。在地坪面层和找平层（一般用水泥砂浆）间，用石油沥青油毡或再生橡胶油毡等材料作为隔离层，以防地坪受到侵蚀性介质渗透、扩散的影响。

⑥ 凡与侵蚀性介质接触的其他建筑部位，如地沟、地漏、踢脚线、变形缝和设备等，都应采取耐腐蚀的材料和相应的构造措施。

（4）构造要求

防腐蚀建筑一般采用钢筋混凝土结构。在含有强腐蚀性气体且处于高湿环境中的梁、板、柱、屋架等钢筋混凝土承重构件，除提高混凝土的标号、密实性和加大钢筋保护层外，表面尚须涂以耐腐蚀涂料（如沥青漆、环氧树脂漆等）。如果建筑物采用钢、铝等金属结构，除加强节点构造和表面防护外，进行结构计算时要适当提高安全度。砖木结构一般仅用于腐蚀性介质影响不大的建筑物，承重砖墙宜用不含石灰质的砂浆砌筑，木材表面也要做防腐处理。建筑物的基础部分，为了防止侵蚀性液体渗入地下造成腐蚀，防止杂散电流漏入地下引起钢筋的电化学腐蚀，防止含有侵蚀性介质的地下水和地基土壤造成危害，必须采取地面的防渗堵漏和排水措施，选用合适的基础材料，增加混凝土中钢筋保护层厚度，对基础表面做防腐蚀处理并增加基础埋深等。

2. 防腐面层适用范围及项目说明

（1）防腐面层包含的项目

防腐面层项目包括防腐混凝土面层、防腐砂浆面层、防腐胶泥面层、玻璃钢防腐面层、聚氯乙烯板面层、块料防腐面层6个项目。

(2) 适用范围

①“防腐混凝土面层”“防腐砂浆面层”“防腐胶泥面层”项目适用于平面或立面的水玻璃混凝土、水玻璃砂浆、水玻璃胶泥、沥青混凝土、沥青砂浆、沥青胶泥、树脂混凝土、树脂砂浆、树脂胶泥及聚合物水泥砂浆等防腐工程。

②“玻璃钢防腐面层”项目适用于树脂胶料与增强材料复合塑制而成的玻璃钢防腐。

③“聚氯乙烯板面层”项目适用于地面、墙面的软、硬聚氯乙烯板防腐工程。

④“块料防腐面层”项目适用于地面、沟槽、基础的各类块料防腐工程。

(3) 有关项目说明

① 因防腐材料不同，价格差异较大，清单项目中必须列出混凝土、砂浆、胶泥的材料种类。

② 如遇池槽防腐，池底和池壁可合并列项，也可分池底面积和池壁面积，分别列项。

③ 玻璃钢项目名称应描述构成玻璃钢、树脂和增强材料名称。

④ 玻璃钢项目应描述防腐部位和立面、平面。

⑤ 聚氯乙烯板的焊接应包括在报价内。

⑥ 防腐蚀块料粘贴部位应在清单项目中进行描述。

⑦ 防腐蚀块料的规格、品种应在清单项目中进行描述。

⑧ 防腐工程中需酸化处理时应包括在报价内。

⑨ 防腐工程中的养护应包括在报价内。

3. 防腐面层施工

(1) 施工、存放注意事项

① 涂料的涂装应严格按照产品说明的重量比例制作、涂装施工及保护。

② 涂料应存放在干燥、通风、阴凉处，防止雨淋暴晒和靠近火源，运送应遵循易燃运输的安全规定。

③ 为保证涂层质量，施工时，如遇风沙、雨、雪、雾气候时应间断防腐层的露天施工。

④ 当环境温度低于5 ℃高于38 ℃或相对湿度高于80%时不宜施工。

⑤ 涂装下一道涂层应在上一道涂层实干后涂装，如果漆膜彻底固化应打毛后再涂装下一道。

⑥ 涂装后的设备应在防腐层彻底固化（一般夏天5~7天、冬期7~10天，无溶剂涂装体系为10~15天）后交给运用，未固化的涂层应防止雨水浸淋。

⑦ 冬期施工每道涂层需彻底干燥，层间重涂时间比夏天施工需要长。

⑧ 冬期施工应尽量防止傍晚或晚上进行低温施工，以防引起粉化、开裂、起翘、掉落等问题。

(2) 后期保护

① 涂装施工完成后应将工地半封闭、通风、无人进入，以便涂装体系彻底固化。

② 在涂膜时应尽量防止砂尘土、油水的接触及机械损伤，发生损伤的部位应及时修补。未失效的耐性涂装膜，若确认为环氧类、聚氨酯类涂料，经打毛并用溶剂除去油污后直接涂装。

③ 冬期涂装施工及保护时段的环境温度应高于 5 ℃。

④ 防腐面层施工完毕两星期以上再投入使用，不要因急于使用而影响产品的涂装防护性能。

（3）施工安全注意事项

① 施工作业现场禁止存放易燃品、油漆材料等，焰火场所周围间隔 10 m 内不准进行焊接或明火作业。存放涂料及施工现场应有必要的消防设备。在施工中应选用防爆照明设备。

② 施工现场应设置通风设备，有害气体含量不得超过有关规定。

③ 施工操作人员应佩带必要的防护用品，在容器内施工应轮流作业，并采用良好的通风设备。

④ 高空作业要有防滑措施，作业人员应系好安全带。

⑤ 使用高压无空气喷枪时应将喷枪接地，以防止静电火花酿成火灾、爆炸事故。

⑥ 使用无空气喷涂设备在极高压力下作业，切勿将喷枪喷孔对着人体与手掌，防止造成人身损伤。

⑦ 清洁工具及容器内的废溶剂，不得随意倾倒，宜妥善处置。

4. 防腐面层计算规则

（1）清单计算规则

① 防腐混凝土面层、防腐砂浆面层、防腐胶泥面层、玻璃钢防腐面层计算规则：按设计图示尺寸以面积计算。

◆ 平面防腐：扣除凸出地面的构筑物、设备基础等所占面积。

◆ 立面防腐：砖垛等凸出部分按展开面积并入墙面积内。

② 聚氯乙烯板面层、块料防腐面层计算规则：按设计图示尺寸以面积计算。

◆ 平面防腐：扣除凸出地面的构筑物、设备基础等所占面积。

◆ 立面防腐：砖垛等凸出部分按展开面积并入墙面积内。

◆ 踢脚板防腐：扣除门洞所占面积并相应增加门洞侧壁面积。

（2）定额计算规则

防腐项目应区分不同防腐材料种类及其厚度，分别按设计图示尺寸以面积计算。

① 平面防腐：扣除凸出地面的构筑物、设备基础等所占面积。

② 立面防腐：砖垛等凸出墙面部分按展开面积并入墙面积内。

③ 踢脚板防腐：扣除门洞所占面积并相应增加门洞侧壁面积。

④ 平面砌筑双层耐酸块料时的工程量，按单层面积乘以系数 2 计算。

⑤ 防腐卷材接缝、附加层、收头等人工材料，已计入定额子目中，不再另行计算。

⑥ 烟囱、烟道内表面隔绝层，按筒身内壁扣除各种孔洞后的面积计算。

（二）其他防腐

1. 其他防腐的基础知识

其他防腐包括隔离层和防腐涂料两个项目。

（1）隔离层

① 隔离层的定义

“广义”的隔离层是指为防止腐蚀介质渗透、增强设备的抗腐蚀能力、防止上下两层防腐材料不兼容、增强上下两层的黏结能力、增强防腐层的整体强度等目的而设置的不透性材料界面层。

“狭义”的隔离层是指砖板衬里的隔离层。砖板衬里隔离层是用于防止介质渗透砖板或胶泥缝直接腐蚀基材，从而在砖板层与基材之间设置的不透性材料层。

② 隔离层的材料

防腐工程需要隔离层的，多数都是介质的腐蚀较强、操作压力较大的场合。作为隔离层的材料必须有足够的弹性和耐热性能，既能承受壳体对其产生的拉力，又可承受衬里层对其产生的压力。

隔离层材料主要包括：树脂涂层、树脂玻璃钢、聚氨酯防水涂层等树脂类；沥青玻璃布和高聚物改性沥青卷材等沥青类；天然橡胶、丁基橡胶等橡胶类；三元乙丙防水卷材、聚乙烯丙纶高分子防水卷材等高分子防水卷材类；金属类；石棉板类。

隔离层的耐温、耐腐蚀、强度、抗渗、黏结等性能取决于隔离层材料的种类、厚度、层数，玻璃钢隔离层材料还与纤维种类和含量有关，需要根据衬里的温度梯度变化来确定选用隔离层材料品种。

③ 隔离层设计及材料选择

选择隔离层材料时，应考虑设备的操作条件、材料的使用条件、施工工艺、经济合理性。必须考虑在隔离层表面工作温度状态下，隔离层材料对腐蚀介质的抵抗能力以及隔离层材料施工工艺和经济合理性。

隔离层应设置在基层表面，隔离层的设置应符合设计文件要求或相关国家标准，如《建筑防腐蚀工程施工规范》（GB 50212—2014），当没有规定时，应符合下列要求。

◆ 对设备介质具有良好的耐腐蚀性能。

◆ 具有致密性和抗渗透性，增强设备的抗腐蚀能力。

◆ 与基层黏结良好，无不良反应（如呋喃树脂重防腐蚀工程，酸性固化剂会与混凝土基材和碳钢基材反应，故需制作树脂类隔离层）。

◆ 与结合层或防腐蚀面层材料相容、黏结良好、无不良反应。

◆ 耐温级别符合设计要求：隔离层材料的最高使用温度，主要是根据材料的机械性能、施工工艺、与基材的黏结力等性能和其他使用经验确定。介质传导到隔离层的温度不能超过隔离层的允许使用温度。因此，对于特定条件（介质浓度、压力和温度等）下的材料抗腐蚀性能，还应查阅其他相关资料。

（2）防腐涂料

防腐涂料，一般分为常规防腐涂料和重防腐涂料，是油漆涂料中必不可少的一种涂料。常规防腐涂料是在一定条件下，对金属等起到防腐蚀的作用，保护有色金属使用的寿命；重防腐涂料是指相对常规防腐涂料而言，能在相对苛刻的腐蚀环境里应用，并具有能达到比常规防腐涂料更长保护期的一类防腐涂料。

① 常规防腐涂料的种类

按照用途可分为：橡胶用防腐油漆、船舶用防腐油漆、金属用防腐油漆、汽车用防腐油漆、管道用防腐油漆、家具用防腐油漆、钢结构用防腐油漆。

按树脂成膜分为：环氧防腐油漆、过氯乙烯防腐油漆、氯化橡胶防腐油漆、聚氨酯防腐油漆、丙烯酸防腐油漆、无机防腐油漆、高氯化聚乙烯防腐油漆。

② 防腐材料特性

能在苛刻条件下使用，并具有长效防腐寿命，重防腐涂料在化工大气和海洋环境里，一般可使用 10 年或 15 年以上，即使在酸、碱、盐和溶剂介质里，并在一定温度条件下，也能使用 5 年以上。厚膜化是重防腐涂料的重要标志。一般防腐涂料的涂层干膜厚度为 100 μm 或 150 μm，而重防腐涂料干膜厚度则在 200 μm 或 300 μm 以上，有的可达 500~1 000 μm。

涂层具有耐候性，抗老化、抗辐射、耐磨、耐冲击、耐高温（400~600 ℃）、耐低温（-60 ℃），导电性稳定等特点，其电阻率可满足防静电要求，又能保证涂层的长寿命。

③ 防腐原理

一般防腐涂料的防腐原理在化学、物理和电化学方向，具体内容如下。

◆ 防腐的化学原理

防腐的化学原理就是将有害的酸碱物质中和为中性的无害物质，来保护防腐涂层内的材料不受腐蚀性物质的侵害。防锈涂料中经常添加一些两性化合物，例如氢氧化铝、氢氧化钡和氧化锌等，这些物质很容易和酸碱有害物发生化学作用，从而实现防腐效果。

◆ 防腐的物理原理

防腐的物理原理就是以防腐涂层将被保护材料与外界的腐蚀性物质隔离开。防锈涂料的物理原理就是使用成膜剂以获得致密的防腐涂层，来隔离防腐材料对被保护材料的伤害。例如含铅的涂料和油料反应后就能形成铅皂，以此来保证防腐涂层的致密性。

◆ 防腐的电化学作用

防腐的电化学作用是指在防锈涂料中添加一些特殊的物质，这样在水分和氧气通过防锈涂料时会发生反应而形成防腐离子，使钢铁等金属的表面钝化，从而阻止金属离子的溶出，从而到达防腐的目的，这些特殊物质中最常见的就是铬酸盐。

2. 其他防腐的适用范围

（1）“隔离层”项目适用于楼地面的沥青类、树脂玻璃钢类防腐工程隔离层。

（2）“砌筑沥青浸渍砖”项目适用于浸渍标准砖的铺砌。

（3）“防腐涂料”项目适用于建筑物、构筑物以及钢结构的防腐。

3. 其他防腐的有关项目说明

（1）项目名称应对涂刷基层及部位进行描述；需刮腻子时应包括在报价内；应对涂料底漆层、中间漆层、面漆涂刷遍数进行描述。

（2）砌筑沥青浸渍砖：按设计图示尺寸以体积计算，立砌按厚度 115 mm 计算；平砌按厚度 53 mm 计算。

4. 其他防腐工程定额计算规则

（1）整体面层、隔离层适用于平面、立面的防腐耐酸工程，包括沟、坑、槽。

（2）块料面层以平面砌为准，砌立面的，按平面砌相应项目，人工乘以系数 1.38，踢脚板人工乘以系数 1.56，其他不变。

（3）各种砂浆、胶泥、混凝土材料的种类，配合比等各种整体面层的厚度，如设计与定额不同时，可以换算。但各种块料面层的结合层砂浆或胶泥厚度不变。

（4）本章的各种面层，除软聚氯乙烯塑料地面外，均不包括踢脚板。

（5）花岗岩板以六面剁斧的板材为准。如底面为毛面者，水玻璃砂浆增加 0.38 m^3；耐酸沥青砂浆增加 0.44 m^3。

（6）防腐工程项目应区分不同防腐材料种类及厚度，按设计实铺面积以平方米计算。应扣除凸出地面的构筑物、设备基础等所占的面积，砖垛等凸出墙面部分按展开面积计算并入墙面防腐工程量内。

（7）踢脚板按实铺长度乘以高度以平方米计算，应扣除门洞所占面积并相应增加侧壁展开面积。

（8）平面砌筑双层耐酸块料时，按单层面积乘以 2 计算。

（9）防腐卷材接缝、附加层、收头等人工、材料，已计入定额中，不再另行计算。

案例解析

【例 4-11】如图 4-37 所示为一房屋平面示意图，防腐砂浆面层，试计算防腐砂浆面层及防腐砂浆面层踢脚线工程量。

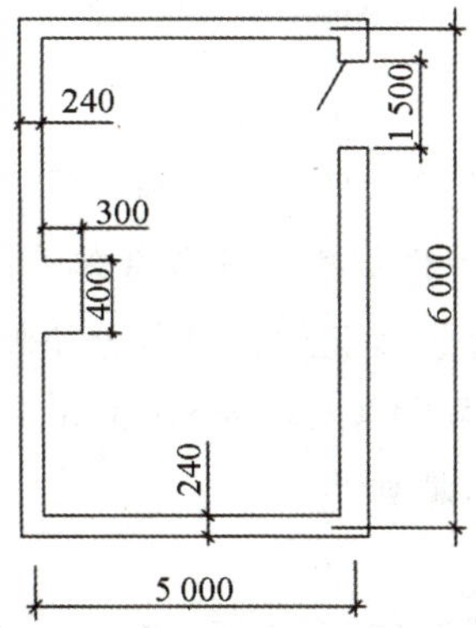

图 4-37　房屋平面示意图（单位：mm）

【解】（1）清单工程量。

清单工程量计算规则：按设计实铺面积计算。

① 防腐砂浆面层工程量：

S_1 =（5−0.24）×（6−0.24）−0.3×0.4+1.5×0.12=27.48（m^2）

② 防腐砂浆面层踢脚线工程量：

S_2 =［（5−0.24）+（6−0.24）］×2×0.15+0.3×2×0.15−1.5×0.15+0.12×2×0.15=3.057（m^2）

注解：(5−0.24）×（6−0.24）为室内面积，0.3×0.4 为墙垛的面积，1.5×0.12 为门的面积，门在墙的一半处，门外的 0.12 不再计算。(5−0.24）+（6−0.24）×2 为整个室内踢脚线的长度，0.3×2 为墙垛两侧的长度，1.5 为门的宽度，需扣除，0.12×2 为门的一半长度需要踢脚线，外侧不再踢脚，总长度乘以踢脚厚度 0.15 即可。

（2）定额工程量。

定额工程量同清单工程量。

防腐砂浆面层工程量为 27.48 m^2。

防腐砂浆面层踢脚线工程量为 3.057 m^2。

套用《河南省房屋建筑与装饰工程预算定额（上册）》（HA01−31−2016）定额子目 10−123 可得

防腐砂浆面层总价=27.48×90.319 5=2 481.98（元）

【例 4−12】如图 4−38 所示，楼面为耐酸沥青胶泥卷材隔离层，试计算其工程量。

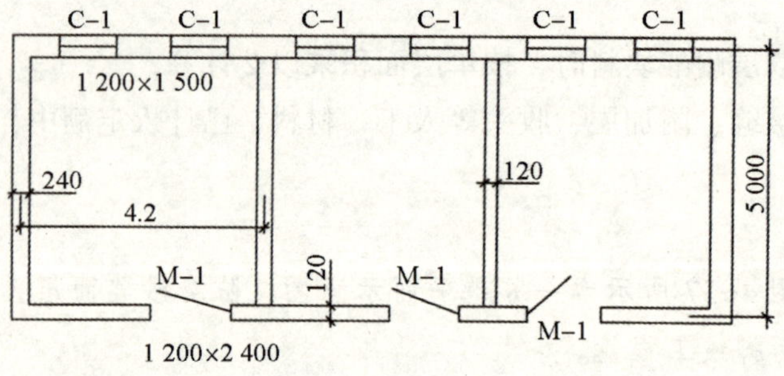

图 4−38　楼地面示意图（单位：mm）

【解】（1）清单工程量

清单工程量计算规则：按设计图示尺寸以面积计算。

① 平面防腐：扣除凸出地面的构筑物、设备基础等以及面积>0.3 m^2 孔洞、柱、垛等所占面积，门洞、空圈、暖气包槽、壁龛的开口部分不增加面积。

② 立面防腐：扣除门、窗、洞口以及面积>0.3 m^2 孔洞、梁所占面积，门、窗、洞口侧壁、垛突出部分按展开面积并入墙面积内。

隔离层工程量

S=（4.2−0.12−0.06）×（5−0.12−0.06）×2+（4.2−0.06×2）×（5−0.12−0.06）+1.2×0.24×3=59.282 4（m^2）

注解：(4.2−0.12−0.06) 为房间的净长，(5−0.12−0.06) 为房间净宽，左右两侧共2个，故乘以2，(4.2−0.06×2) 为中间房间的净长，1.2×0.24为门洞的面积，共3个门洞，故乘以3。

(2) 定额工程量。

定额工程量同清单工程量。

隔离层定额工程量=59.282 4 (m^2)

套用《河南省房屋建筑与装饰工程预算定额（上册）》(HA01−31−2016) 定额子目10−267可得：

总价=59.282 4×57.748 6=3 423.48（元）

项目小结

本项目主要介绍了砌筑工程、钢筋及混凝土工程、金属结构、木结构及门窗工程，屋面、防水及保温隔热工程定额说明及工程量计算规则。通过本项目的学习，读者不仅提高了读者的专业技能和实际操作能力，更加坚定了其在工程造价编制领域的职业信念和社会责任感，为未来的工程实践和职业发展奠定了坚实的基础。

课后习题

一、填空题

1. 室内柱以设计室内地坪为界，室外柱以设计室外地坪为界，以下为________，以上为________。

2. 轻型框剪墙，是轻型框架剪力墙的简称，结构设计中也称为________。

3. 钢筋工程应区别现浇、预制构件，不同钢种和规格，计算时分别按设计长度乘以单位理论重量，以________计算。钢筋电渣压焊接、套筒挤压等接头，按________计算。

4. 木屋架、檩条工程量按设计图示尺寸以体积计算，附属于其上的木夹板、垫木、风撑、挑檐木、檩条、三角条均按木料体积并入________、________工程量内。

5. 屋面的女儿墙、伸缩缝和天窗等处的弯起部分，按设计________计算；设计无规定时，伸缩缝、女儿墙、天窗的弯起部分按________mm计算，计入立面工程量内。

6. 保温隔热常用的材料有：软木板、聚苯乙烯泡沫塑料板、加气混凝土块、膨胀珍珠岩板、沥青玻璃棉、沥青矿渣棉、微孔硅酸钙、稻壳等。可用于________、________、________、________、天棚等部位。

二、简答题

1. 砌筑工程基础工程量如何计算？

2. 预制混凝土工程量如何计算？

3. 木屋架、檩条工程量如何计算？
4. 屋面排水工程如何计算？
5. 保温隔热常用的材料有哪些？

学习小结

根据个人的学习情况结合“港珠澳大桥”等大国工程进行回顾总结，要求体现自己在本项目学习过程中所获得的知识、学习目标的实现情况，以及如何通过大国工程讲好中国故事、展示中国形象等方面的感悟。

（撰写总结要求层次清楚，观点明确，建议采用思维导图或表格的形式进行所学知识和学习目标实现情况的总结）

小结如下：______

项目五

装饰工程造价编制

项目导读

装饰工程造价编制是指在装饰工程施工前，按照相关的造价编制标准和流程，对工程所需材料、人工、机械设备等费用进行估算和预算的过程。这种编制是建筑工程管理的重要组成部分，它直接关系到工程的顺利进行和成本控制。本项目旨在通过系统学习和实践操作，使学生掌握建筑装饰工程的造价计算和预算编制。本项目套用《山东省建筑工程消耗量定额》（SD 01-31-2016）进行编制。

学习目标

知识目标

◆了解装饰工程定额说明及项目名称。

◆掌握楼地面、墙柱面、油漆涂料及裱糊工程量计算规则。

能力目标

◆掌握楼地面、墙柱面、天棚工程、油漆涂料及裱糊工程量的计算并能正确套用定额项目。

◆能够应用所学知识编制装饰工程造价。

素质目标

◆提升学生装饰工程的专业水平和实际操作能力。

◆加强学生团队协作精神，能够与项目团队共同完成工程项目的预算编制工作。

思政目标

◆培养学生通过合理的工程设计和施工方案减少对环境的负面影响。

◆增强学生对建筑工程成本控制和社会责任的认识。

任务工单

一、任务名称

观看天棚抹灰现场操作。

二、任务描述

全班学生到抹灰现场观看，了解天棚抹类的要点及工艺，在任务准备的过程中完成表 5-1 的填写。

表 5-1　实训表（一）

姓名		班级		学号	
学时		日期		实践地点	
实训工具	砂浆、钢皮刮刀				

三、任务目的

通过观看天棚抹灰的现场操作，能够应用所学知识编制装饰工程造价。

四、分组讨论

全班学生以 3~6 人为一组，选出各组的组长，组长对组员进行任务分配并将分工情况记入表 5-2 中。

表 5-2　实训表（二）

成员	姓名	任务分工
组长		
组员		

五、任务实施

在任务实施过程中，将遇到的问题和解决办法记录在表 5-3 中。

表 5-3　实训表（三）

成员	遇到的问题	解决办法
1		
2		
3		

六、任务评价

请各小组选出一名代表展示任务实施的成果，并配合指导教师完成表 5-4 的任务评价。

表 5-4　实训表（四）

评价项目	评价内容	分值	评价分值		
			自评	互评	师评
职业素养考核项目	考勤、纪律意识	10 分			
	团队交流与合作意识	10 分			
	参与主动性	10 分			
专业能力考核项目	积极参与教学活动并正确理解任务要求	10 分			
	认真查找与任务相关的资料	10 分			
	任务实施过程记录表的完成度	10 分			
	对天棚工程的了解程度	20 分			
	独立完成相应任务的程度	20 分			
合计：综合分数	自评（20%）+互评（20%）+师评（60%）	100 分			

任务一　楼地面工程

楼地面工程的造价编制是一项涉及多个方面的复杂任务，需要综合考虑各种因素，以确保工程的经济性和实用性。通过综合分析和计算，编制出一份详细、准确、合理的楼地面工程造价预算，为工程的顺利实施提供有力的经济保障。

装饰工程造价

一、定额说明

（1）本章定额包括找平层、整体面层、块料面层、其他面层及其他项目五节。

（2）本章中的水泥砂浆、混凝土的配合比，当设计、施工选用配比与定额取定不同时，可以换算，其他不变。

（3）本章中水泥自流平、环氧自流平、耐磨地坪、塑胶地面材料可随设计施工要求或所选材料生产厂家要求的配比及用量进行调整。

（4）整体面层、块料面层中，楼地面项目不包括踢脚板（线）；楼梯项目不包括踢脚板（线）、楼梯梁侧面、牵边；台阶不包括侧面、牵边，设计有要求时，按本章及本定额“第十二章墙柱面装饰与隔断、幕墙工程”和“第十三章天棚工程”相应定额项目计算。

（5）预制块料及仿石块料铺贴，套用相应石材块料定额项目。

（6）石材块料各项目的工作内容均不包括开槽、开孔、倒角、磨异形边等特殊加工内容。

（7）石材块料楼地面面层分色子目，按不同颜色、不同规格的规则块料拼简单图案编制。其工程量应分别计算，均执行相应分色项目。

（8）镶贴石材按单块面积≤0.64 m^2 编制。石材单块面积>0.64 m^2 的，砂浆贴项目每 10 m^2 增加用工 0.09 工日，胶粘剂贴项目每 10 m^2 增加用工 0.104 工日。

(9) 石材块料楼地面面层点缀项目，其点缀块料按规格块料现场加工考虑。单块镶拼面积≤0.015 m 的块料适用于此定额。如点缀块料为加工成品，需扣除定额内的“石料切割锯片”及“石料切割机”，人工乘以系数 0.4。被点缀的主体块料如为现场加工，应按其加工边线长度加套“石材楼梯现场加工”项目。

(10) 块料面层拼图案（成品）项目，其图案石材定额按成品考虑。图案外边线以内周边异形块料如为现场加工，套用相应块料面层铺贴项目，并加套“图案周边异形块料铺贴另加工料”项目。

(11) 楼地面铺贴石材块料、地板砖等，遇异形房间需现场切割时（按经过批准的排版方案），被切割的异形块料加套“图案周边异形块料铺贴另加工料”项目。

(12) 异形块料现场加工导致块料损耗超出定额损耗的，应根据现场实际情况计算损耗率，超出部分并入相应块料面层铺贴项目内。

(13) 楼地面铺贴石材块料、地板砖等，因施工验收规范、材料纹饰等限制导致裁板方向、宽度有特定要求（按经过批准的排版方案），致使其块料损耗超出定额损耗的，应根据现场实际情况计算损耗率，超出部分并入相应块料面层铺贴项目内。

(14) 定额中的“石材串边”“串边砖”指块料楼地面中镶贴颜色或材质与大面积楼地面不同且宽度≤200 mm 的石材或地板砖线条，定额中的“过门石”“过门砖”指门洞口处镶贴颜色或材质与大面积楼地面不同的单独石材或地板砖块料。

(15) 除铺缸砖（勾缝）项目，其他块料楼地面项目，定额均按密缝编制。若设计缝宽与定额不同时，其块料和勾缝砂浆的用量可以调整，其他不变。

(16) 定额中的“零星项目”适用于楼梯和台阶的牵边、侧面、池槽、蹲台等项目，以及面积≤0.5 m^2 且定额未列项的工程。

(17) 镶贴块料面层的结合层厚度与定额取定不符时，水泥砂浆结合层按本定额 11-1-3，即水泥砂浆每增减 5 mm 进行调整；干硬性水泥砂浆按本定额 11-3-73，即干硬性水泥砂浆每增减 5 mm 进行调整。

(18) 木楼地面，无论实木还是复合地板面层，均按人工净面编制，如采用机械净面，人工乘以系数 0.87。

(19) 实木踢脚板项目，定额按踢脚板固定在垫块上编制。若设计要求做基层板，另按本定额“第十二章墙、柱饰面与幕墙、隔断工程”中的相应基层板项目计算。

(20) 楼地面铺地毯，定额按矩形房间编制。若遇异形房间，设计允许接缝时，人工乘以系数 1.10，其他不变；设计不允许接缝时，人工乘以系数 1.20，地毯损耗率根据现场裁剪情况据实测定。

(21) 木龙骨单向铺间距 400 mm（带横撑）项目，如龙骨不铺设垫块时，每 10 m^2 调减人工 0.214 9 工日，调减板方材 0.002 9 m^3，调减射钉 88 个。该项定额子目按《建筑工程做法》（L13J1）地 301、楼 301 编制，如设计龙骨规格及间距与其不符，可调整定额龙骨材料含量，其余不变。

二、工程量计算规则

(1) 楼地面找平层和整体面层均按设计图示尺寸以面积计算。计算时应扣除凸出地面构筑物、设备基础、室内铁道、室内地沟等所占面积，不扣除间壁墙及≤0.3 m^2 的柱、垛、附墙烟囱及孔洞所占面积，门洞、空圈、暖气包槽、壁龛的开口部分也不增加（间壁墙指墙厚≤120 mm 的墙）。

（2）楼、地面块料面层，按设计图示尺寸以面积计算。门洞、空圈、暖气包槽和壁龛的开口部分并入相应的工程量内。

（3）木楼地面、地毯等其他面层，按设计图示尺寸以面积计算。门洞、空圈、暖气包槽和壁龛的开口部分并入相应的工程量内。

（4）楼梯面层按设计图示尺寸以楼梯（包括踏步、休息平台及≤500 mm 宽的楼梯井）水平投影面积计算，楼梯面层平面尺寸如图 5-1 所示。楼梯与楼地面相连时，算至梯口梁内侧边沿，无梯口梁者，算至最上一层踏步边沿加 300 mm。

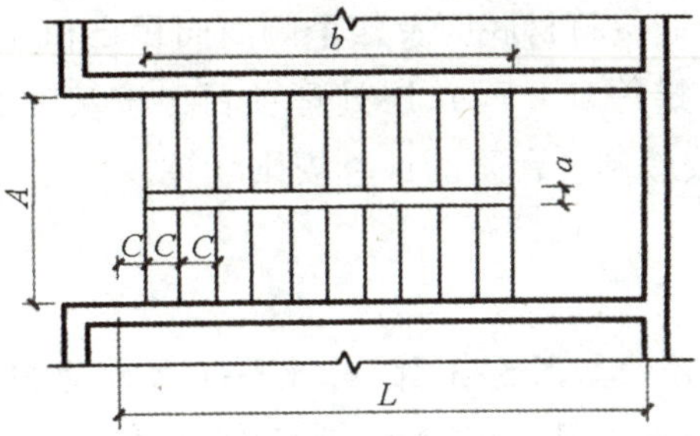

图 5-1 楼梯面层平面尺寸

> **提示**
>
> 通常情况下，当楼梯井宽度≤500 mm 时：
>
> 楼梯工程量=楼梯间净宽×（休息平台宽+踏步宽×步数）×（楼层数-1）

（5）旋转、弧形楼梯的装饰，其踏步按水平投影面积计算，执行楼梯的相应子目，人工乘以系数 1.20；其侧面按展开面积计算，执行零星项目的相应子目。

（6）台阶面层按设计图示尺寸以台阶（包括最上层踏步边沿加 300 m）水平投影面积计算，台阶面层平面尺寸如图 5-2 所示。

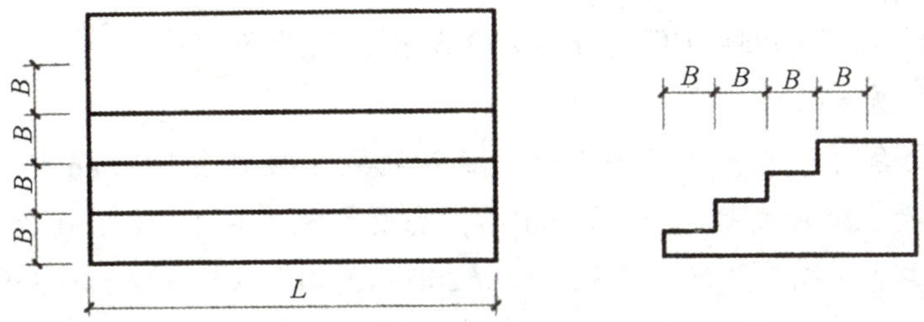

图 5-2 台阶面层平面尺寸

（7）串边（砖）、过门石（砖）按设计图示尺寸以面积计算。

（8）块料零星项目按设计图示尺寸以面积计算。

（9）踢脚线按长度计算工程量。水泥砂浆踢脚线计算长度时，不扣除门洞口的长度，洞口侧壁也不增加。

（10）踢脚板按设计图示尺寸以面积计算。

（11）地面点缀按点缀数量计算。计算地面铺贴面积时，不扣除点缀所占面积。

（12）块料面层拼图案（成品）项目，图案按实际尺寸以面积计算。图案周边异形块料铺贴另加工料项目，按图案外边线以内周边异形块料实贴面积计算。图案外边线是指成品图案所影响的周围规格块料的最大范围。

（13）楼梯石材现场加工，按实际切割长度计算。

（14）防滑条、地面分格嵌条按设计尺寸以长度计算。

（15）楼地面面层割缝按实际割缝长度计算。

（16）石材底面刷养护液按石材底面及四个侧面面积之和计算。

（17）楼地面酸洗、打蜡等基（面）层处理项目，按实际处理基（面）层面积计算，楼梯台阶酸洗打蜡项目，按楼梯、台阶的计算规则计算。

案例解析

【例 5-1】某车棚平面尺寸如图 5-3 所示，KZ-1 尺寸为 300 mm×300 mm，地面做法为：40 mm 厚 C20 细石混凝土面层，160 mm 厚 C20 细石混凝土找平层，表面撒 1∶1 水泥砂子随打随抹光。计算地面工程量，并列表计算省价分部分项工程费。

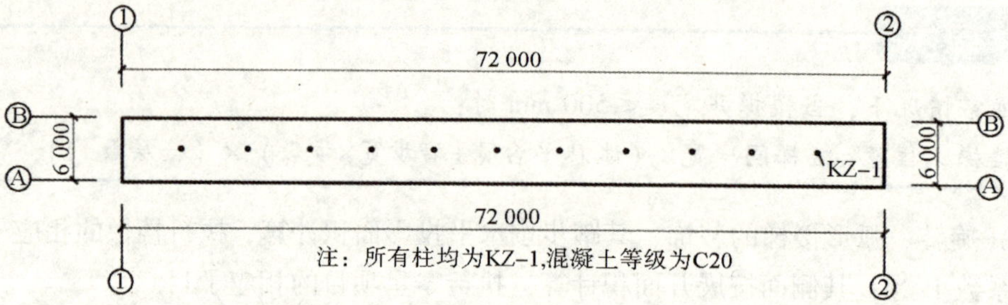

图 5-3　车棚平面尺寸（单位：mm）

【解】1. 工程量计算

柱占地面面积=0.3×0.3=0.09（m^2）<0.3 m^2，因此不扣除。

地面面层工程量=72×6=432（m^2）

地面整体面层套用定额子目 11-2-7，细石混凝土楼地面 40 mm 厚，套用定额子目 11-1-4，细石混凝土楼地面找平层 40 mm 厚，套用定额子目 11-1-5 每增减 5 mm。

细石混凝土楼地面找平层增减工程量=（200-40-40）÷5×432=10 368（m^2）

说明：定额子目 11-2-7 工作内容包括表面撒 1∶1 水泥砂子随打随抹光。

2. 列表计算省价分部分项工程费，见表 5-5。

表 5-5　省价分部分项工程费

序号	定额编号	项目名称	单位	工程量	单价/元	合价/元
1	11-2-7	细石混凝土楼地面 40 mm	10 m^2	43.2	360.23	15 561.94
2	11-1-4	细石混凝土 40 mm（找平层）	10 m^2	43.2	297.44	12 849.41
3	11-1-5	细石混凝土每增减 5 mm（找平层）	10 m^2	1 036.8	34.81	36 091.01
—	—	省价分部分项工程费合计	元	—	—	64 502.36

任务二　墙柱面工程

墙柱面工程最终的造价编制需要根据具体情况调整各项费用，并且可能需要考虑工程的地域差异、材料的市场价格浮动以及施工难度等因素。

一、定额说明

（1）本任务定额包括墙、柱面抹灰，镶贴块料面层，墙、柱饰面，隔断、幕墙，墙、柱面吸音五部分。

（2）凡注明砂浆种类、配合比、饰面材料型号规格的，设计与定额不同时，可按设计规定调整，其他不变。

（3）如设计要求在水泥砂菜中掺防水粉等外加剂时，可按设计比例增加外加剂，其他工料不变。

（4）圆弧形、锯齿形等不规则的墙面抹灰、镶贴块料、饰面，按相应项目人工乘以系数 1.15。

（5）墙面抹灰的工程量，不扣除各种装饰线条所占面积。“装饰线条”抹灰适用于门窗套、挑檐、腰线、压顶、遮阳板、楼梯边梁、宣传栏边框等展开宽度≤300 mm 的竖、横线条抹灰，展开宽度>300 mm 时，按图示尺寸以展开面积并入相应墙面计算。

（6）镶贴块料面层子目，除定额已注明留缝宽度的项目外，其余项目均按密缝编制。若设计留缝宽度与定额不同时，其相应项目的块料和勾缝砂浆用量可以调整，其他不变。

（7）粘贴瓷质外墙砖子目，定额按三种不同灰缝宽度分别列项，其人工、材料已综合考虑。如灰缝宽度>20 mm 时，应调整定额中瓷质外墙砖和勾缝砂浆（1∶1.5 水泥砂浆）或填缝剂的用量，其他不变。瓷质外墙砖的损耗率为 3%。

（8）块料镶贴的“零星项目”适用于挑檐、天沟、腰线、窗台线、门窗套、压顶、栏板、扶手、遮阳板、雨篷周边等。

（9）镶贴块料高度>300 mm 时，按墙面、墙裙项目套用；高度≤300 mm 时，按踢脚线项目套用。

（10）墙柱面抹灰、镶贴块料面层等均未包括墙面专用界面剂做法，如设计有要求时，按定额“第十四章油漆、涂料及裱糊工程”相应项目执行。

（11）粘贴块料面层子目，定额中的砂浆种类、配合比、厚度与定额不同时，允许调整，砂浆损耗率2.5%。

（12）挂贴块料面层子目，定额中包括了块料面层的灌缝砂浆（均为50 mm厚），其砂浆种类、配合比，可按定额相应规定换算；其厚度，设计与定额不同时，调整砂浆用量，其他不变。

（13）阴、阳角墙面砖45°角对缝，包括面砖、瓷砖的割角损耗。

（14）饰面面层子目，除另有注明外，均不包含木龙骨、基层。

（15）墙、柱饰面中的软包子目是综合项目，包括龙骨、基层、面层等内容，设计不同时材料可以换算。

（16）墙、柱饰面中的龙骨、基层、面层均未包括刷防火涂料。如设计有要求时，按本定额“第十四章油漆、涂料及裱糊工程”相应项目执行。

（17）木龙骨基层项目中龙骨是按双向计算的，设计为单向时，人工、材料、机械消耗量乘以系数0.55。

（18）基层板上钉铺造型层，定额按不满铺考虑。若在基层板上满铺板时，可套用造型层相应项目，人工消耗量乘以系数0.85。

（19）墙柱饰面面层的材料不同时，单块面积≤0.03 m^2 的面层材料应单独计算，且不扣除其所占饰面面层的面积。

（20）幕墙所用的龙骨，设计与定额不同时允许换算，人工用量不变。

（21）点支式全玻璃幕墙不包括承载受力结构。

二、工程量计算规则

（1）内墙抹灰工程量按以下规则计算。

① 按设计图示尺寸以面积计算。计算时应扣除门窗洞口和空圈所占的面积，不扣除踢脚板（线）、挂镜线、单个面积≤0.3 m^2 的空洞以及墙与构件交接处的面积，洞侧壁和顶面不增加面积。墙垛和附墙烟囱侧壁面积与内墙抹灰工程量合并计算。

② 内墙面抹灰的长度，以主墙间的图示净长尺寸计算。其高度确定如下。

◆无墙裙的，其高度按室内地面或楼面至天棚底面之间距离计算。

◆有墙裙的，其高度按墙裙顶至天棚底面之间距离计算。

③ 内墙裙抹灰面积按内墙净长乘以高度计算（扣除或不扣除内容同内墙抹灰）。

④ 柱抹灰按设计断面周长乘以柱抹灰高度以面积计算。

（2）外墙抹灰工程量按以下规则计算。

① 外墙抹灰面积，按设计外墙抹灰的设计图示尺寸以面积计算。计算时应扣除门窗洞口、外墙裙和单个面积>0.3 m^2 孔洞所占面积，洞口侧壁面积不另增加。附墙垛、飘窗凸出外墙面增加的抹灰面积并入外墙面工程量内计算。

② 外墙裙抹灰面积按其设计长度乘以高度计算（扣除或不扣除内容同外墙抹灰）。

③ 墙面勾缝按设计勾缝墙面的设计图示尺寸以面积计算。不扣除门窗洞口、门窗套、

腰线等零星抹灰所占的面积，附墙柱和门窗洞口侧面的勾缝面积也不增加。独立柱、房上烟囱勾缝，按设计图示尺寸以面积计算。

(3) 墙、柱面块料面层工程量按设计图示尺寸以面积计算。

(4) 墙柱饰面、隔断、幕墙工程量按以下规则计算。

① 墙、柱饰面龙骨按图示尺寸长度乘以高度，以面积计算。定额龙骨按附墙、附柱考虑，若遇其他情况，按下列规定乘以系数。

◆ 计龙骨外挑时，其相应定额项目乘以系数 1.15。

◆ 设计木龙骨包圆柱，其相应定额项目乘以系数 1.18。

◆ 设计金属龙骨包圆柱，其相应定额项目乘以系数 1.20。

② 墙饰面基层板、造型层、饰面面层按设计图示墙净长乘以净高以面积计算，扣除门窗洞口及单个面积>0.3 m^2 的孔洞所占面积。

③ 柱饰面基层板、造型层、饰面面层按设计图示饰面外围尺寸以面积计算。柱帽、柱墩并入相应柱饰面工程量内。

④ 隔断、间壁按设计图示框外围尺寸以面积计算，不扣除≤0.3 m^2 的孔洞所占面积。

⑤ 幕墙面积按设计图示框外尺寸以外围面积计算。全玻璃幕墙的玻璃肋并入幕墙面积内，点支式全玻璃幕墙钢结构桁架另行计算，圆弧形玻璃幕墙材料的煨弯费用另行计算。

(5) 墙面吸音子目，按设计图示尺寸以面积计算。

案例解析

【例 5-2】某变电室外墙面尺寸如图 5-4 所示，M 尺寸为 1 500 mm×2 000 mm；C1 尺寸为 1 500 mm×1 500 mm；C2 尺寸为 1 200 mm×800 mm；门窗侧面宽度 100 mm，外墙水泥砂浆粘贴规格为 194 mm×94 mm 瓷质外墙砖，灰缝 5 mm。计算外墙贴面砖工程量，并列表计算省价分部分项工程费。

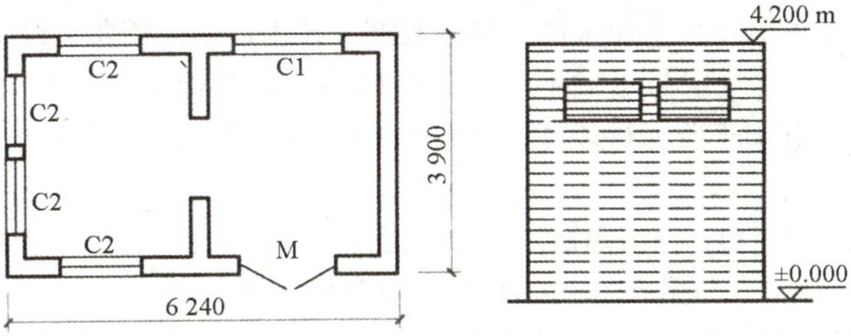

图 5-4 某变电室外墙面尺寸（单位：mm）

【解】1. 外墙面砖工程量 =（6.24+3.90）×2×4.20-（1.50×2.00）-（1.50×1.50）-（1.20×0.80）×4+［1.50+2.00×2+1.50×4+（1.20+0.80）×2×4］×0.10=78.68（m^2）

2. 块料面层酸洗打蜡工程量 =78.68（m^2）

3. 墙面砖 45°角对缝工程量 =4.2×4+（1.50+2.00×2）+1.50×4+（1.20+0.80）×2×4=44.3（m^2）

4. 列表计算省价分部分项工程费，见表5-6。

表5-6 省价分部分项工程费

序号	定额编号	项目名称	单位	工程量	单价/元	合价/元
1	12-2-39	水泥砂浆粘贴（规格）94 mm×94 mm，灰缝宽度≤5 mm瓷质外墙砖	10 m^2	7.868	1 225.29	9 640.58
2	12-2-51	块料面层酸洗打蜡	10 m^2	7.868	142.50	1 121.19
3	12-2-52	墙面砖45°角对缝	10 m^2	4.43	198.75	880.46
—	—	省价分部分项工程费合计	元	—	—	11 642.23

任务三 天棚工程

天棚工程的造价编制包括多个方面的费用，如材料费用、人工费用、机械费用以及其他相关费用。以下是详细的费用编制说明和工程量计算规则。

一、定额说明

（1）本章定额包括天棚抹灰、天棚龙骨、天棚饰面、雨篷四节。

（2）本章中凡注明砂浆种类、配合比、饰面材料型号规格的，设计规定与定额不同时，可以按设计规定换算，其他不变。

（3）天棚划分为平面天棚、跌级天棚和艺术造型天棚。艺术造型天棚包括藻井天棚、吊挂式天棚、阶梯形天棚、锯齿形天棚。

（4）本章天棚龙骨是按平面天棚、跌级天棚、艺术造型天棚龙骨设置项目。按照常用材料及规格编制，设计规定与定额不同时，可以换算，其他不变。若龙骨需要进行处理（如煨弯曲线等），其加工费另行计算。材料的损耗率分别为：木龙骨5%，轻钢龙骨6%，铝合金龙骨6%。

（5）天棚木龙骨子目，区分单层结构和双层结构。单层结构是指双向木龙骨形成的龙骨网片，直接由吊杆引上、与吊点固定的情况；双层结构是指双向木龙骨形成的龙骨网片，首先固定在单向设置的主木龙骨上，再由主木龙骨与吊杆连接、引上、与吊点固定的情况。

（6）非艺术造型天棚中，天棚面层在同一标高者为平面天棚，天棚面层不在同一标高者为跌级天棚。跌级天棚基层、面层按平面定额项目人工乘以系数1.1，其他不变。

① 平面天棚与跌级天棚的划分：房间内全部吊顶，局部向下跌落，最大跌落线向外，最小跌落线向里每边各加0.60 m，两条0.60 m线范围内的吊顶，为跌级吊顶天棚，其余为平面吊顶天棚。

若最大跌落线向外，距墙边≤1.2 m时，最大跌落线以外的全部吊顶为跌级吊顶天棚。

若最小跌落线任意两对边之间的距离≤1.8 m时，最小跌落线以内的全部吊项为跌级吊项天棚。

若房间内局部为板底抹灰天棚，局部向下跌落时，两条0.6 m线范围内的抹灰天棚，不得计算为吊顶天棚；吊顶天棚与抹灰天棚只有一个迭级时，该吊顶天棚的龙骨则为平面天棚龙骨，该吊顶天棚的饰面按跌级天棚饰面计算。

② 跌级天棚与艺术造型天棚的划分：天棚面层不在同一标高时，高差≤400 mm且跌级≤三级的一般直线形平面天棚按跌级天棚相应项目执行；高差>400 mm或跌级>三级以及圆弧形、拱形等造型天棚，按吊顶天棚中的艺术造型天棚相应项目执行。

（7）艺术造型天棚基层、面层按平面定额项目人工乘以系数1.3，其他不变。

（8）轻钢龙骨、铝合金龙骨定额按双层结构编制，如采用单层结构时，人工乘以系数0.85。

（9）平面天棚和跌级天棚指一般直线形天棚，不包括灯光槽的制作安装。

（10）圆形、弧形等不规则的软膜吊顶，人工乘以系数1。

（11）点支式雨篷的型钢、爪件的规格、数量是按常用做法考虑的，设计规定与定额不同时，可以按设计规定换算，其他不变。斜拉杆费用另计。

（12）天棚饰面中喷刷涂料，龙骨、基层、面层防火处理执行本定额“第十四章油漆、涂料及裱糊工程”相应项目。

（13）天棚检查孔的工料已包含在项目内，面层材料不同时，另增加材料，其他不变。

（14）定额内除另有注明者外，均未包括压条、收边、装饰线（板），设计有要求时，执行本定额“第十五章其他装饰工程”相应定额子目。

（15）天棚装饰面开挖灯孔，按每开10个灯孔用工1.0工日计算。

二、工程量计算规则

（1）天棚抹灰工程量按以下规则计算。

① 按设计图示尺寸以面积计算，不扣除柱、垛、间壁墙、附墙烟囱、检查口和管道所占的面积。

② 带梁天棚的梁两侧抹灰面积并入天棚抹灰工程量内计算。

③ 楼梯底面（包括侧面及连接梁、平台梁、斜梁的侧面）抹灰，按楼梯水平投影面积乘以1.37并入相应天棚抹灰工程量内计算。

④ 有坡度及拱顶的天棚抹灰面积按展开面积计算。

⑤ 檐口、阳台、雨篷底的抹灰面积，并入相应的天棚抹灰工程量内计算。

（2）吊顶天棚龙骨（除特殊说明外）按主墙间净空水平投影面积计算；不扣除间壁墙、检查口、附墙烟囱、柱、灯孔、垛和管道所占面积，由于上述原因所引起的工料也不增加；天棚中的折线、跌落、高低吊顶槽等面积不展开计算。

（3）天棚饰面工程量按以下规则计算。

① 按设计图示尺寸以面积计算，不扣除间壁墙、检查口、附墙烟囱、柱、垛和管道所占面积，但应扣除独立柱、灯带、单个面积>0.3 m^2的灯孔及与天棚相连的窗帘盒所占的面积。

② 天棚中的折线、迭落等圆弧形、高低吊灯槽及其他艺术形式等天棚面层按展开面积计算。

③ 格栅吊顶、藤条造型悬挂吊顶、软膜吊顶和装饰网架吊顶按设计图示尺寸以水平投影面积计算。

④ 吊筒吊顶按最大外围水平投影尺寸，以外接矩形面积计算。

⑤ 送风口、回风口及成品检修口按设计图示数量计算。

（4）雨篷工程量按设计图示尺寸以水平投影面积计算。

案例解析

【例 5-3】预制钢筋混凝土板底吊装配式 U 形轻钢龙骨，间距 450 mm×450 mm，龙骨上铺钉中密度板，面层粘贴 4 mm 厚铝塑板，尺寸如图 5-5 所示，计算顶棚工程量，并确定定额项目。

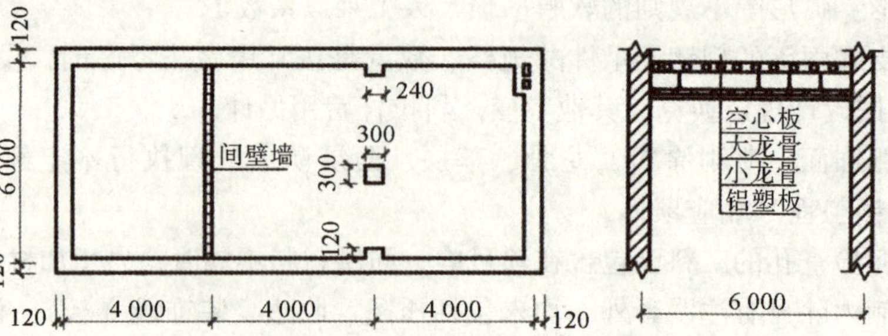

图 5-5　吊顶尺寸（单位：mm）

【解】1. 轻钢龙骨工程量 = （12−0. 24）×（6−0. 24）= 67. 74（m^2）

套用定额子目 13-2-9，装配式 U 型轻钢天棚龙骨网格尺寸 450 mm×450 mm 平面不上人型。

2. 基层板工程量 = （12−0. 24）×（6−0. 24）−0. 30×0. 30 = 67. 65（m^2）

套用定额子目 13-3-5，钉铺密度板基层轻钢龙骨。

3. 铝塑板面层工程量 = 基层板工程量 = 67. 65（m^2）

面层粘贴 4 mm 厚铝塑板，套用定额子目 13-3-26，天棚金属面层铝塑板贴在基层板上。

任务四　油漆涂料及裱糊工程

油漆涂料及裱糊工程的造价编制是指在进行建筑装饰装修过程中，对油漆涂料和裱糊材料的费用进行详细计算和预算的过程。以下是详细的费用编制说明和工程量计算规则。

一、定额说明

（1）本章定额包括木材面油漆，金属面油漆，抹灰面油漆、涂料，基层处理和裱糊五节。

（2）本章项目中刷油漆、涂料采用手工操作，喷涂采用机械操作，实际操作方法不同时，不做调整。

（3）本定额中油漆项目已综合考虑高光、半亚光、亚光等因素；如油漆种类不同时，换算油漆种类，用量不变。

（4）定额已综合考虑了在同一平面上的分色及门窗内外分色。油漆中深浅各种不同的颜色已综合在定额子目中，不另调整。如需做美术图案者另行计算。

（5）本章规定的喷、涂、刷遍数与设计要求不同时，按每增一遍定额子目调整。

（6）墙面、墙裙、天棚及其他饰面上的装饰线油漆与附着面的油漆种类相同时，装饰线油漆不单独计算。

（7）抹灰面涂料项目中均未包括刮腻子内容，刮腻子按基层处理相应子目单独套用。

（8）木踢脚板油漆，若与木地板油漆相同时，并入地板工程量内计算，其工程量计算方法和系数不变。

（9）墙、柱面真石漆项目不包括分格嵌缝，当设计要求做分格缝时，按本定额“第十二章墙、柱面装饰与隔断、幕墙工程”相应项目计算。

二、工程量计算规则

（1）楼地面，天棚面，墙、柱面的喷（刷）涂料、油漆工程，其工程量按各自抹灰的工程量计算规则计算。涂料系数表中有规定的，按规定计算工程量并乘以系数表中的系数。

（2）木材面、金属面、金属构件油漆工程量按油漆、涂料系数表的工程量计算方法，并乘以系数表内的系数计算。

（3）木材面刷油漆、涂料工程量，按所刷木材面的面积计算。

（4）基层处理工程量，按其面层的工程量计算。

（5）裱糊项目工程量，按设计图示尺寸以面积计算。

提示

涂刷工程量＝抹灰面工程量

案例解析

【例5-4】某工程平面图、剖面图如图5-6所示（M尺寸为1 000 mm×2 500 mm，C尺寸为1 200 mm×1 500 mm），地面刷过氯乙烯涂料，三合板木墙裙上润油粉，刷硝基清漆六遍，墙面、顶棚满刮成品腻子二遍，刷乳胶漆三遍。计算工程量，并确定定额项目。

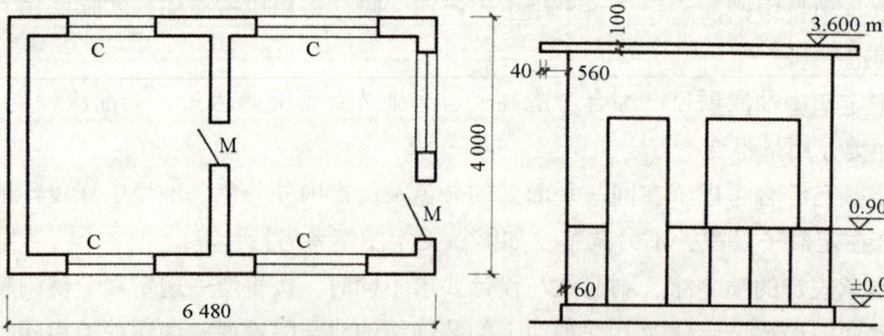

图 5-6 某工程平面图、剖面图（单位：mm）

【解】外墙面工程量＝（6.48+4）×2×（3.6−0.1−0.9）−1×（2.5−0.9）−1.2×1.5×5＝43.9（m^2）

刷界面剂一道，套用定额 12-4-16（乳液界面剂涂敷）。

刮柔性腻子，套用定额 12-4-15（满刮柔性腻子保温墙面）。

外墙真石漆，套用定额 14-3-5（墙柱面喷真石漆三遍成活）。

任务五 其他装饰工程

其他装饰工程的造价编制是一项复杂而细致的工作，涉及到多个方面的考量和计算。以下是详细的费用编制说明和工程量计算规则。

一、定额说明

（1）本章定额包括柜类、货架，装饰线条，扶手、栏杆、栏板，暖气罩，浴厕配件，招牌、灯箱，美术字，零星木装饰，工艺门扇九节。

（2）本章定额中的成品安装项目，实际使用的材料品种、规格与定额不同时，可以换算，但人工、机械的消耗量不变。

（3）本章定额中除铁件已包括刷防锈漆一遍外，均不包括油漆。油漆按本定额“第十四章油漆、涂料及裱糊工程”相关子目执行。

（4）本章定额项目中均未包括收口线、封边条、线条边框的工料，使用时另行计算线条用量，套用本章“装饰线”相应子目。

（5）本章定额中除有注明外，龙骨均按木龙骨考虑，如实际采用细木工板、多层板等做龙骨，均执行本定额，不得调整。

（6）本章定额中玻璃均按成品加工玻璃考虑，并计入了安装时的损耗。

（7）柜类、货架编制说明如下。

① 木橱、壁橱、吊橱（柜）定额按骨架制作安装、骨架围板、隔板制作安装、橱柜贴面层、抽屉、门扇龙骨及门扇安装、玻璃柜及五金件安装分别列项，使用时分别套用相应定额。

② 橱柜骨架中的木龙骨用量，设计与定额不同时可以换算，但人工、机械消耗量不变。

（8）装饰线条编制说明如下。

① 装饰线条均按成品安装编制。

② 装饰线条按直线安装编制，如安装圆弧形或其他图案者，按以下规定计算：天棚面安装圆弧装饰线条，人工乘以系数 1.4；墙面安装圆弧装饰线条，人工乘以系数 1.2；装饰线条做艺术图案，人工乘以系数 1.6。

（9）栏板、栏杆、扶手为综合项。不锈钢栏杆中不锈钢管材、法兰用量，设计与定额不同时可以换算，但人工、机械消耗量不变。

（10）暖气罩按基层、造型层和面层分别列项，使用时分别套用相应定额。

（11）卫生间配套编制说明如下。

① 大理石洗漱台的台面及裙边与挡水板分别列项，台面及裙边子目中包含了成品钢支架安装用工。洗漱台面按成品考虑。

② 卫生间配件按成品安装编制。

③ 卫生间镜面玻璃子目设计与定额不同时可以换算。

（12）招牌、灯箱编制说明如下。

① 招牌、灯箱分一般形式及复杂形式。一般形式是指矩形，表面平整无凹凸造型；复杂形式是指异形或表面有凹凸造型的情况。

② 招牌内的灯饰不包括在定额内。

（13）美术字安装编制说明如下。

① 美术字不分字体，定额均按成品安装编制。

② 外文或拼音美术字个数，以中文意译的单字计算。

③ 材质适用范围：泡沫塑料有机玻璃字，适用于泡沫塑料、硬塑料、有机玻璃、镜面玻璃等材料制作的字，金属字适用于铝铜材、不锈钢、金、银等材料制作的字。

（14）零星木装饰编制说明如下。

① 门窗口套、窗台板及窗帘盒是按基层、造型层和面层分别列项，使用时分别套用相应定额。

② 门窗口套安装按成品编制。

（15）工艺门扇编制说明如下。

① 工艺门扇，定额按无框玻璃门扇、造型夹板门扇制作、成品门扇安装、门扇工艺镶嵌和门扇五金配件安装，分别设置项目。

② 无框玻璃门扇，定额按开启扇、固定扇两种扇型，以及不同用途的门扇配件，分别设置项目。无框玻璃门扇安装定额中，玻璃为按成品玻璃，定额中的损耗为安装损耗。

③ 不锈钢、塑铝板包门框子目为综合子目。包门框子目中，已综合了角钢架制作安装、基层板、面层板的全部施工工序。木龙骨、角钢架的规格和用量，设计与定额不同时，可以调整，人工、机械不变。

④ 造型夹板门扇制作，定额按木骨架、基层板、面层装饰板并区别材料种类，分别设置项目。局部板材用作造型层时，套用 15-9-13 到 15-9-15 基层项目相应子目，人工增加 10%。

⑤ 成品门扇安装，适用于成品进场门扇的安装，也适用于现场完成制作门扇的安装。定额木门扇安装子目中，每扇按 3 个合页编制，如与实际不同时，合页用量可以调整，每增减 10 个合页，增减 0. 25 工日。

⑥ 门扇工艺镶嵌，定额按不同的镶嵌内容，分别设置项目。

⑦ 门扇五金配件安装，定额按不同用途的成品配件，分别设置项目。

二、工程量计算规则

（1）橱柜木龙骨项目按橱柜龙骨的实际面积计算。基层板、造型层板及饰面板按实际尺寸以面积计算。抽屉按抽屉正面面板尺寸以面积计算。橱柜五金件以“个”为单位按数量计算。橱柜成品门扇安装按扇面尺寸以面积计算。

（2）装饰线条应区分材质及规格，按设计图示尺寸以长度计算。

（3）栏板、栏杆、扶手按长度计算。楼梯斜长部分的栏板、栏杆、扶手，按平台梁与连接梁外沿之间的水平投影长度，乘以系数 1. 15 计算。

（4）暖气罩各层按设计尺寸以面积计算，与壁柜相连时，暖气罩算至壁柜隔板外侧，壁柜套用橱柜相应子目，散热口按其框外围面积单独计算。零星木装饰项目基层、造型层及面层的工程量均按设计图示展开尺寸以面积计算。

（5）大理石洗漱台的台面及裙边按展开尺寸以面积计算，不扣除开孔的面积；挡水板按设计面积计算。

（6）招牌、灯箱的木龙骨按正立面投影尺寸以面积计算，型钢龙骨重量以“t”计算。基层及面层按设计尺寸以面积计算。

（7）美术字安装，按字的最大外围矩形面积以“个”为单位，按数量计算。

（8）零星木装饰项目基层、造型层及面层的工程量均按设计图示展开尺寸以面积计算。

（9）窗台板按设计图示展开尺寸以面积计算；设计未注明尺寸时，按窗宽两边共加 100 mm 计算长度（有贴脸的按贴脸外边线间宽度），凸出墙面的宽度按 50 mm 计算。

（10）百叶窗帘、网扣窗帘按设计成活后展开尺寸以面积计算，设计未注明尺寸时，按洞口面积计算；窗帘、遮光帘均按展开尺寸以长度计算。成品铝合金窗帘盒、窗帘轨、杆按延长米以长度计算。

（11）明式窗帘盒按设计图示尺寸以长度计算，与天棚相连的暗式窗帘盒，基层板

(龙骨)、面层板按展开尺寸以面积计算。

(12) 柱脚、柱帽以“个”为单位按数量计算，墙、柱石材面开孔以“个”为单位按数量计算。

(13) 工艺门扇

① 玻璃门按设计图示洞口尺寸以面积计算，门窗配件按数量计算。不锈钢、塑铝板包门框按框饰面尺寸以面积计算。

② 夹板门门扇木龙骨不分扇的形式，以扇面积计算；基层及面层按设计尺寸以面积计算。扇安装按扇以“个”为单位，按数量计算。门扇上镶嵌按镶嵌的外围尺寸以面积计算。

③ 门扇五金配件安装，以“个”为单位按数量计算。

案例解析

【例 5-5】 平墙式暖气罩平面尺寸如图 5-7 所示，五合板基层，榉木板面层，机制木花格散热口，共 18 个。计算暖气罩工程量并确定定额项目。

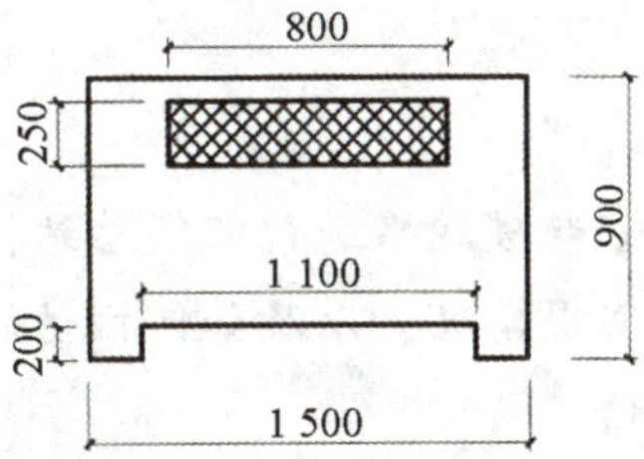

图 5-7　平墙式暖气罩平面尺寸（单位：mm）

【解】 1. 基层的工程量＝（1.5×0.9−1.10×0.20−0.80×0.25）×18＝16.74（m^2）

五合板基层，套用定额子目 15-4-1。

2. 面层的工程量＝（1.5×0.9−1.10×0.20−0.80×0.25）×18＝16.74（m^2）

粘贴装饰板面层，套用定额子目 15-4-4 贴面层装饰木夹板。

3. 散热口安装的工程量＝0.80×0.25×18＝3.60（m^2）

机制木花格，套用定额子目 15-4-7 散热口安装机制木花格。

项目小结

本项目主要介绍了楼地面工程、墙柱面工程、天棚工程、油漆涂料及裱糊工程以及其他装饰工程的详细计算内容。通过本项目的学习，读者不仅深入了解装饰工程造价管理的核心要素和实际操作技能，还能提升在工程项目中的专业水平和综合素质，为其未来在建筑装饰工程领域的发展奠定了坚实的基础。

课后习题

一、填空题

1. 楼地面酸洗、打蜡等基（面）层处理项目，按实际处理基（面）层面积计算，楼梯台阶酸洗打蜡项目，按________、________的计算规则计算。

2. 外墙裙抹灰面积按其____________________计算（扣除或不扣除内容同外墙抹灰）

3. 天棚划分为平面天棚、跌级天棚和艺术造型天棚。艺术造型天棚包括________、________、________、锯齿形天棚。

4. 橱柜木龙骨项目按橱柜龙骨的实际面积计算。________、________及饰面板按实际尺寸以面积计算。

二、简答题

1. 简述楼地面找平层和整体面层计算规则。

2. 简述外墙抹灰工程量计算规则。

3. 简述天棚抹灰工程量计算规则。

学习小结

根据个人的学习情况结合国家双碳战略进行回顾总结，要求体现自己在本项目学习过程中所获得的知识、学习目标的实现情况，以及如何推动能源清洁低碳高效利用，推进建筑领域清洁低碳转型等方面的感悟。

（撰写总结要求层次清楚，观点明确，建议采用思维导图或表格的形式进行所学知识和学习目标实现情况的总结）

小结如下：____

____

____

____

项目六

措施项目造价编制

项目导读

措施项目造价编制是指在工程项目实施前，根据项目需求和设计要求，对工程中各项措施的造价进行详细的计算和预算编制的过程。这个过程包括对工程所需材料、人工、设备、运输等费用进行估算，以确保项目的预算合理、成本控制有效，并最终实现工程项目的经济高效完成。本项目任务一、任务二套用《江苏省建筑与装饰工程计价定额》(2014 版)、《江苏省建设工程费用定额》(2014 年) 进行编制；任务三、任务四套用《山东省建筑工程消耗量定额》(SD 01-31-2016) 进行编制。

学习目标

知识目标

◆掌握脚手架工程清单计量与计价规则。

◆掌握模板工程清单计量与计价规则。

◆了解施工运输工程的定额说明、施工运输工程量计算规则。

◆了解建筑施工增加的定额说明、建筑施工增加工程量计算规则。

能力目标

◆能正确计算脚手架、模板工程、施工运输及建筑施工增加的工程量并套用定额项目。

◆能够运用所学知识编制措施项目工程造价。

素质目标

◆培养学生严谨的工作态度和专业精神，确保措施项目造价计算的精准性和可靠性。

◆提升学生在脚手架工程费计算、模板工程费计算、施工运输工程、建筑施工增加等方面的专业技能和实际操作能力。

思政目标

◆增强学生对建筑工程成本控制和社会责任的认识。

◆强化学生对脚手架、模板工程等措施项目施工质量和安全的重视。

任务工单

一、任务名称

观看脚手架的搭建。

二、任务描述

同学们集体观看脚手架的搭建，了解脚手架搭建要点及工艺流程，在任务准备的过程中完成表 6-1 的填写。

表 6-1　实训表（一）

姓名		班级		学号	
学时		日期		实践地点	
实训工具	脚手板、脚手架、安全网、螺栓				

三、任务目的

通过观看脚手架的现场搭建，能够应用所学知识编制措施项目造价。

四、分组讨论

全班学生以 3~6 人为一组，选出各组的组长，组长对组员进行任务分配并将分工情况记入表 6-2 中。

表 6-2　实训表（二）

成员	姓名	任务分工
组长		
组员		

五、任务实施

在任务实施过程中，将遇到的问题和解决办法记录在表 6-3 中。

表 6-3　实训表（三）

成员	遇到的问题	解决办法
1		
2		
3		

六、任务评价

请各小组选出一名代表展示任务实施的成果，并配合指导教师完成表6-4的任务评价。

表6-4　实训表（四）

评价项目	评价内容	分值	评价分值		
			自评	互评	师评
职业素养考核项目	考勤、纪律意识	10分			
	团队交流与合作意识	10分			
	参与主动性	10分			
专业能力考核项目	积极参与教学活动并正确理解任务要求	10分			
	认真查找与任务相关的资料	10分			
	任务实施过程记录表的完成度	10分			
	对脚手架工程的了解程度	20分			
	独立完成相应任务的程度	20分			
合计：综合分数	自评（20%）+互评（20%）+师评（60%）	100分			

任务一　脚手架工程费计算

【例】某现浇框架结构办公楼如图6-1所示。主楼为16层，每层建筑面积为2 000 m^2；两侧附楼均为6层，每层每侧建筑面积为2 200 m^2，主附楼底层层高均为4.8 m，其余各层层高均为3.6 m。

要求：计算该办公楼的建筑物超高增加费。

措施项目造价

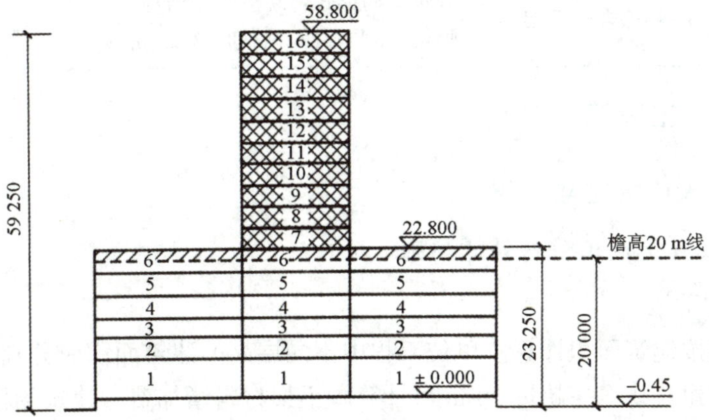

图6-1　某现浇框架结构办公楼

一、脚手架工程清单计量

（一）清单项目设置及其工程量计算规则

“计算规范”中，脚手架工程的工程量清单项目设置共有 8 项，分别为综合脚手架、外脚手架、里脚手架、悬空脚手架、挑脚手架、满堂脚手架、整体提升架、外装饰吊篮。

导入项目中，脚手架工程的工程量清单项目设置、项目特征描述的内容、计量单位及工程量计算规则，应按表 6-5 的规定执行。

表 6-5　办公楼脚手架工程的工程量清单项目设置

项目编码	项目名称	项目特征	计量单位	工程量计算规则
011701001	综合脚手架	1. 建筑结构形式；2. 檐口高度	m^2	按建筑面积计算

（二）工程量清单编制

根据以上清单项目的工程量计算规则计算各项目的清单工程量。

（1）主楼建筑面积＝2 000 m^2/层×16 层＝32 000 m^2

（2）两侧附楼建筑面积＝2 200 m^2/层×6 层×2＝26 400 m^2

根据清单设置规定和工程量计算结果，列出脚手架工程的工程量清单与计价表，详见表 6-6。

表 6-6　办公楼脚手架工程的工程量清单与计价表

工程名称：某办公楼工程　　　　　　　　标段：　　　　　　第　页　共　页

序号	项目编码	项目名称	项目特征描述	计量单位	工程量	金额/元	
						综合单价	合价
1	011701001001	综合脚手架	1. 建筑结构形式：现浇框架结构 2. 主楼：16 层，檐口高度 59.25 m	m^2	32 000		
2	011701001002	综合脚手架	1. 建筑结构形式：现浇框架结构 2. 附楼：6 层，檐口高度 23.25 m	m^2	26 400		

二、脚手架工程清单计价

（一）脚手架工程定额计量

1. 脚手架工程定额工程量计算规则

（1）综合脚手架

综合脚手架按建筑面积计算。单位工程中不同层高的建筑面积应分别计算。

综合脚手架建筑物檐高超过 20 m 可计算脚手架材料增加费。建筑物檐高超过 20 m 脚手架材料增加费以建筑物超过 20 m 部分建筑面积计算。

（2）单项脚手架

① 凡砌筑高度超过 1.5 m 的砌体均需计算脚手架。

② 砌墙脚手架均按墙面（单面）垂直投影面积以平方米计算。

③ 计算脚手架时，不扣除门、窗洞口、空圈、车辆通道、变形缝等所占面积。

④ 同一建筑物高度不同时，按建筑物的竖向不同高度分别计算。

单项脚手架建筑物檐高超过 20 m 可计算脚手架材料增加费。建筑物檐高超过 20 m 脚手架材料增加费同外墙脚手架计算规则，从设计室外地面起算。

（3）砌筑脚手架

① 外墙脚手架按外墙外边线长度（如外墙有挑阳台，则每个阳台计算一个侧面宽度，计入外墙面长度内，两户阳台连在一起的也只算一个侧面）乘以外墙高度以平方米计算。外墙高度指室外设计地坪至檐口（或女儿墙上表面）高度，坡屋面至屋面板下（或椽子顶面）墙中心高度，墙算至山尖 1/2 处的高度。

② 内墙脚手架以内墙净长乘以内墙净高计算。有山尖时，高度算至山尖 1/2 处；有地下室时，高度自地下室室内地坪至墙顶面。

③ 砌体高度在 3.60 m 以内者，套用里脚手架；高度超过 3.60 m 者，套用外脚手架。

④ 山墙自设计室外地坪至山尖 1/2 处高度超过 3.60 m 时，该整个外山墙按相应外脚手架计算，内山墙按单排外架子计算。

⑤ 独立砖（石）柱高度在 3.60 m 以内者，脚手架以柱的结构外围周长乘以柱高计算，执行砌墙脚手架里架子；柱高超过 3.60 m 者，以柱的结构外围周长加 3.60 m 乘以柱高计算，执行砌墙脚手架外架子（单排）。

⑥ 砌石墙到顶的脚手架，工程量按砌墙相应脚手架乘系数 1.50。

⑦ 外墙脚手架包括一面抹灰脚手架在内，另一面墙可计算抹灰脚手架。

⑧ 砖基础自设计室外地坪至垫层（或混凝土基础）上表面的深度超过 1.50 m 时，按相应砌墙脚手架执行。

⑨ 突出屋面部分的烟囱，高度超过 1.5 m 时，其脚手架按外围周长加 3.6 m 乘以实砌高度按 12 m 内单排外脚手架计算。

（4）外墙镶（挂）贴脚手架

① 外墙镶（挂）贴脚手架工程量计算规则同砌筑脚手架中的外墙脚手架。

② 吊篮脚手架按装修墙面垂直投影面积以平方米计算（计算高度从室外地坪至设计高度）。安拆费按施工组织设计或实际数量确定。

（5）现浇钢筋混凝土脚手架

① 钢筋混凝土基础自设计室外地坪至垫层上表面的深度超过 1.50 m，同时带形基础底宽超过 3.0 m、独立基础或满堂基础及大型设备基础的底面积超过 16 m^2 的混凝土浇捣脚手架应按槽、坑土方规定放工作面后的底面积计算，按满堂脚手架相应定额乘以系数 0.3 计算脚手架费用（使用泵送混凝土者，混凝土浇捣脚手架不得计算）。

② 现浇钢筋混凝土独立柱、单梁、墙高度超过 3.60 m 应计算浇捣脚手架。柱的浇捣

脚手架以柱的结构周长加 3.60 m 乘以柱高计算；梁的浇捣脚手架按梁的净长乘以地面（或楼面）至梁顶面的高度计算；墙的浇捣脚手架以墙的净长乘以墙高计算。套柱、梁、墙混凝土浇捣脚手架。

③ 层高超过 3.60 m 的钢筋混凝土框架柱、墙（楼板、屋面板为现浇板）所增加的混凝土浇捣脚手架费用，以框架轴线水平投影面积，按满堂脚手架相应子目乘以系数 0.3 执行；层高超过 3.60 m 的钢筋混凝土框架柱、梁、墙（楼板、屋面板为预制空心板）所增加的混凝土浇捣脚手架费用，以框架轴线水平投影面积，按满堂脚手架相应子目乘以系数 0.4 执行。

（6）抹灰脚手架

① 钢筋混凝土单梁、柱、墙脚手架：单梁以梁净长乘以地坪（或楼面）至梁顶面高度计算；柱以柱结构外围周长加 3.60 m 乘以柱高计算；墙以墙净长乘以地坪（或楼面）至板底高度计算。

② 墙面抹灰以墙净长乘以净高计算。

③ 如有满堂脚手架可以利用，不再计算墙、柱、梁面抹灰脚手架。

④ 天棚抹灰高度在 3.60 m 以内，按天棚抹灰面（不扣除柱、梁所占的面积）以平方米计算。

（7）满堂脚手架

天棚抹灰高度超过 3.60 m 按室内净面积计算满堂脚手架，不扣除柱、垛、附墙烟囱所占面积。

① 基本层。高度在 8 m 以内计算基本层。

② 增加层。高度超过 8 m，每增加 2 m，计算一层增加层，计算式如下

$$增加层数=（室内净高-8\ m）/2\ m \tag{6-1}$$

增加层数计算结果保留整数，小数在 0.6 以内舍去，在 0.6 以上进位。

③ 满堂脚手架高度以室内地坪面（或楼面）至天棚面或屋面板的底面为准（斜的天棚或屋面板按平均高度计算）。室内挑台栏板外侧共享空间的装饰如无满堂脚手架利用，按地面（或楼面）至顶层栏板顶面高度乘以栏板长度以平方米计算，套相应抹灰脚手架定额。

2. 定额工程量计算

根据定额计价规定，本项目除执行综合脚手架项目外，檐高超过 20 m 的部分，还应计算脚手架材料增加费。

（1）主楼

① 层高在 3.6 m 以内的各层建筑面积 = 2 000×15 = 30 000（m^2）。

② 层高在 5 m 以内的（底层）建筑面积 = 2 000 m^2。

③ 第 7 层及以上楼面，高度完全超过 20 m，共 10 层，建筑面积 = 2 000×10 = 20 000（m^2）。

④ 第 6 层超过 20 m 部分的高度为 3.25 m，仅计算每增高 1 m 的增加费，建筑面积 = 2 000（m^2）。

（2）两侧附楼

① 层高在 3.6 m 以内的各层建筑面积 = 2 200×5×2 = 22 000（m^2）。

② 层高在 5 m 以内的（底层）建筑面积 = 2 200×2 = 4 400（m^2）。

③ 第 6 层超过 20 m 部分的高度为 3.25 m，仅计算每增高 1 m 的增加费，建筑面积 = 2 200×2 = 4 400（m^2）。

（二）脚手架工程定额计价

（1）计价定额中，脚手架工程分为综合脚手架和单项脚手架两部分。单项脚手架适用于单独地下室、装配式和多（单）层工业厂房、仓库、独立的展览馆、体育馆、影剧院、礼堂、饭堂（包括附属厨房）、锅炉房、檐高未超过 3.6 m 的单层建筑、超过 3.6 m 高的屋顶构架、构筑物和单独装饰工程等。除此之外的单位工程均执行综合脚手架项目。

（2）超高脚手架材料增加费编制说明如下。

① 综合脚手架

◆ 檐高超过 20 m 部分的建筑物，应按其超过部分的建筑面积计算。

◆ 层高超过 3.6 m，每增高 0.1 m 按增高 1 m 的比例换算（不足 0.1 m 按 0.1 m 计算），按相应项目执行。

◆ 建筑物檐高高度超过 20 m，但其最高一层或其中一层楼面未超过 20 m 时，则该楼层在 20 m 以上部分仅能计算每增高 1 m 的增加费。

◆ 同一建筑物中有 2 个或 2 个以上的不同檐口高度时，应分别按不同高度竖向切面的建筑面积套用相应子目。

② 单项脚手架

◆ 檐高超过 20 m 的建筑物，应根据脚手架计算规则按全部外墙脚手架面积计算。

◆ 同一建筑物中有 2 个或 2 个以上的不同檐口高度时，应分别按不同高度竖向切面的外脚手架面积套用相应子目。

根据以上计算出的定额工程量，套用“计价定额”中的脚手架工程相应定额子目，进行项目的定额计价。计价时要注意定额子目的套用条件、计量单位，结合项目的特征描述，正确地套用和换算定额子目。计算详见表 6-7。

表 6-7　办公楼脚手架工程定额计价计算表

序号	定额编号	定额名称	计量单位	工程数量	金额/元	
					综合单价	合价
		主楼				
1	20-5 换	檐高在 12 m 以上，层高在 3.6 m 内	m^2	30 000	20.50	615 000
2	20-6 换	檐高在 12 m 以上，层高在 5 m 内	m^2	2 000	62.33	124 660
3	20-52	建筑物檐高 20～60 m	m^2	20 000	10.59	211 800
4	20-52 换	建筑物檐高 20～60 m	m^2	2 000	6.88	13 760
		小计				965 220
		附楼				

续表

序号	定额编号	定额名称	计量单位	工程数量	金额/元	
					综合单价	合价
1	20-5 换	檐高在 12 m 以上，层高在 3.6 m 内	m^2	22 000	20.50	451 000
2	20-6 换	檐高在 12 m 以上，层高在 5 m 内	m^2	4 400	62.33	274 252
3	20~49 换	建筑物檐高 20~30 m	m^2	4 400	5.06	22 264
		小计				747 516
		合计				1 712 736

表中综合单价换算如下。

① 定额子目 20-5，檐高在 12 m 以上，层高在 3.6 m 内，三类工程换算为一类工程。

定额子目 20-5 换综合单价=（7.38+1.23）×（1+32%+12%）+8.1=20.50（元/m^2）

② 定额子目 20-6，檐高在 12 m 以上，层高在 5 m 内，三类工程换算为一类工程。

定额子目 20-6 换综合单价=（26.24+3.28）×（1+32%+12%）+19.82=62.33（元/m^2）

③ 定额子目 20-52，建筑物檐高 20~60 m，檐高超 20 m 脚手架材料增加费。主楼第 6 层超过 20 m 部分的高度为 3.25 m，仅计算每增高 1 m 的增加费。

定额子目 20-52 换综合单价=10.59×20%×3.25=6.88（元/m^2）

④ 定额子目 20-49，建筑物檐高 20~30 m，檐高超 20 m 脚手架材料增加费。两侧附楼第 6 层超过 20 m 部分的高度为 3.25 m，仅计算每增高 1 m 的增加费。

定额子目 20-49 换综合单价=7.78×20%×3.25=5.06（元/m^2）

（三）脚手架工程清单计价

根据公式：清单综合单价=定额合价之和/清单工程量，计算办公楼脚手架工程综合单价。

主楼脚手架综合单价=965 220/32 000=30.16（元）

附楼脚手架综合单价=747 516/26 400=28.32（元）

将以上综合单价填入表 15-6 中，计算办公楼脚手架工程清单费用，详见表 6-8。

表 6-8　办公楼脚手架工程项目清单与计价表

工程名称：某办公楼工程　　　　标段：　　　　第　页　共　页

序号	项目编码	项目名称	项目特征描述	计量单位	工程量	金额/元	
						综合单价	合价
1	011701001001	综合脚手架	1. 建筑结构形式：现浇框架结构 2. 主楼：16 层，檐口高度 59.25 m	m^2	32 000	30.16	965 120
2	011701001002	综合脚手架	1. 建筑结构形式：现浇框架结构 2. 附楼：6 层，檐口高度 23.25 m	m^2	26 400	28.32	747 648
		合计					1 712 768

案例解析

【例 6-1】某一居传达室工程，平面为矩形，外墙外边线尺寸为 6 m×4.5 m，层高 3 m，平屋面檐口标高 3 m，室内外高差为 0.45 m，已知：内砖墙面积为 13 m^2，内砖墙处的门洞单面面积为 2 m^2，外墙门窗洞口单面面积为 6 m^2，室内墙体粉刷面积为 80 m^2，请按 2014 年《江苏省建筑与装饰工程计价定额》计算该传达室内外墙砌墙脚手架、内外墙粉刷脚手架的费用。

【解】该传达室檐高未超过 3.6 m 的单层建筑，应执行单项脚手架定额。

(1) 计算定额工程量

① 内外墙砌墙脚手架

外墙砌墙脚手架：(6+4.5) ×2× (3+0.45) = 72.45 (m^2)

内墙砌墙脚手架：13+2=15 (m^2)

小计：72.45+15=87.45 (m^2)

② 内外墙粉刷脚手架

外墙砌墙脚手架包括外侧抹灰脚手架在内，所以外墙粉刷脚手架不再计取。

内墙粉刷脚手架：包括外墙内侧和内墙两侧粉刷脚手架。

外墙内侧粉刷脚手架：80−13×2+6=60 (m^2)

内墙两侧粉刷脚手架：(13+2) ×2=30 (m^2)

小计：60+30=90 (m^2)

(2) 定额计价

根据以上计算出的定额工程量，套用“计价定额”中的脚手架工程相应定额子目，进行项目的定额计价。计算详见表 6-9。

表 6-9 传达室工程脚手架定额计价表

序号	定额编号	定额名称	计量单位	工程数量	金额/元	
					综合单价	合价
1	20-9	砌墙脚手架，里架子，高 3.60 m 以内	10 m^2	8.745	15.75	137.73
2	20-23	抹灰脚手架，高在 3.60 m 以内	10 m^2	9.00	3.58	32.22
合计						169.95

任务二 模板工程费计算

某全现浇钢筋混凝土框架结构工程，其三层结构如图 6-2 所示。已知柱截面尺寸均为 600 mm×600 mm；二层楼面结构标高 4.470 m；三层楼面结构标高 8.970 m，现浇楼板厚

120 mm；轴线尺寸为柱中心线尺寸。模板采用复合木模板。

要求：计算二层柱及三层楼面梁、板的模板清单费用（按接触面积计算）。

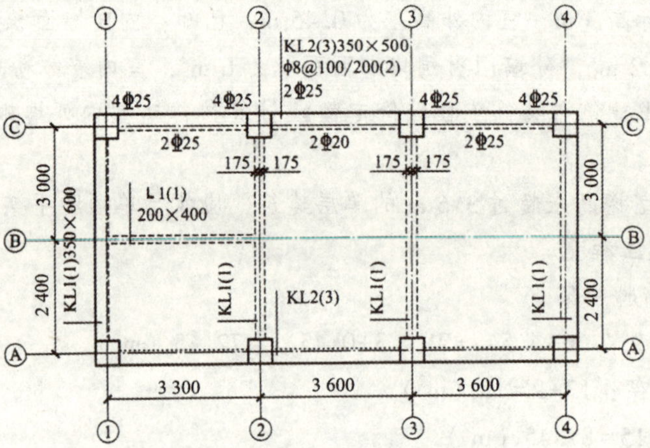

图 6-2　某框架结构工程三层楼面结构图（单位：mm）

一、模板工程清单计量

1. 清单项目设置及其工程量计算规则

根据“计算规范”，混凝土模板及支架（撑）的工程量清单项目设置共有 32 项，包括各类基础、柱、梁、墙、板、楼梯、台阶、扶手、后浇带等。

（1）混凝土柱、梁、板的模板工程量按模板与现浇混凝土构件的接触面积计算。

① 现浇钢筋混凝土墙、板单孔面积≤0. 3 m^2 的孔洞不予扣除，洞侧壁模板亦不增加；单孔面积>0. 3 m^2 时应予扣除，洞侧壁模板面积并入墙、板工程量内计算。

② 现浇框架分别按梁、板、柱有关规定计算；附墙柱、暗梁、暗柱并入墙内工程量内计算。

③ 柱、梁、墙、板相互连接的重叠部分，均不计算模板面积。

④ 构造柱按图示外露部分计算模板面积。

（2）雨棚、悬挑板、阳台板的模板工程量按图示外挑部分尺寸的水平投影面积计算，挑出墙外的悬臂梁及板边不另计算。

（3）楼梯的模板工程量按楼梯（包括休息平台、平台梁、斜梁和楼层板的连接梁）的水平投影面积计算，不扣除宽度≤500 mm 的楼梯井所占面积，楼梯踏步、踏步板、平台梁等侧面模板不另计算，伸入墙内部分亦不增加。

（4）台阶的模板工程量按图示台阶水平投影面积计算，台阶端头两侧不另计算模板面积。架空式混凝土台阶，按现浇楼梯计算。

导入项目中模板工程的工程量清单项目设置、项目特征描述的内容、计量单位及工程量计算规则，应按表 6-10 的规定执行。

表 6-10　某框架结构工程模板清单项目

项目编码	项目名称	项目特征	计量单位	工程量计算规则
011702002	矩形柱	截面面积：0.6 m×0.6 m	m^2	按模板与现浇混凝土构件的接触面计算
011702014	有梁板	支撑高度：4.38 m	m^2	按模板与现浇混凝土构件的接触面计算

2. 工程量清单编制

根据以上清单项目的工程量计算规则计算各项目的清单工程量。

（1）计算二层柱的模板工程量

柱侧模：0.6×4×（8.97−4.47−0.12）×8＝84.096（m^2）

扣梁头：0.35×0.48×8＋0.35×0.38×12＝2.94（m^2）

小计：二层柱模板工程量＝84.096−2.94＝81.156（m^2）

（2）三层楼面梁、板按有梁板计算工程量

KL1 侧模：（0.6−0.12）×（2.4＋3−0.6）×2×4＝18.432（m^2）

KL2 侧模：（0.5−0.12）×（3.3＋3.6＋3.6−0.6×3）×2×2＝13.224（m^2）

L1 侧模：（0.4−0.12）×（3.3−0.05−0.175）×2＝1.722（m^2）

扣梁头：0.2×0.28×2＝0.112（m^2）

板底模：（3.3＋3.6×2＋0.6）×（2.4＋3＋0.6）＝66.6（m^2）

扣柱头：0.6×0.6×8＝2.88（m^2）

板侧模：（3.3＋3.6×2＋0.6＋2.4＋3＋0.6）×2×0.12＝4.104（m^2）

小计：三层楼面有梁板模板工程量＝18.432＋13.224＋1.722−0.112＋66.6−2.88＋4.104＝101.09（m^2）

根据清单设置规定和工程量计算结果，编制模板工程工程量清单，详见表 6-11。

表 6-11　分部分项工程项目清单与计价表

工程名称：某框架结构工程　　　　标段：　　　　第　页　共　页

序号	项目编码	项目名称	项目特征描述	计量单位	工程量	金额/元	
						综合单价	合价
1	011702002001	矩形柱	截面面积：0.6 m×0.6 m	m^2	81.156		
2	011702014001	有梁板	支撑高度：4.38 m	m^2	101.09		

二、模板工程清单计价

1. 模板工程定额计量

模板工程工程量计算按设计图纸计算，模板接触面积或使用混凝土含模量折算模板面积，两种方法仅能使用其中一种，相互不得混用。

（1）现浇混凝土及钢筋混凝土模板工程量除另有规定者外，均按混凝土与模板的接触面积计算。若使用含模量计算模板接触面积者，其工程量=构件体积×相应项目含模量。

（2）钢筋混凝土墙、板上单孔面积在 0.3 m^2 以内的孔洞不予扣除，洞侧壁模板不另增加，但突出墙面的侧壁模板应相应增加。单孔面积在 0.3 m^2 以外的孔洞应予扣除，洞侧壁模板面积并入墙、板模板工程量之内计算。

（3）现浇钢筋混凝土框架分别按柱、梁、墙、板有关规定计算，墙上单面附墙柱、暗梁、暗柱并入墙内工程量计算，双面附墙柱按柱计算，但后浇墙、板带的工程量不扣除。

（4）设备螺栓套孔或设备螺栓分别按不同深度以“个”计算；二次灌浆按实灌体积计算。

（5）预制混凝土板间或边补现浇板缝，缝宽在 100 mm 以上者，模板按平板定额计算。

（6）构造柱外露均应按图示外露部分计算面积（锯齿形，则按锯齿形最宽面计算模板宽度），构造柱与墙接触面不计算模板面积，如图 6-3 所示。

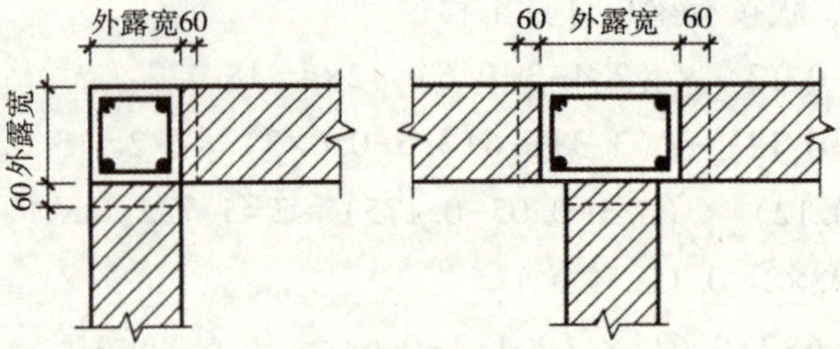

（a）构造柱外露宽需支模板示意图

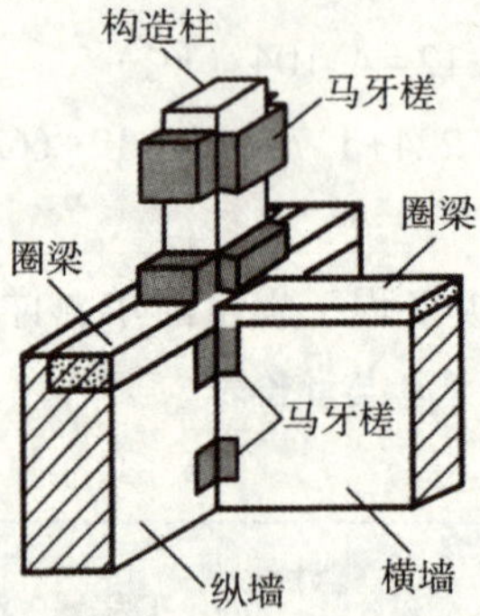

（b）构造柱与砖墙嵌接部分体积（马牙槎）示意图

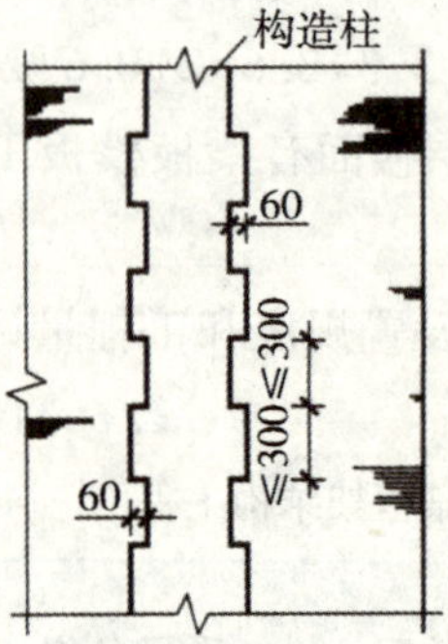

（c）构造柱立面示意图

图 6-3　构造柱支模示意图（单位：mm）

（7）现浇混凝土雨篷、阳台、水平挑板，按图示挑出墙面以外板底尺寸的水平投影面积计算（附在阳台梁上的混凝土线条不计算水平投影面积）。挑出墙外的牛腿及板边模板已包括在内。复式雨篷挑口内侧净高超过 250 mm 时，其超过部分按挑檐定额计算（超过部分的含模量按天沟含模量计算）。

（8）整体直形楼梯包括楼梯段、中间休息平台、平台梁、斜梁及楼梯与楼板连接的梁，按水平投影面积计算，不扣除小于 500 mm 的楼梯井，伸入墙内部分不另增加。

(9) 圆弧形楼梯按楼梯的水平投影面积计算（包括圆弧形梯段、休息平台、平台梁、斜梁及楼梯与楼板连接的梁）。

(10) 楼板后浇带以延长米计算（整板基础的后浇带不包括在内）。

(11) 现浇圆弧形构件除定额已注明者外，均按垂直圆弧形的面积计算。

(12) 栏杆按扶手长度计算，栏板竖向挑板按模板接触面积计算。扶手、栏板的斜长按水平投影长度乘系数 1.18 计算。

(13) 劲性混凝土柱模板按现浇柱定额执行。

(14) 砖侧模分不同厚度，按砌筑面积计算。

(15) 后浇板带模板、支撑增加费，工程量按后浇板带设计长度以延长米计算。

(16) 整板基础后浇带铺设热镀锌钢丝网，按实铺面积计算。

根据以上所述工程量计算规则，项目模板工程的定额工程量同清单工程量，即

$$二层柱模板工程量 = 81.156\ m^2$$

$$三层楼面有梁板模板工程量 = 101.09\ m^2$$

2. 模板工程定额计价

“计价定额”中的模板子目分现浇构件模板、现场预制构件模板、加工厂预制构件模板和构筑物工程模板四个部分，使用时应分别套用。

(1) 现浇构件模板子目按不同构件分别编制了组合钢模板配钢支撑、复合木模板配钢支撑，使用时，任选一种套用。

(2) 预制构件模板子目，按不同构件，分别以组合钢模板、复合木模板、木模板、定型钢模板、长线台钢拉模、加工厂预制构件配混凝土地模、现场预制构件配砖胎模、长线台配混凝土地胎模编制，使用其他模板时，不予换算。

(3) 模板工作内容包括清理、场内运输、安装、刷隔离剂、浇灌混凝土时模板维护、拆模、集中堆放、场外运输。木模板包括制作（预制构件包括刨光、现浇构件不包括刨光），组合钢模板、复合木模板包括装箱。

(4) 现浇钢筋混凝土柱、梁、墙、板的支模高度以净高（底层无地下室者高需另加室内外高差）在 3.6 m 以内为准，净高超过 3.6 m 的构件其钢支撑、零星卡具及模板人工分别乘以表 6-12 中的系数。如属于高大支模的，其费用另行计算。

表 6-12　构件净高超过 3.6 m 增加系数

增加内容	净高在	
	5 m 以内	8 m 以内
独立柱、梁、板钢支撑及零星卡具	1.10	1.30
框架柱（墙）、梁、板钢支撑及零星卡具	1.07	1.15
模板人工（不分框架和独立柱梁板）	1.30	1.60

注：轴线未形成封闭框架的柱、梁、板称独立柱、梁、板。

（5）支模高度净高的确定。

柱：无地下室底层是指设计室外地面至上层板底面、楼层板顶面至上层板底面。

梁：无地下室底层是指设计室外地面至上层板底面、楼层板顶面至上层板底面。

板：无地下室底层是指设计室外地面至上层板底面、楼层板顶面至上层板底面。

墙：整板基础板顶面（或反梁顶面）至上层板底面、楼层板顶面至上层板底面。

（6）设计⊥、L、+形柱，其单面每边宽在 1 000 mm 内按⊥、L、+形柱相应子目执行，其余按直形墙相应定额执行。

（7）计价定额模板项目中，仅列出周转木材而无钢支撑的项目，其支撑量已含在周转木材中，模板与支撑按 7∶3 拆分。

（8）模板材料已包含砂浆垫块与钢筋绑扎用的22#镀锌铁丝在内，现浇构件和现场预制构件不用砂浆垫块而改用塑料卡，每 10 m^2 模板另加塑料卡费用每只 0.2 元，计 30 只。

（9）有梁板中的弧形梁模板按弧形梁定额执行（含模量=肋形板含模量）其弧形板部分的模板按平板定额执行。砖墙基上带形混凝土防潮层模板按圈梁定额执行。

（10）混凝土满堂基础底板面积在 1 000 m^2 内，若使用含模量计算模板面积，基础有砖侧模时，砖侧模的费用应另外增加，同时扣除相应的模板面积（总量不得超过总含模量）；超过 1 000 m^2 时，按混凝土接触面积计算。

（11）地下室后浇墙带的模板应按已审定的施工组织设计另行计算，但混凝土墙体模板含量不扣。

（12）带形基础、设备基础、栏板、地沟如遇圆弧形，除按相应定额的复合模板执行外，其人工、复合木模板乘系数 1.30，其他不变（其他弧形构件按相应定额执行）。

（13）现浇有梁板、无梁板、平板、楼梯、雨篷及阳台，底面设计不抹灰者，增加模板缝贴胶带纸人工 0.27 工日/10 m^2。

（14）飘窗上下挑板、空调板按板式雨棚模板执行。

（15）混凝土线条按小型构件定额执行。根据以上计算出的定额工程量，套用“计价定额”中的模板工程中相应定额子目，进行项目的定额计价。计价时要注意定额子目的套用条件、计量单位，结合项目的特征描述，正确地套用和换算定额子目。计算详见表 6-13。

表 6-13　模板工程定额计价表

序号	定额编号	定额名称	计量单位	工程数量	金额/元	
					综合单价	合价
1	21-27 换	矩形柱，复合木模板	10 m^2	8.115 6	707.69	5 743.33
2	21-59 换	现浇板厚度 20 cm 内，复合木模板	10 m^2	10.109	638.52	6 454.80
合计						12 198.13

表中综合单价的换算如下。

① 定额子目 21-27，矩形柱，复合木模板。本项目二层净高 4.38 m，支模净高超过 3.6 m 的构件其钢支撑、零星卡具及模板人工分别乘以相应系数。21-27 换综合单价

$$588.14+285.36\times0.3\times1.38+(12.82+7.4)\times0.07=707.69\ (元/10\ m^2)$$

② 定额子目 21-59，现浇板厚度 20 cm 内，复合木模板。本项目二层净高 4.38 m，支模净高超过 3.6 m 的构件其钢支撑、零星卡具及模板人工分别乘以相应系数。21-59 换综合单价

$$537.12+239.44\times0.3\times1.38+(24.91+7.57)\times0.07=638.52\ (元/10\ m^2)$$

3. 模板工程清单计价

根据公式：清单综合单价=定额合价之和/清单工程量，计算模板工程的清单综合单价，并填入表 6-11 中，计算该工程项目模板工程清单报价，详见表 6-14。

表 6-14　分部分项工程项目清单与计价表

工程名称：某办公楼工程　　　　标段：　　　　第　页　共　页

序号	项目编码	项目名称	项目特征描述	计量单位	工程量	金额/元	
						综合单价	合价
1	011702002001	矩形柱	截面面积：0.6 m×0.6 m	m^2	81.156	70.77	5 743.41
2	011702014001	有梁板	支撑高度：4.38 m	m^2	101.09	63.85	6 454.60
合计							12 198.01

案例解析

【例 6-2】某传达室基础平面图和剖面图如图 6-4 所示。根据地质勘探报告，土壤类别为三类，无地下水。该工程设计室外地坪标高为-0.300 m，室内地坪标高为±0.000 m，防潮层标高-0.600 m，防潮层做法为 C20 抗渗混凝土 P10 以内，C20 钢筋混凝土条形基础，混凝土构造柱截面尺寸为 240 mm×240 mm，从钢筋混凝土条形基础中伸出。要求计算：①混凝土基础模板工程量；②砖基础中构造柱模板工程量（采用与混凝土接触面积和含模量两种计算方法）。

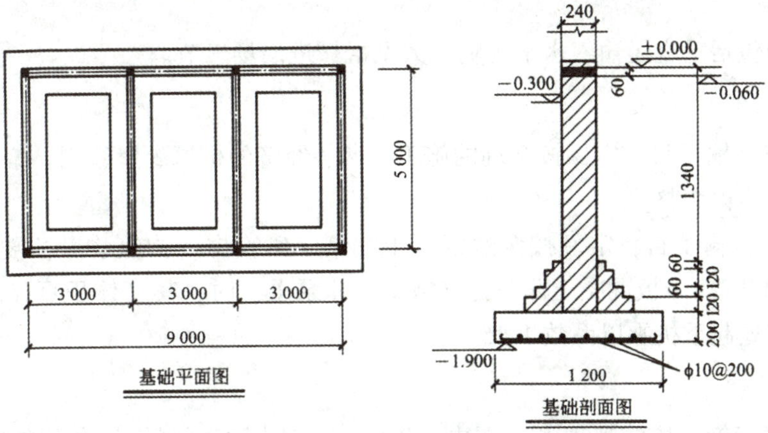

图 6-4　某传达室基础平面图和剖面图（单位：mm）

【解】(1) 按含模量计算

$$模板工程量=混凝土构件体积\times含模量系数 \tag{6-2}$$

① 混凝土构件体积

混凝土条基体积：

1.2×［（9+5）×2+（5−1.2）×2］×0.2=8.544（m^3）

构造柱体积：

1.7×（0.24×0.24×8+0.24×0.03×20）=103（m^3）

② 模板工程量

无梁式钢筋混凝土带形基础含模量系数=0.74

混凝土基础模板工程量：

8.544×0.74=6.32（m^2）

构造柱含模量系数=11.1

构造柱模板工程量：

1.03×11.1=11.43（m^2）

（2）按混凝土接触面积计算

混凝土基础模板工程量：

［（9+5）×2+（5−1.2）×2］×2×0.2=14.24（m^2）

构造柱模板工程量：

1.7×｛［（0.24+0.06）×2+0.06×2］×4+［（0.24+0.06×2）+0.06×4］×4｝=8.98（m^2）

任务三 施工运输工程

一、定额说明

本章定额包括垂直运输、水平运输、大型机械进出场三节。

1. 垂直运输

（1）垂直运输子目，定额按合理的施工工期、经济的机械配置编制。编制招标控制价时，执行定额不得调整。

（2）垂直运输子目，定额按泵送混凝土编制。建筑物（构筑物）主要结构构件柱、梁、墙（电梯井壁）、板混凝土非泵送（或部分非泵送）时，其（体积百分比，下同）相应子目中的塔式起重机乘以系数1.15。

2. 水平运输

（1）水平运输，按施工现场范围内运输编制，适用于预制构件在预制加工厂（总包单位自有）内、构件堆放场地内或构件堆放地至构件起吊点的水平运输。在施工现场范围之外的市政道路上运输，不适用本定额。

（2）预制构件在构件起吊点半径15 m范围内的水平移动已包括在相应安装子目内。

超过上述距离的地面水平移动，按水平运输相应子目，计算场内运输。

3. 大型机械进出场

（1）大型机械基础，适用于塔式起重机，施工电梯、卷扬机等大型机械需要设置基础的情况。

（2）混凝土独立式基础，已综合了基础的混凝土、钢筋、地脚螺栓和模板，但不包括基础的挖土、回填和复土配重。其中，钢筋、地脚螺栓的规格和用量、现浇混凝土强度等级与定额不同时，可以换算，其他不变。

提示

施工机械停滞，是指非施工单位自身原因、非不可抗力所造成的施工现场施工机械的停滞。

二、工程量计算规则

（一）垂直运输

（1）凡定额单位为“m^2”的，均按《建筑工程建筑面积计算规范》（GB/T 50353—2013）的相应规定，以建筑面积计算。

（2）民用建筑（无地下室）基础的垂直运输，按建筑物底层建筑面积计算。建筑物底层不能计算建筑面积或计算 1/2 建筑面积的部位配置基础时，按其勒脚以上结构外围内包面积，合并于底层建筑面积一并计算。

（3）混凝土地下室（含基础）的垂直运输，按地下室建筑面积计算，并按地下室底层建筑面积套定额。

筏板基础所在层的建筑面积为地下室底层建筑面积。地下室层数不同时，面积大的筏板基础所在层的建筑面积为地下室底层建筑面积。

（4）檐高≤20 m 建筑物的垂直运输，按建筑物建筑面积计算，并按标准层建筑面积套定额。

① 各层建筑面积均相等时，任一层建筑面积为标准层建筑面积。

② 除底层、顶层（含阁楼层）外，中间层建筑面积均相等（或中间仅一层）时，中间任一层（或中间层）的建筑面积为标准层建筑面积。

③ 除底层、顶层（含阁楼层）外，中间各层建筑面积不相等时，中间各层建筑面积的平均值为标准层建筑面积。两层建筑物，两层建筑面积的平均值为标准层建筑面积。

④ 同一建筑物结构形式不同时，按建筑面积大的结构形式确定建筑物的结构形式。

（5）檐高>20 m 建筑物的垂直运输，区分不同结构和高度按建筑物建筑面积计算。

① 同一建筑物檐口高度不同时，应区别不同檐口高度分别计算。层数多的地上层以外墙外垂直面（向下延伸至±0.000）为其分界。

② 同一建筑物结构形式不同时，应区别不同结构形式分别计算。

（6）工业厂房的垂直运输，按工业厂房的建筑面积计算。同一厂房结构形式不同时，应区别不同结构形式分别计算。

（7）钢结构工程的垂直运输，按钢结构工程的用钢量，以质量计算。

（8）零星工程垂直运输。

① 基础（含垫层）深度>3 m 时，按深度>3 m 的基础（含垫层）设计图示尺寸，以体积计算。

② 零星工程垂直运输，分别按设计图示尺寸和相关工程量计算规则，以定额单位计算。

（9）檐高>20 m 建筑物的垂直运输，区分不同结构和高度按建筑物建筑面积计算。

（10）建筑物分部工程垂直运输。

① 主体工程垂直运输，按建筑物建筑面积计算。

② 外装修工程垂直运输，按外装修的垂直投影面积（不扣除门窗等各种洞口，突出外墙面的侧壁也不增加），以面积计算。同一建筑物外装修总高度不同时，应区别不同装修高度分别计算；高层（向下延伸至±0.000）与底层交界处的工程量，并入高层工程量内计算。

③ 内装修工程垂直运输，按建筑物建筑面积计算。同一建筑物总层数不同时，区别内装修施工所在最高楼层分别计算。

（11）构筑物垂直运输，以构筑物座数计算。

（二）水平运输

（1）混凝土构件运输，按构件设计图示尺寸以体积计算。

（2）金属构件运输，按构件设计图示尺寸以质量计算。

提示

构件水平运输每增运 1 km 子目，含每增运 1 km 以内，限施工现场范围内增加运距。

套定额时注意：金属构件运输子目中的主体构件，是指柱、梁、屋架、天窗架、挡风架、防风桁架、平台、操作平台等金属构件。

主体构件之外的其他金属构件，为零星构件。

（三）大型机械进出场

（1）大型机械基础，按施工组织设计规定的尺寸，以体积（或长度）计算。

（2）大型机械安装拆卸和场外运输，按施工组织设计规定以“台次”计算。

（四）施工机械停滞

施工机械停滞，按施工现场施工机械的实际停滞时间，以“台班”计算。

$$机械停滞费 = \sum[（台班折旧费 + 台班人工费 + 台班其他费）\times 停滞台班数量]$$

（1）机械停滞期间，机上人员未在现场或另做其他工作时，不得计算台班人工费。

（2）下列情况，不得计算机械停滞台班。

① 机械迁移过程中的停滞。

② 按施工组织设计或合同规定，工程完成后不能马上转入下一个工程所发生的停滞。

③ 施工组织设计规定的合理停滞。

④ 法定假日及冬雨季因自然气候影响发生的停滞。

⑤ 双方合同中另有约定的合理停滞。

案例解析

【例 6-3】某商业住宅楼钢筋混凝土地下室，建筑面积为 128 m^2，层高 4.5 m，钢筋混凝土筏板基础，泵送混凝土体积为 85 m^3。计算±0.000 以下垂直运输机械工程量，确定定额项目。

【解】钢筋混凝土地下室垂直运输机械工程量＝128.00 m^2

套定额 19-1-10：民用建筑垂直运输±0.000 以下混凝土地下室（含基础）地下室底层建筑面积≤1 000 m^2。

【例 6-4】根据施工组织设计 A 小区 6#住宅楼施工用自升式塔式起重机一台，塔式起重机混凝土基础体积为 16 m^3。檐高 21 m，计算相关工程量，并确定定额项目。

【解】1. 塔式起重机混凝土基础工程量＝16.00 m^3

套定额 19-3-1：C30 独立式基础现浇混凝土。

2. 塔式起重机安装拆卸工程量＝1 台次

套定额 19-3-6：自升式塔式起重机安装拆卸檐高≤100 m。

3. 塔式起重机场外运输工程量＝1 台次

套定额 19-3-19：自升式塔式起重机场外运输檐高≤100 m。

任务四　建筑施工增加

在建筑施工过程中增加项目或进行更改时，涉及的费用和程序会有所不同。以下是详细的费用编制说明和工程量计算规则。

一、定额说明

（1）本章定额包括人工起重机械超高施工增加、人工其他机械超高施工增加、其他施工增加三节。

（2）超高施工增加。

① 超高施工增加，适用于建筑物檐口高度>20 m 的工程。檐口高度是指设计室外地坪

至檐口滴水（或屋面板板顶）的高度。

只有楼梯间、电梯间、水箱间等突出建筑物主体屋面时，其突出部分不计入檐口高度。

建筑物檐口高度超过定额相邻檐口高度<2.20 m 时，其超过部分忽略不计。

② 超高施工增加，以不同檐口高度的降效系数（%）表示。

◆ 起重机械降效，指轮胎式起重机（包括轮胎式起重机安装子目所含机械，但不含除外内容）的降效。

◆ 其他机械降效，指除起重机械以外的其他施工机械（不含除外内容），如混凝土振捣棒的降效。

◆ 各项降效系数，均指完成建筑物檐口高度 20 m 以上所有工程内容（不含除外内容）的降效。

（3）其他施工增加。

① 本节装饰成品保护增加子目，以需要保护的装饰成品的面积表示；其他 3 个施工增加子目，以其他相应施工内容的人工降效系数（%）表示。

② 冷库暗室内增加，指冷库暗室内施工时，需要增加的照明、通风、防毒设施的安装、维护、拆除以及防护用品、人工降效、机械降效等内容。

冷库暗室内作增加的幅度，占人工费的 30%，材料、机械不再另计。

（4）实体项目（分部分项工程）的施工增加，仍属于实体项目；措施项目（如模板工程等）的施工增加，仍属于措施项目。

同理，建筑工程的超高人工、机械增加，仍属于建筑工程；装饰工程的超高人工、机械增加，仍属于装饰工程。

二、工程量计算规则

（一）超高施工增加

（1）整体工程超高施工增加的计算基数，为±0.000 以上工程的全部工程内容，但下列工程内容除外。

① ±0.000 所在楼层结构层（垫层）及其以下全部工程内容。

② ±0.000 以上的预制构件制作工程。

③ 现浇混凝土搅拌制作、运输及泵送工程。

④ 脚手架工程。

⑤ 施工运输工程（含：垂直运输、水平运输、大型机械进出场）。

（2）同一建筑物檐口高度不同时，按建筑面积加权平均计算其综合降效系数。

$$综合降效系数 = \sum(某檐高降效系数 \times 该檐高建筑面积) \div 总建筑面积$$

（3）整体工程超高施工增加，按±0.000 以上工程（不含除外内容）的定额人工、机械消耗量之和，乘以相应子目规定的降效系数计算。

（4）单独主体结构工程和单独外装饰工程超高施工增加的计算方法，同整体工程。

（5）单独内装饰工程超高人工增加，按所在楼层内装饰工程的定额人工消耗量之和，乘以“单独内装饰工程超高人工增加对照表”对应子目的人工降效系数的2倍计算。

（二）其他施工增加

（1）其他施工增加（装饰成品保护增加除外），按其他相应施工内容的定额人工消耗量之和乘以相应子目规定的降效系数（%）计算。

（2）装饰成品保护增加，按下列规定，以面积计算。

①楼、地面（含踢脚）、屋面的块料面层、铺装面层，按其外露面层（油漆涂料层忽略不计，下同）工程量之和计算。

②室内墙（含隔断）、柱面的块料面层、铺装面层、裱糊面层，按其距楼、地面高度≤1.80 m的外露面层工程量之和计算。

③室外墙、柱面的块料面层、铺装面层、装饰性幕墙，按其首层顶板顶坪以下的外露面层工程量之和计算。

④门窗、围护性幕墙，按其工程量之和计算。

⑤栏杆、栏板，按其长度乘以高度之和计算。

⑥工程量为面积的各种其他装饰，按其外露面层工程量之和计算。

（三）超高施工增加与其他施工增加（装饰成品保护增加除外）

超高施工增加与其他施工增加（装饰成品保护增加除外）同时发生时，其相应系数连乘，即按系数$[(1+x)(1+y)-1]$计算。

设某项定额的综合工日消耗量为A，当两项系数同时发生时

$$A[(1+x)(1+y)-1]=A(1+x+y+xy-1)=Ax+Ay+Axy=A(x+y)+A\cdot xy$$

提示

（1）系数连乘≠系数连加：其中$A(x+y)$为系数连加。

（2）第二项系数的基数，不仅包括原定额基数，还应包括第一项系数对原定额基数的增加部分。并且，两项系数无先后、主次之分

$$A[(1+x)(1+y)-1]=Ax+Ay+Axy=Ax+(A+Ax)\cdot y=Ay+(A+Ay)\cdot x$$

案例解析

【例6-5】某高层建筑物檐高58 m，超过±0.000以上不包括垂直运输机械及脚手架等不应作为超高费计算基础的全部人工费为1 020 012.21元，全部机械费用为2 856 255.52元。计算超高人工、机械增加费。

【解】建筑物檐高58 m，套定额20-1-2：人工起重机械超高施工增加（檐高≤60 m）。

定额基价=1 020 012.21×9.17%+2 856 255.52×21.63%=711 343.19（元）

套定额20-2-2：人工其他机械超高施工增加（檐高≤60 m）。

定额基价=1 020 012.21×9.17%+2 856 255.52×9.17%=355 453.75（元）

项目小结

本项目主要介绍了盖脚手架工程费计算、模板工程费计算和施工运输工程。通过本项目的学习，读者不仅提高了工程预算编制和成本控制方面的能力和水平，还促进了综合素质的提升和社会责任感的培养，为其未来在建筑工程领域的职业发展奠定了坚实的基础。

课后习题

一、填空题

1. 计算脚手架时，不扣除门、________、________、________、变形缝等所占面积。

2. 现浇混凝土及钢筋混凝土模板工程量除另有规定者外，均按________与模板的接触面积计算。若使用含模量计算模板接触面积者，其工程量=________×相应项目含模量。

3. 垂直运输子目，定额按合理的________、________编制。编制招标控制价时，执行定额不得调整。

4. 超高施工增加，适用于建筑物檐口高度>20 m的工程。檐口高度是指________至檐口滴水（或屋面板板顶）的高度。

二、简答题

1. 简述抹灰脚手架的计算规则。

2. 如何确定模板工程支模高度净高？

学习小结

根据个人的学习情况结合三峡水电站工程建设进行回顾总结，要求体现自己在本项目学习过程中所获得的知识、学习目标的实现情况，以及如何推行绿色建筑、生态环境保护等方面的感悟。

（撰写总结要求层次清楚，观点明确，建议采用思维导图或表格的形式进行所学知识和学习目标实现情况的总结）

小结如下：____

____

____

____

项目七

应用清单计价法编制建筑工程施工图预算

项目导读

在建筑工程施工图预算的编制过程中，清单计价法是一种广泛应用且行之有效的方法。它基于工程量清单，通过逐一计算各项目的工程量，再结合相应的定额或市场价格，得出最终的预算结果。该方法不仅准确度高，而且透明度高，有助于项目各方对预算的理解和接受。

应用清单计价法编制建筑工程施工图预算是一项复杂而精细的工作。它需要对施工图纸有深入的理解和分析能力，对市场行情有敏锐的洞察力，同时还需要具备扎实的专业知识和严谨的工作态度。只有这样，才能编制出准确、合理的建筑工程施工图预算，为项目的顺利实施提供有力的保障。

学习目标

知识目标

◆理解工程清单编制的方法与要求。

◆理解清单计价法的原理方法。

能力目标

◆能够正确应用规范和标准规定，正确计算房屋建筑工程的清单工程量与清单编制。

◆能够正确应用规范和标准规定，正确进行房屋建筑与装饰工程的清单计价。

素质目标

◆培养学生综合分析和解决问题的能力，能够在建筑工程施工图预算编制过程中进行有效的数据处理和管理。

◆培养学生能够准确理解和表达建筑工程设计图纸的要求和细节，确保工程量清单的准确性和可操作性。

思政目标

◆培养学生遵守相关法律法规，注重诚信和合规操作。

◆培养学生认真细致的工匠精神和成本控制的职业素养。

◆激发学生践行工匠精神，追求卓越的职业理想。

任务工单

一、任务名称

了解计价规范和定额分类。

二、任务描述

学习建筑工程方面相关国家计量规范并深度讨论，在任务准备的过程中完成表 7-1 的填写。

表 7-1　实训表（一）

姓名		班级		学号	
学时		日期		实践地点	
实训工具	学习工具书：《建设工程工程量清单计价规范》(GB 50500—2013)、《房屋建筑与装饰工程计量规范》(GB 50854—2013) 等相关工程的国家计量计价规范				

三、任务目的

通过学习相关规范和计价标准，能够正确应用规范和标准规定，正确计算房屋建筑工程的清单工程量与清单编制。

四、分组讨论

全班学生以 3~6 人为一组，选出各组的组长，组长对组员进行任务分配并将分工情况记入表 7-2 中。

表 7-2　实训表（二）

成员	姓名	任务分工
组长		
组员		

五、任务实施

在任务实施过程中，将遇到的问题和解决办法记录在表 7-3 中。

表 7-3　实训表（三）

成员	遇到的问题	解决办法
1		
2		
3		

六、任务评价

请各小组选出一名代表展示任务实施的成果，并配合指导教师完成表 7-4 的任务评价。

表 7-4　实训表（四）

评价项目	评价内容	分值	评价分值		
			自评	互评	师评
职业素养考核项目	考勤、纪律意识	10 分			
	团队交流与合作意识	10 分			
	参与主动性	10 分			
专业能力考核项目	积极参与教学活动并正确理解任务要求	10 分			
	认真查找与任务相关的资料	10 分			
	任务实施过程记录表的完成度	10 分			
	对《建设工程工程量清单计价规范》（GB 50500—2013）和相关工程的国家计量规范的了解程度	20 分			
	独立完成相应任务的程度	20 分			
合计：综合分数	自评（20%）+互评（20%）+师评（60%）	100 分			

任务一　房屋建筑与装饰工程工程量清单编制

房屋建筑与装饰工程的工程量清单编制是建筑工程项目管理中的一个重要环节，旨在详细列出项目所需的所有工作内容及其数量，以便于报价、合同签订和后续的施工管理。

应用清单计价法编制建筑工程施工图预算

一、工程量清单编制任务分析与任务实施

（一）工程量清单编制任务分析

以为某服饰车间为例，为其编制房屋建筑与装饰工程分部分项工程量清单。

1. 准备工作

（1）熟悉并认真研究建筑图、结构图；领会清单的相关规定和计算规则。

（2）熟悉工程量清单的格式。

2. 列项并进行项目特征描述

（1）根据房屋建筑工程计量规范的附录进行列项。

（2）特征描述时应按照以下原则。

① 清单项目特征的描述，应根据计量规范附录中有关项目特征的要求，结合技术规范、标准图集、施工图纸，按工程结构、使用材质及规格或安装位置等，予以详细而准确的表述和说明，以能满足确定综合单价的要求为前提。

② 对采用标准图集或施工图纸能够全部或部分满足项目特征描述要求的，可直接采用“详见××图集”或“××图号”的方式。但对不能满足项目特征描述要求的部分，仍用文字描述进行补充。

（3）计算建筑与装饰工程分部分项清单工程量，熟悉清单工程量计算的特点是实体数量，并注意以下几个规则。

① 平整场地按设计图示建筑物首层建筑面积计算。

② 挖基础土方设计图示尺寸以基础垫层底面积乘以挖土深度计算。

③ 预制钢筋混凝土桩计量单位为米时，工程量按图示桩长（包括桩尖）计算；计量单位为根时，工程量按设计图示数量计算；以立方米计量时，按设计图示截面积乘以桩长（包括桩尖）以实体积计算。

④ 内墙高度算至楼板隔层板底，与计价定额规则同步。

⑤ 有梁板的柱高，应自柱基上表面（或楼板上表面）至上一层楼板上表面之间的高度计算。

（二）工程量清单编制任务实施

以某服饰车间一层为例计算建筑与装饰工程分部分项清单工程量并进行项目特征描述，将结果填入工程量清单计算表格中。

二、工程量清单编制知识与计算

《房屋建筑与装饰工程计量规范》（GB 50854—2013）包括土石方工程、地基处理与边坡支护工程、桩基工程、砌筑工程、混凝土及钢筋混凝土工程、金属结构工程、木结构工程、门窗工程、屋面及防水工程、防腐隔热、保温工程、楼地面装饰工程、墙、柱面装饰与隔断、幕墙工程、天棚工程、油漆、涂料、裱糊工程、其他装饰工程、拆除工程、措施项目。适用于房屋建筑与装饰工程施工发承包计价活动中的工程量清单编制和工程量计算。

下面分别介绍房屋建筑与装饰工程计量规范主要项目的计算规则。

（一）土（石）方工程

土（石）方工程适用于建筑物和构筑物的土（石）方开挖和回填工程，主要包括：土方工程，石方工程及回填等项目。

1. 土方工程（编码：010101）

土方工程项目包括：平整场地、挖一般土方、挖沟槽土方、挖基坑土方、冻土开挖、挖淤泥/流砂、管沟土方七个清单项目。

(1) 项目特征

平整场地的项目特征包括：土壤类别；弃土运距；取土运距。

挖一般土方、挖沟槽土方、挖基坑土方的项目特征包括：土壤类别；挖土深度。

冻土开挖的项目特征包括：冻土厚度。

(2) 计算规则

平整场地：按设计图示尺寸以建筑物首层建筑面积计算。

挖一般土方：按设计图示尺寸以体积计算。

挖沟槽土方、挖基坑土方：房屋建筑按设计图示尺寸以基础垫层底面积乘以挖土深度计算。构筑物按最大水平投影面积乘以挖土深度（原地面平均标高至坑底高度）以体积计算。

2. 石方工程（编码：010102）

石方工程项目包括：挖一般石方、挖沟槽石方、挖基坑石方、基底摊座、管沟石方五个清单项目。

(1) 项目特征

挖一般石方、挖沟槽石方、挖基坑石方、基底摊座的项目特征包括：岩石类别；开凿深度；弃渣运距。

管沟石方的项目特征包括：岩石类别；管外径；挖沟深度。

(2) 计算规则

挖一般石方：按设计图示以体积计算。

挖沟槽石方：按设计图示尺寸以沟槽底面积乘以挖石深度以体积计算。

挖基坑石方：按设计图示尺寸以基坑底面积乘以挖石深度以体积计算。

基底摊座：按设计图示尺寸以展开面积计算。

管沟石方：以米计量，按设计图示以管道中心线长度计算；以立方米计量，按设计图示截面积乘以长度计算。

3. 回填（编码：010103）

回填项目包括：回填方、余方弃置、缺土内运三个清单项目。

(1) 项目特征

回填方的项目特征包括：密实度要求；填方材料品种；填方粒径要求；填方来源、运输距离。余方弃置的项目特征包括：废弃量品种；运距。

缺土内运的项目特征包括：填方材料品种；运距。

(2) 计算规则

回填方按设计图示尺寸以体积计算。

① 场地回填：回填面积乘以平均回填厚度。

② 室内回填：主墙间净面积乘以回填厚度，不扣除间隔墙。

③ 基础回填：挖方体积减去设计室外地坪以下埋设的基础体积（包括基础垫层及其

他构筑物）。

余方弃置按挖方清单项目工程量减利用回填方体积（正数）计算。

缺土内运按挖方清单项目工程量减利用回填方体积（负数）计算。

（二）地基处理与边坡支护工程

地基处理与边坡支护工程是建筑工程中的关键环节，确保建筑物的稳定性和安全性。这些工程适用于不同类型的地质条件和工程需求，主要包括以下内容。

1. 地基处理（编码：010201）

地基处理包括：换填垫层、铺设土工合成材料、预压地基、强夯地基、振冲密实（不填料）、振冲桩（填料）、砂石桩、水泥粉煤灰砂石桩、深层搅拌桩、粉喷桩、夯实水泥土桩、高压喷射注浆桩、石灰桩、灰土挤密桩、柱锤冲扩桩、注浆地基、褥垫层十七个清单项目。

（1）项目特征

换填垫层的项目特征包括：材料种类及配比；压实系数；掺加剂品种。

铺设土工合成材料的项目特征包括：部位；品种；规格。

预压地基的项目特征包括：排水竖井种类、断面尺寸、排列方式、间距、深度；预压方法；预压荷载、时间；砂垫层厚度。

强夯地基的项目特征包括：夯击能量；夯击遍数；地耐力要求；夯填材料种类。

振冲密实（不填料）的项目特征包括：地层情况；振密深度；孔距。

振冲桩（填料）的项目特征包括：地层情况；空桩长度、桩长；桩径；填充材料种类。

砂石桩的项目特征包括：地层情况；空桩长度、桩长；桩径；成孔方法；材料种类、级配。

水泥粉煤灰砂石桩的项目特征包括：地层情况；空桩长度、桩长；桩径；成孔方法；混合料强度等级。

深层搅拌桩的项目特征包括：地层情况；空桩长度、桩长；桩截面尺寸；水泥强度等级、掺量。

粉喷桩的项目特征包括：地层情况；空桩长度、桩长；桩径；粉体种类、掺量；水泥强度等级、石灰粉要求。

夯实水泥土桩的项目特征包括：地层情况；空桩长度、桩长；粧径；成孔方法；水泥强度等级；混合料配比。

高压喷射注浆桩的项目特征包括：地层情况；空桩长度、桩长；桩截面；注浆类型方法；水泥强度等级。

石灰桩的项目特征包括：地层情况；空桩长度、桩长；粧径；成孔方法；掺合料种类、配合比。

灰土挤密桩的项目特征包括：地层情况；空桩长度、桩长；桩径；成孔方法；灰土级配。

柱锤冲扩桩的项目特征包括：地层情况；空粧长度、桩长；桩径；成孔方法；桩体材料种类、配合比。

注浆地基的项目特征包括：地层情况；空钻深度、注浆深度；注浆间距；浆液种类及配比；注浆方法；水泥强度等级。

褥垫层的项目特征包括：厚度；材料品种及比例。

（2）计算规则

换填垫层：按设计图示尺寸以体积计算。

铺设土工合成材料：按设计图示尺寸以面积计算。

预压地基、强夯地基、振冲密实（不填料）：按设计图示尺寸以加固面积计算。

振冲桩（填料）：①以米计量，按设计图示尺寸以桩长计算；②以立方米计量，按设计桩截面乘以桩长以体积计算。

砂石桩：①以米计量，按设计图示尺寸以桩长（包括桩尖）计算；②以立方米计量，按设计桩截面乘以桩长（包括桩尖）以体积计算。

水泥粉煤灰砂石桩：按设计图示尺寸以桩长（包括桩尖）计算。

深层搅拌桩：按设计图示尺寸以桩长计算。

粉喷桩：按设计图示尺寸以桩长计算。

夯实水泥土桩：按设计图示尺寸以桩长（包括桩尖）计算。

高压喷射注浆桩：按设计图示尺寸以桩长计算。

石灰桩、灰土挤密桩：按设计图示尺寸以桩长（包括桩尖）计算。

柱锤冲扩桩：按设计图示尺寸以桩长计算。

注浆地基：①以米计量，按设计图示尺寸以钻孔深度计算；②以立方米计量，按设计图示尺寸以加固体积计算。

褥垫层：①以平方米计量，按设计图示尺寸以铺设面积计算；②以立方米计量，按设计图示尺寸以体积计算。

2. 基坑与边坡支护（编码：010202）

地基与边坡支护项目包括：地下连续墙，咬合灌注桩，圆木桩，预制钢筋混凝土板桩，型钢桩，钢板桩，预应力锚杆、锚索，其他锚杆、土钉，喷射混凝土、水泥砂浆，混凝土支撑，钢支撑十一个清单项目。

（1）项目特征

地下连续墙的项目特征包括：地层情况；导墙类型、截面；墙体厚度；成槽深度；混凝土类别、强度等级；接头形式。

咬合灌注桩的项目特征包括：地层情况；桩长；桩径；混凝土类别、强度等级；部位。

圆木粧的项目特征包括：地层情况；桩长；材质；尾径；桩倾斜度。

预制钢筋混凝土板桩的项目特征包括：地层情况；送桩深度、桩长；桩截面；混凝土强度等级。

型钢桩的项目特征包括：地层情况或部位；送桩深度、桩长；规格、型号；桩倾斜度；防护材料种类；是否拔出。

钢板桩的项目特征包括：地层情况；桩长；桩板厚度。

预应力锚杆、锚索的项目特征包括：地层情况；锚杆（索）的类型、部位；钻孔深度；钻孔直径；杆体材料品种、规格、数量；浆液种类、强度等级。

其他锚杆、土钉的项目特征包括：地层情况；钻孔深度；钻孔直径；置入方法；杆体材料品种、规格、数量；浆液种类、强度等级。

喷射混凝土、水泥砂浆的项目特征包括：部位；厚度；材料种类；混凝土（砂浆）类别、强度等级。

混凝土支撑的项目特征包括：部位；混凝土强度等级。

钢支撑的项目特征包括：部位；钢材品种、规格；探伤要求。

（2）计算规则

地下连续墙：按设计图示墙中心线长乘以厚度乘以槽深以体积计算。

咬合灌注桩：①以米计量，设计图示尺寸以桩长计算；②以根计量，按设计图示数量计算。

圆木桩、预制钢筋混凝土板桩：①以米计量，按设计图示尺寸以桩长（包括桩尖）计算；②以根计量，按设计图示数量计算。

型钢桩：①以吨计量，按设计图示尺寸以质量计算；②以根计量，按设计图示数量计算。

钢板桩：①以吨计量，按设计图示尺寸以质量计算；②以平方米计量，按设计图示墙中心线长以桩长乘以面积计算。

预应力锚杆、锚索、其他锚杆、土钉：①以米计量，按设计图示尺寸以钻孔深度计算；②以根计量，按设计图示数量计算。

喷射混凝土、水泥砂浆：按设计图示尺寸以面积计算。

混凝土支撑：按设计图示尺寸以体积计算。

钢支撑：按设计图示尺寸以质量计算。不扣除孔眼质量，焊条、铆钉、螺栓等不另增加质量。

（三）桩基工程

桩基工程是建筑基础工程的一种重要形式，特别适用于地基承载力较低或者存在特殊地质条件的情况，主要包括打庄和灌柱桩。

1. 打桩（编码：010301）

打桩项目包括：预制钢筋混凝土方桩、预制钢筋混凝土管桩、钢管桩、截（桩）头四个清单项目。

（1）项目特征

预制钢筋混凝土方桩的项目特征包括：地层情况；送桩深度、桩长；桩截面；桩倾斜度；混凝土强度等级。

预制钢筋混凝土管桩的项目特征包括：地层情况；送桩深度、桩长；桩外径、厚度；桩倾斜度；混凝土强度等级；填充材料种类；防护材料种类。

钢筋桩的项目特征包括：地层情况；送桩深度、桩长；材质；管径、壁厚；桩倾斜度；填充材料种类；防护材料种类。

截（桩）头的项目特征包括：桩头截面、高度；混凝土强度等级；有无钢筋。

（2）计算规则

预制钢筋混凝土方桩、预制钢筋混凝土管桩：①以米计量，按设计图示尺寸以桩长（包括桩尖）计算；②以根计量，按设计图示数量计算。

钢筋桩：①以吨计量，按设计图示尺寸以质量计算；②以根计量，按设计图示数量计算。

截（桩）头：①以立方米计量，按设计桩截面乘以桩头长度以体积计算；②以根计量，按设计图示数量计算。

2. 灌注桩（编码：010302）

灌注桩项目包括：泥浆护壁成孔灌注桩、沉管灌注桩、干作业成孔灌注桩、挖孔桩土（石）方、人工挖孔灌注桩、钻孔压浆桩、桩底灌浆七个清单项目。

（1）项目特征

泥浆护壁成孔灌注桩的项目特征包括：地层情况；空桩长度、桩长；桩径；成孔方法；护筒类型、长度；混凝土类别、强度等级。

沉管灌注桩的项目特征包括：地层情况；空桩长度、桩长；复打长度；桩径；沉管方法；桩类类型；混凝土类别、强度等级。

干作业成孔灌注桩的项目特征包括：地层情况；空桩长度、桩长；桩径；护孔直径、高度；成孔方法；混凝土类别、强度等级。

挖孔桩土（石）方的项目特征包括：土（石）类别；挖孔深度；弃土（石）运距。

人工挖孔灌注桩的项目特征包括：桩芯长度；桩芯直径、扩底直径、扩底高度；护壁厚度、高度；护壁混凝土类别、强度等级；桩芯混凝土类别、强度等级。

钻孔压浆桩的项目特征包括：地层情况；空桩长度、钻孔直径；水泥强度等级。

桩底灌浆的项目特征包括：注浆导管材料、规格；注浆导管长度；单孔注浆量；水泥强度等级。

（2）计算规则

泥浆护壁成孔灌注桩、沉管灌注桩、干作业成孔灌注桩：①以米计量，按设计图示尺寸以桩长（包括桩尖）计算；②以立方米计量，按不同在桩上范围内以体积计算；③以根计量，按设计图示数量计算。

挖孔桩土（石）方：按设计图示尺寸截面积乘以挖孔深度以立方米计算。

人工挖孔灌注桩：①以立方米计量，按桩芯混凝土体积计算；②以根计量，按设计图示数量计算。

钻孔压浆桩：①以米计量，按设计图示尺寸以桩长计算；②以根计量，按设计图示数量计算。

桩底灌浆：按设计图示以注浆孔数计算。

（四）砌筑工程

砌筑工程适用于建筑物和构筑物的砌筑工程，主要包括：砖砌体，砌块砌体，石砌体，垫层等项目。

1. *砖砌体（编码：010501）*

砖砌体项目包括：砖基础、砖砌挖孔桩护壁、实心砖墙、多孔砖墙、空心砖墙、空斗墙、空花墙、填充墙、实心砖柱、多孔砖柱、砖检查井、零星砌砖十二个清单项目。

（1）项目特征

砖基础的项目特征包括：砖品种、规格、强度等级；基础类型；砂浆强度等级；防潮层材料种类。

砖砌挖孔桩护壁的项目特征包括：砖品种、规格、强度等级；砂浆强度等级。

实心砖墙、多孔砖墙、空心砖墙的项目特征包括：砖品种、规格、强度等级；墙体类型；砂浆强度等级、配合比。

空斗墙、空花墙、填充墙的项目特征包括：砖品种、规格、强度等级；墙体类型；砂浆强度等级、配合比。

实心砖柱、多孔砖柱的项目特征包括：砖品种、规格、强度等级；柱类型；砂浆强度等级、配合比。

砖检查井的项目特征包括：井截面；垫层材料种类、厚度；底板厚度；井盖安装；混凝土强度等级；砂浆强度等级；防潮层材料种类。

零星砌砖的项目特征包括：零星砌砖的名称、部位；砂浆强度等级、配合比。

（2）计算规则

砖基础：按设计图示尺寸以体积算。体积包括附墙垛基础宽出部分体积，扣除地梁（圈梁）、构造柱所占体积，不扣除基础放脚T形接头处的重叠部分及嵌入基础内的钢筋、铁件、管道、基础砂浆防潮层和单个面积0.3 m^2 以内的孔洞所占体积，靠墙暖气沟的挑檐不增加。

基础长度：外墙按中心线，内墙按净长线计算。

砖砌挖孔桩护壁：按设计图示尺寸以立方米计算。

实心砖墙、多孔砖墙、空心砖墙：按设计图示尺寸以体积计算。扣除门窗洞口、过人洞、空圈、嵌入墙内的钢筋混凝土柱、梁、圈梁、挑梁、过梁及凹进墙内的壁龛、管槽、暖气槽、消火栓箱所占体积。不扣除梁头、板头、檩头、垫木、木愣头、沿椽木、木砖、门窗走头、砖墙内加固钢筋、木筋、铁件、钢管及单个面积0.3 m^2 以内的孔洞所占体积。凸出墙面的腰线、挑檐、压顶、窗台线、虎头砖、门窗套的体积亦不增加。凸出墙面的砖垛并入墙体体积内计算。

空斗墙：按设计图示尺寸以空斗墙外形体积计算。墙角、内外墙交接处、门窗洞口立边、窗台砖、屋檐处的实砌部分体积并入空斗墙体积内。

空花墙：按设计图示尺寸以空花部分外形体积计算，不扣除空洞部分体积。

填充墙：按设计图示尺寸以填充墙外形体积计算。

实心砖柱、多孔砖柱：按设计图示尺寸以体积计算。扣除混凝土及钢筋混凝土梁垫、梁头所占体积。

砖检查井：按设计图示数量计算。

零星砌砖：①以立方米计量，按设计图示尺寸截面积乘以长度以体积计算；②以平方米计量，按设计图示尺寸水平投影面积计算；③以米计量，按设计图示尺寸长度计算；④以个计量，按设计图示数量计算。

2. 砌块砌体（编码：010402）

砌块砌体项目包括：砌块墙、砌块柱两个清单项目。

（1）项目特征

砌块墙的项目特征包括：砌块品种、规格、强度等级；墙体类型；砂浆强度等级。

砌块柱的项目特征包括：砌块品种、规格、强度等级；墙体类型；砂浆强度等级。

（2）计算规则

砌块墙：按设计图示尺寸以体积计算。扣除门窗洞口、过人洞、空圈、嵌入墙内的钢筋混凝土柱、梁、圈梁、挑梁、过梁及凹进墙内的壁龛、管槽、暖气槽、消火栓箱所占体积。不扣除梁头、板头、檩头、垫木、木愣头、沿缘木、木砖、门窗走头、砖墙内加固钢筋、木筋、铁件、钢管及单个面积 0.3 m^2 以内的孔洞所占体积。凸出墙面的腰线、挑檐、压顶、窗台线、虎头砖、门窗套的体积亦不增加。凸出墙面的砖垛并入墙体体积内计算。

砌块柱：按设计图示尺寸以体积计算。扣除混凝土及钢筋混凝土梁垫、梁头、板头所占体积。

（五）混凝土及钢筋混凝土工程

混凝土及钢筋混凝土工程适用于建筑物和构筑物的混凝土工程，主要包括：现浇混凝土基础、现浇混凝土柱、现浇混凝土梁、现浇混凝土墙、现浇混凝土板、现浇混凝土楼梯、现浇混凝土其他构件、后浇带、预制混凝土柱、预制混凝土梁、预制混凝土屋架、预制混凝土板、预制混凝土楼梯、混凝土构筑物、钢筋工程、螺栓铁件十六个分项工程清单项目。

1. 现浇混凝土基础（编码：010401）

现浇混凝土基础项目包括：垫层、带形基础、独立基础、满堂基础、桩承台基础、设备基础六个清单项目。

（1）项目特征

垫层、带形基础、独立基础、满堂基础、桩承台基础、现浇混凝土基础的项目特征包括：混凝土类别；混凝土强度等级。

设备基础的项目特征包括：混凝土类别；混凝土强度等级；灌浆材料；灌浆材料强度等级。

（2）计算规则

按设计图示尺寸以体积计算。不扣除构件内钢筋、预埋铁件和伸入承台基础的桩头所占体积。

2. 现浇混凝土柱（编码：010502）

现浇混凝土柱项目包括：矩形柱、构造柱、异形柱三个清单项目。

（1）项目特征

矩形柱、构造柱的项目特征包括：混凝土类别；混凝土强度等级。

异形柱的项目特征包括：柱形状；混凝土类别；混凝土强度等级。

（2）计算规则

按设计图示尺寸以体积计算。不扣除构件内钢筋、预埋铁件所占体积。型钢混凝土柱扣除构件内型钢所占体积。

柱高计算如下。

① 有梁板的柱高，应自柱基上表面（或楼板上表面）至上一层楼板上表面之间的高度计算。

② 无梁板的柱高，应自柱基上表面（或楼板上表面）至柱帽下表面之间的高度计算。

③ 框架柱的柱高，应自柱基上表面至柱顶高度计算。

④ 构造柱按全高计算，嵌接墙体部分（马牙槎）并入柱身体积。

⑤ 依附柱上的牛腿和升板的柱帽并入柱身体积计算。

3. 现浇混凝土梁（编码：010503）

现浇混凝土梁项目包括：基础梁，矩形梁，异形梁，圈梁，过梁，弧形、拱形梁六个清单项目。

（1）项目特征

现浇混凝土梁的项目特征包括混凝土类别：混凝土强度等级。

（2）计算规则

基础梁、矩形梁、异形梁、圈梁、过梁按设计图示尺寸以体积计算。不扣除构件内钢筋、预埋铁件所占体积，伸入墙内的梁头、梁垫并入梁体积内。型钢混凝土梁扣除构件内型钢所占体积。

梁长：梁与柱连接时，梁长算至柱侧面；主梁与次梁连接时，次梁长算至主梁侧面。

弧形、拱形梁按设计图示尺寸以体积计算。不扣除构件内钢筋、预埋铁件所占体积，伸入墙内的梁头、梁垫并入梁体积内。

梁长：梁与柱连接时，梁长算至柱侧面；主梁与次梁连接时，次梁长算至主梁侧面。

4. 现浇混凝土墙（编码：010504）

现浇混凝土墙项目包括：直形墙、弧形墙、短肢剪力墙、挡土墙四个清单项目。

（1）项目特征

现浇混凝土墙的项目特征包括：混凝土类别；混凝土强度等级。

（2）计算规则

按设计图示尺寸以体积计算。不扣除构件内钢筋、预埋铁件所占体积，扣除门窗洞口及单个面积 0.3 m^2 以外的孔洞所占体积，墙垛及突出墙面部分并入墙体体积计算内。

5. 现浇混凝土板（编码：010505）

现浇混凝土板项目包括：有梁板，无梁板，平板，拱板，薄壳板，栏板，天沟（檐沟），挑檐板、雨篷、悬挑板、阳台板，其他板九个清单项目。

（1）项目特征

项目特征包括：混凝土类别；混凝土强度等级。

（2）计算规则

有梁板、无梁板、平板、拱板、薄壳板、栏板：按设计图示尺寸以体积计算。不扣除构件内钢筋、预埋铁件及单个面积 0.3 m^2 以内的孔洞所占体积。压型钢板混凝土楼板扣除构件内压型钢板所占体积。有梁板（包括主、次梁与板）按梁、板体积之和计算，无梁板按板和柱帽体积之和计算，各类板伸入墙内的板头并入板体积内计算，薄壳板的肋、基梁并入薄壳体积内计算。

天沟（檐沟）、挑檐板：按设计图示尺寸以体积计算。

雨篷、悬挑板、阳台板：按设计图示尺寸以墙外部分体积计算，包括伸出墙外的牛腿和雨篷反挑檐的体积。

其他板：按设计图示尺寸以体积计算。

6. 现浇混凝土楼梯（编码：010506）

现浇混凝土楼梯项目包括：直形楼梯、弧形楼梯两个清单项目。

（1）项目特征

现浇混凝土楼梯的项目特征包括：混凝土类别；混凝土强度等级。

（2）计算规则

① 以平方米计量，按设计图示尺寸以水平投影面积计算。不扣除宽度小于 500 mm 的楼梯井，伸入墙内部分不计算。

② 以立方米计量，按设计图示尺寸以体积计算。

7. 现浇混凝土其他构件（编码：010507）

现浇混凝土其他构件项目包括：散水、坡道，电缆沟、地沟，台阶，扶手、压顶，化粪池底，化粪池壁，化粪池顶，检查井底，检查井壁，检查井顶，其他构件十一个清单项目。

（1）项目特征

散水、坡道的项目特征包括：垫层材料种类、厚度；面层厚度；混凝土类别；混凝土强度等级；变形缝填塞材料种类。

电缆沟、地沟的项目特征包括：土壤类别；沟截面净空尺寸；垫层材料种类、厚度；混凝土类别；混凝土强度等级；防护材料种类。

台阶的项目特征包括：踏步高宽比；混凝土类别；混凝土强度等级。

扶手、压顶的项目特征包括：断面尺寸；混凝土类别；混凝土强度等级。

其他构件的项目特征包括：构件的类型；构件规格；部位；混凝土类别；混凝土强度等级。

（2）计算规则

散水、坡道：以平方米计量，按设计图示尺寸以面积计算。不扣除单个 0.3 m^2 以内的孔洞所占面积。

电缆沟、地沟：按设计图示以中心线长度计算。

台阶：①以平方米计量，按设计图示尺寸以水平投影面积计算。②以立方米计量，按设计图示尺寸以体积计算。

扶手、压顶：①以米计量，按设计图示尺寸的延长米计算。②以立方米计量，按设计图示尺寸以体积计算。

化粪池底、化粪池壁、化粪池顶、检查井底、检查井壁、检查井顶、其他构件：按设计图示尺寸以体积计算。不扣除构件内钢筋、预埋铁件所占体积。

8. 后浇带（编码：010508）

后浇带项目包括后浇带一个清单项目。

（1）项目特征

后浇带的项目特征包括：混凝土类别；混凝土强度等级。

（2）计算规则

按设计图示尺寸以体积计算。

9. 预制混凝土柱（编码：010509）

预制混凝土柱项目包括：矩形柱、异形柱两个清单项目。

（1）项目特征

预制混凝土柱的项目特征包括：图代号；单件体积；安装高度；混凝土强度等级；砂浆强度等级、配合比。

（2）计算规则

① 以立方米计量，按设计图示尺寸以体积计算。不扣除构件内钢筋、预埋铁件所占体积。

② 以根计量，按设计图示尺寸以“数量”计算。

10. 预制混凝土梁（编码：010510）

预制混凝土梁项目包括：矩形梁、异形梁、过梁、拱形梁、鱼腹式吊车梁、风道梁六个清单项目。

（1）项目特征

预制混凝土梁的项目特征包括：图代号；单件体积；安装高度；混凝土强度等级；砂浆强度等级、配合比。

（2）计算规则

① 以立方米计量，按设计图示尺寸以体积计算。不扣除构件内钢筋、预埋铁件所占体积。

② 以根计量，按设计图示尺寸以“数量”计算。

11. 预制混凝土屋架（编码：010511）

预制混凝土屋架项目包括：折线型屋架、组合屋架、薄腹屋架、门式刚架屋架、天窗架屋架五个清单项目。

（1）项目特征

预制混凝土屋架的项目特征包括：图代号；单件体积；安装高度；混凝土强度等级；砂浆强度等级、配合比。

（2）计算规则

① 以立方米计量，按设计图示尺寸以体积计算。不扣除构件内钢筋、预埋铁件所占体积。

② 以榀计量，按设计图示尺寸以“数量”计算。

12. 预制混凝土板（编码：010512）

预制混凝土板项目包括：平板，空心板，槽形板，网架板，折线板，带肋板，大型板，沟盖板、井盖板、井圈八个清单项目。

（1）项目特征

平板、空心板、槽形板、网架板、折线板、带肋板、大型板预制混凝土板的项目特征包括：图代号；单件体积；安装高度；混凝土强度等级；砂浆强度等级、配合比。

沟盖板、井盖板、井圈的项目特征包括：单件体积；安装高度；混凝土强度等级；砂浆强度等级、配合比。

（2）计算规则

平板、空心板、槽形板、网架板、折线板、带肋板、大型板如下计算。

① 以立方米计量，按设计图示尺寸以体积计算。不扣除构件内钢筋、预埋铁件及单个尺寸 300 mm×300 mm 以内的孔洞所占体积，扣除空心板空洞体积。

② 以块计量，按设计图示尺寸以“数量”计算。

沟盖板、井盖板、井圈：①以立方米计量，按设计图示尺寸以体积计算。不扣除构件内钢筋、预埋铁件所占体积。②以块计量，按设计图示尺寸以“数量”计算。

13. 预制混凝土楼梯（编码：010513）

预制混凝土楼梯项目包括楼梯一个清单项目。

（1）项目特征

预制混凝土楼梯的项目特征包括：楼梯类型；单件体积；混凝土强度等级；砂浆强度等级。

（2）计算规则

① 以立方米计量，按设计图示尺寸以体积计算。不扣除构件内钢筋、预埋铁件所占体积，扣除空心踏步板空洞体积。

② 以块计量，按设计图示尺寸以“数量”计算。

14. 其他预制构件（编码：010514）

其他预制构件项目包括：垃圾道、通风道、烟道，水磨石构件，其他构件三个清单项目。

（1）项目特征

垃圾道、通风道、烟道的项目特征包括：单件体积；混凝土强度等级；砂浆强度等级。

其他构件的项目特征包括：单件体积；构件的类型；混凝土强度等级；砂浆强度等级。

水磨石构件的项目特征包括：构件的类型；单件体积；水磨石面层厚度；混凝土强度等级；水泥石子浆配合比；石子品种、规格、颜色；酸洗、打蜡要求。

（2）计算规则

① 以立方米计量，按设计图示尺寸以体积计算。不扣除构件内钢筋、预埋铁件及单个尺寸 300 mm×300 mm 以内的孔洞所占体积，扣除烟道、垃圾道、通风道的孔洞所占体积。

② 以平方米计量，按设计图示尺寸以面积计算。不扣除构件内钢筋、预埋铁件及单个尺寸 300 mm×300 mm 以内的孔洞所占面积。

③ 以根计量，按设计图示尺寸以“数量”计算。

15. 钢筋工程（编码：010515）

钢筋工程项目包括：现浇混凝土钢筋、钢筋网片、钢筋笼、先张法预应力钢筋、后张法预应力钢筋、预应力钢丝、预应力钢绞线、支撑钢筋（铁马）、声测管九个清单项目。

（1）项目特征

现浇混凝土钢筋、钢筋网片、钢筋笼的项目特征包括：钢筋种类、规格。

先张法预应力钢筋的项目特征包括：钢筋种类、规格；锚具种类。

后张法预应力钢筋、预应力钢丝、预应力钢绞线的项目特征包括：钢筋种类、规格；钢丝束种类、规格；钢绞线种类、规格；锚具种类；砂浆强度等级。

支撑钢筋（铁马）的项目特征包括：钢筋种类；规格。

声测管的项目特征包括：材质；规格型号。

（2）计算规则

现浇混凝土钢筋、钢筋网片、钢筋笼：按设计图示钢筋（网）长度（面积）乘以单位理论质量计算。

先张法预应力钢筋：按设计图示钢筋长度乘以单位理论质量计算。

后张法预应力钢筋、预应力钢丝、预应力钢绞线：按设计图示钢筋（丝束、绞线）长度乘以单位理论质量计算。

① 低合金钢筋两端均采用螺杆锚具时，钢筋长度按孔道长度减 0.35 m 计算，螺杆另行计算。

② 低合金钢筋一端采用镦头插片、另一端采用螺杆锚具时，钢筋长度按孔道长度计算，螺杆另行计算。

③ 低合金钢筋一端采用镦头插片、另一端采用帮条锚具时，钢筋增加 0.15 m 计算；两端均采用帮条锚具时，钢筋长度按孔道长度增加 0.3 m 计算。

④ 低合金钢筋采用后张混凝土自锚时，钢筋长度按孔道长度增加 0.35 m 计算。

⑤ 低合金钢筋（钢绞线）采用 JM、XM、QM 型锚具，孔道长度在 20 m 以内时，钢筋长度增加 1 m 计算；孔道长度 20 m 以外时，钢筋（钢绞线）长度按孔道长度增加 1.8 m 计算。

⑥ 碳素钢丝采用锥形锚具，孔道长度在 20 m 以内时，钢丝束长度按孔道长度增加 1 m 计算；孔道长在 20 m 以上时，钢丝束长度按孔道长度增加 1.8 m 计算。

⑦ 碳素钢丝束采用镦头锚具时，钢丝束长度按孔道长度增加 0.35 m 计算。

支撑钢筋（铁马）：按钢筋长度乘以单位理论质量计算。

声测管：按设计图示尺寸质量计算。

16. 螺栓、铁件（编码：010516）

螺栓、铁件项目包括：螺栓、预埋铁件、机械连接三个清单项目。

（1）项目特征

螺栓的项目特征包括：螺栓种类；规格。

预埋铁件的项目特征包括：钢材种类；规格；铁件尺寸。

机械连接的项目特征包括：连接方式；螺纹套管种类；规格。

（2）计算规则

螺栓、预埋铁件按设计图示尺寸以质量计算。机械连接按数量计算。

（六）金属结构工程

金属结构工程适用于建筑物、构筑物的钢结构工程，包括：钢网架，钢屋架、钢托架、钢桁架、钢桥架，钢柱，钢梁，压型钢板楼板、墙板，钢构件，金属制品七个分项工程清单项目。

1. 钢网架（编码：010601）

钢网架项目包括钢网架一个清单项目。

（1）项目特征

钢网架的项目特征包括：钢材品种、规格；网架节点形式、连接方式；网架跨度、安装高度；探伤要求；防火要求。

（2）计算规则

按设计图示尺寸以质量计算。不扣除孔眼的质量，焊条、铆钉、螺栓等不另增加质量。

2. 钢屋架、钢托架、钢桁架、钢桥架（编码：010602）

（1）项目特征

钢屋架的项目特征包括：钢材品种、规格；单榀质量；屋架跨度、安装高度；螺栓种类；探伤要求；防火要求。

钢托架、钢桁架的项目特征包括：钢材品种、规格；单榀质量；安装高度；螺栓种类；探伤要求；防火要求。

钢桥架的项目特征包括：桥架类型；钢材品种、规格；单榀质量；安装高度；螺栓种类；探伤要求。

（2）计算规则

钢屋架：①以榀计算，按设计图示数量计算。②以吨计量，按设计图示尺寸以质量计算。不扣除孔眼的质量，焊条、铆钉、螺栓等不另增加质量。

钢托架、钢桁架、钢桥架按设计图示尺寸以质量计算。不扣除孔眼的质量，焊条、铆钉、螺栓等不另增加质量。

3. 钢柱（编码：010603）

钢柱项目包括：实腹钢柱、空腹钢柱、钢管柱三个清单项目。

（1）项目特征

实腹钢柱、空腹钢柱的项目特征包括：柱类型；钢材品种、规格；单根柱质量；螺栓种类；探伤要求；防火要求。

钢管柱的项目特征包括：钢材品种、规格；单根柱重量；螺栓种类；探伤要求；防火要求。

（2）计算规则

实腹钢柱、空腹钢柱：按设计图示尺寸以质量计算。不扣除孔眼的质量，焊条、铆钉、螺栓等不另增加质量，依附在钢柱上的牛腿及悬臂梁等并入钢柱工程量内。

钢管柱：按设计图示尺寸以质量计算。不扣除孔眼的质量，焊条、铆钉、螺栓等不另增加质量，钢管柱上的节点板、加强环、内衬管、牛腿等并入钢管柱工程量内。

4. 钢梁（编码：010604）

钢梁项目包括：钢梁、钢吊车梁两个清单项目。

（1）项目特征

钢梁的项目特征包括：梁类型；钢材品种、规格；单根质量；螺栓种类；安装高度；探伤要求；防火要求。

钢吊车梁的项目特征包括：钢材品种、规格；单根质量；螺栓种类；安装高度；探伤要求；防火要求。

（2）计算规则

按设计图示尺寸以质量计算。不扣除孔眼的质量，焊条、铆钉、螺栓等不另增加质量，制动梁、制动板、制动桁架、车挡并入钢吊车梁工程量内。

5. 钢板楼板、墙板（编码：010605）

钢板楼板、墙板项目包括：钢板楼板、钢板墙板两个清单项目。

（1）项目特征

钢板楼板的项目特征包括：钢材品种、规格；钢板厚度；螺栓种类；防火要求。

钢板墙板的项目特征包括：钢材品种、规格；钢板厚度、复合板厚度；螺栓种类；复合板夹芯材料种类、层数、型号、规格；防火要求。

（2）计算规则

钢板楼板：按设计图示尺寸以铺设水平投影面积计算。不扣除柱、垛及单个 0.3 m^2

以内的孔洞所占面积。

钢板墙板：按设计图示尺寸以铺挂展开面积计算。不扣除单个 0.3 m^2 以内的孔洞所占面积，包角、包边、窗台泛水等不另增加面积。

6. 钢构件（编码：010606）

钢构件项目包括：钢支撑、钢拉条，钢檩条，钢天窗架，钢挡风架，钢墙架，钢平台，钢走道，钢梯，钢护栏，钢漏斗，钢板天沟，钢支架，零星钢构件十三个清单项目。

（1）项目特征

钢支撑、钢拉条的项目特征包括：钢材品种、规格；构件类型；安装高度；螺栓种类；探伤要求；防火要求。

钢檩条的项目特征包括：钢材品种、规格；构件类型；单根质量；安装高度；螺栓种类；探伤要求；防火要求。

钢天窗架的项目特征包括：钢材品种、规格；单榀质量；安装高度；螺栓种类；探伤要求；防火要求。

钢挡风架、钢墙架的项目特征包括：钢材品种、规格；单榀质量；螺栓种类；探伤要求；防火要求。

钢平台、钢走道的项目特征包括：钢材品种、规格；螺栓种类；防火要求。

钢梯的项目特征包括：钢材品种、规格；钢梯形式；螺栓种类；防火要求。

钢护栏的项目特征包括：钢材品种、规格；防火要求。

钢漏斗、钢板天沟的项目特征包括：钢材品种、规格；漏斗、天沟形式；安装高度；探伤要求。

钢支架的项目特征包括：钢材品种、规格；单副重量；防火要求。

零星钢构件的项目特征包括：构件名称；钢材品种、规格。

（2）计算规则

钢支撑、钢拉条、钢檩条、钢天窗架、钢挡风架、钢墙架、钢平台、钢走道、钢梯、钢护栏：按设计图示尺寸以质量计算。不扣除孔眼的质量，焊条、铆钉、螺栓等不另增加质量。

钢漏斗、钢板天沟：按设计图示尺寸以质量计算。不扣除孔眼的质量，焊条、铆钉、螺栓等不另增加质量，依附漏斗或天沟的型钢筋并入漏斗或天沟工程量内。

钢支架、零星钢构件：按设计图示尺寸以质量计算。不扣除孔眼的质量，焊条、铆钉、螺拴等不另增加质量。

7. 金属制品（编码：010607）

金属制品项目包括：成品空调金属百叶护栏、成品栅栏、成品雨篷、金属网栏、砌块墙钢丝网加固、后浇带金属网六个清单项目。

（1）项目特征

成品空调金属百叶护栏的项目特征包括：材料品种、规格；边框材质。

成品栅栏的项目特征包括：材料品种、规格；边框及立柱型钢品种、规格。

成品雨篷的项目特征包括：材料品种、规格；雨篷宽度；晾衣杆品种、规格。

金属网栏的项目特征包括：材料品种、规格；边框及立柱型钢品种、规格。

砌块墙钢丝网加固、后浇带金属网的项目特征包括：材料品种、规格；加固方式。

（2）计算规则

成品空调金属百叶护栏、成品栅栏按设计图示尺寸以框外围展开面积计算。

成品雨篷：①以米计量，按设计图示接触边以米计算。②以平方米计量，按设计图示尺寸以展开面积计算。

金属网栏按设计图示尺寸以框外围展开面积计算。

砌块墙钢丝网加固、后浇带金属网设计图示尺寸以面积计算。

（七）木结构工程

木结构工程主要包括：木屋架，木构件、木基层等三个分项工程清单项目。

1. 木屋架（编码：010701）

木屋架项目包括：木屋架、钢木屋架个清单项目。

（1）项目特征

木屋架的项目特征包括：跨度；材料品种、规格；刨光要求；拉杆及夹板种类；防护材料种类。

钢木屋架的项目特征包括：跨度；木材品种、规格；刨光要求；钢材品种、规格；防护材料种类。

（2）计算规则

木屋架：①以榀计量，按设计图示数量计算。②以立方米计量，按设计图示的规格尺寸以体积计算。

钢木屋架：以榀计量，按设计图示数量计算。

2. 木构件（编码：010702）

木构件项目包括：木柱、木梁、木檩、木楼梯、其他木构件五个清单项目。

（1）项目特征

木柱、木梁、木檩的项目特征包括：构件规格尺寸；木材种类；刨光要求；防护材料种类。

木楼梯的项目特征包括：楼梯形式；木材种类；刨光要求；防护材料种类。

其他木构件的项目特征包括：构件名称；构件规格尺寸；木材种类；刨光要求；防护材料种类。

（2）计算规则：按设计图示数量计算。

木柱、木梁：按设计图示尺寸以体积计算。

木檩：①以立方米计量，按设计图示尺寸以体积计算。②以米计量，按设计图示尺寸以长度计算。

木楼梯：按设计图示尺寸以水平投影面积计算。不扣除宽度小于 300 mm 的楼梯井，伸入墙内部分不计算。

其他木构件：①以立方米计量，按设计图示尺寸以体积计算。②以米计量，按设计图示尺寸以长度计算。

3. 木基层（编码：010703）

木基层项目包括屋面木基层一个清单项目。

（1）项目特征

屋面木基层的项目特征包括：椽子断面尺寸及椽距；望板材料种类、厚度；防护材料种类。

（2）计算规则

按设计图示尺寸以斜面积计算。不扣除房上烟囱、风帽底座、风道、小气窗、斜沟等所占面积，小气窗的出檐部分不增加面积。

（八）门窗工程

门窗工程主要包括：木门，金属门，金属卷（闸）帘门，厂库房大门、特种门，其他门，木窗，金属窗，门窗套，窗台板，窗帘盒、窗帘轨等十个清单项目。

1. 木门（编码：010801）

木门项目包括：木质门、木质门带套、木质连窗门、木质防火门、木门框、门锁安装六个清单项目。

（1）项目特征

木质门、木质门带套、木质连窗门的项目特征：门代号及洞口尺寸；镶嵌玻璃品种、厚度。

木质防火门的项目特征包括：门代号及洞口尺寸；镶嵌玻璃品种、厚度。

木门框的项目特征包括：门代号及洞口尺寸；框截面尺寸；防护材料种类。

门锁安装的项目特征包括：锁品种；锁规格。

（2）计算规则

木质门、木质门带套、木质连窗门、木质防火门：①以樘计量，按设计图示数量计算。②以平方米计量，按设计图示洞口尺寸以面积计算。

门锁安装：按设计图示数量计算。

2. 金属门（编码：010802）

金属门项目包括：金属（塑钢）门、彩板门、钢质防火门、防盗门四个清单项目。

（1）项目特征

金属（塑钢）门的项目特征包括：门代号及洞口尺寸；门框及扇外围尺寸；门框、扇材质；玻璃品种、厚度。

彩板门的项目特征包括：门代号及洞口尺寸；门框及扇外围尺寸。

钢质防火门的项目特征包括：门代号及洞口尺寸；门框及扇外围尺寸；门框、扇材质。

防盗门的项目特征包括：门代号及洞口尺寸；门框及扇外围尺寸；门框、扇材质。

（2）计算规则

① 以樘计量，按设计图示数量计算。

② 以平方米计量，按设计图示洞口尺寸以面积计算。

3. 金属卷（闸）帘门（编码：010803）

金属卷帘门项目包括：金属卷帘（闸）门、防火卷帘（闸）门两个清单项目。

（1）项目特征

门代号及洞口尺寸；门材质；启动装置品种、规格。

（2）计算规则

① 以樘计量，按设计图示数量计算。

② 以平方米计量，按设计图示洞口尺寸以面积计算。

按设计图示数量或设计图示洞口尺寸以面积计算，计量单位为樘/m^2。

4. 厂库房大门、特种门（编码：010804）

厂库房大门、特种门项目包括：木板大门、钢木大门、全钢板大门、防护铁丝门、金属格栅门、钢质花饰大门、特种门七个清单项目。

（1）项目特征

木板大门、钢木大门、全钢板大门、防护铁丝门的项目特征包括：门代号及洞口尺寸；门框及扇外围尺寸；门框、扇材质；五金种类、规格；防护材料种类。

金属格栅门的项目特征包括：门代号及洞口尺寸；门框及扇外围尺寸；门框、扇材质；启动装置品种、规格。

钢质花饰大门、特种门的项目特征包括：门代号及洞口尺寸；门框及扇外围尺寸；门框、扇材质。

（2）计算规则

木板大门、钢木大门、全钢板大门计算如下。

① 以樘计量，按设计图示数量计算。

② 以平方米计量，按设计图示洞口尺寸以面积计算。

防护铁丝门计算如下。

① 以樘计量，按设计图示数量计算。

② 以平方米计量，按设计图示门框或扇以面积计算。

钢质花饰大门计算如下。

① 以樘计量，按设计图示数量计算。

② 以平方米计量，按设计图示门框或扇以面积计算。

特种门计算如下。

① 以樘计量，按设计图示数量计算。

② 以平方米计量，按设计图示洞口尺寸以面积计算。

5. 其他门（编码：010805）

其他门项目包括：平开电子感应门、旋转门、电子对讲门、电动伸缩门、全玻自由门、镜面不锈钢饰面门六个清单项目。

（1）项目特征

电子感应门、旋转门的项目特征包括：门代号及洞口尺寸；门框或扇外围尺寸；门框、扇材质；玻璃品种、厚度；启动装置品种、规格；电子配件品种、规格。

电子对讲门、电动伸缩门的项目特征包括：门代号及洞口尺寸；门框或扇外围尺寸；门材质；玻璃品种、厚度；启动装置品种、规格；电子配件品种、规格。

全玻自由门的项目特征包括：门代号及洞口尺寸；门框或扇外围尺寸；框材质；玻璃品种、厚度。

镜面不锈钢饰面门的项目特征：门代号及洞口尺寸；门框或扇外围尺寸；框、扇材质；玻璃品种、厚度。

（2）计算规则

① 以樘计量，按设计图示数量计算。

② 以平方米计量，按设计图示洞口尺寸以面积计算。

6. 木窗（编码：010806）

木窗项目包括：木质窗、木橱窗、木飘（凸）窗、木质成品窗四个清单项目。

（1）项目特征

木质窗的项目特征包括：窗代号及洞口尺寸；玻璃品种、厚度；防护材料种类。

木橱窗、木飘（凸）窗的项目特征包括：窗代号；框截面及外围展开面积；玻璃品种、厚度；防护材料种类。

木质成品窗的项目特征包括：窗代号及洞口尺寸；玻璃品种、厚度。

（2）计算规则

木质窗计算如下。

① 以樘计量，按设计图示数量计算。

② 以平方米计量，按设计图示洞口尺寸以面积计算。

木橱窗、木飘（凸）窗计算如下。

① 以樘计量，按设计图示数量计算。

② 以平方米计量，按设计图示洞口尺寸以框外围展开面积计算。

木质成品窗计算如下。

① 以樘计量，按设计图示数量计算。

② 以平方米计量，按设计图示洞口尺寸以面积计算。

7. 金属窗（编码：010807）

金属窗项目包括：金属（塑钢、断桥）窗、金属防火窗、金属百叶窗、金属纱窗、金属格栅窗、金属（塑钢、断桥）橱窗、金属（塑钢、断桥）飘（凸）窗、彩板窗八个清单项目。

（1）项目特征

金属（塑钢、断桥）窗、金属防火窗、金属百叶窗的项目特征包括：窗代号及洞口尺寸；框、扇材质；玻璃品种、厚度。

金属纱窗的项目特征包括：窗代号及洞口尺寸；框材质；窗纱材料品种、规格。

金属格栅窗的项目特征包括：窗代号及洞口尺寸；框外围尺寸；框、扇材质。

金属（塑钢、断桥）橱窗的项目特征包括：窗代号；框外围展开面积；框、扇材质；玻璃品种、厚度；防护材料种类。

金属（塑钢、断桥）飘（凸）窗的项目特征包括：窗代号；框外围展开面积；框、扇材质；玻璃品种、厚度。

彩板窗的项目特征包括：窗代号及洞口尺寸；框外围尺寸；框、扇材质；玻璃品种、厚度。

（2）计算规则

金属（塑钢、断桥）窗、金属防火窗、金属百叶窗、金属纱窗、金属格栅窗计算如下。

① 以樘计量，按设计图示数量计算。

② 以平方米计量，按设计图示洞口尺寸以面积计算。

金属（塑钢、断桥）橱窗、金属（塑钢、断桥）飘（凸）窗计算如下。

① 以樘计量，按设计图示数量计算。

② 以平方米计量，按设计图示洞口尺寸以框外围展开面积计算。

彩板窗计算如下。

① 以樘计量，按设计图示数量计算。

② 以平方米计量，按设计图示洞口尺寸或框外围以面积计算。

8. 门窗套（编码：010808）

门窗套项目包括：木门窗套、木筒子板、饰面夹板筒子板、金属门窗套、石材门窗套、门窗木贴脸、成品木门窗套七个清单项目。

（1）项目特征

木门窗套的项目特征包括：窗代号及洞口尺寸；门窗套展开宽度；基层材料种类；面层材料品种、规格；线条品种、规格；防护材料种类。

木筒子板、饰面夹板筒子板的项目特征包括：筒子板宽度；基层材料种类；面层材料品种、规格；线条品种、规格；防护材料种类。

金属门窗套的项目特征包括：窗代号及洞口尺寸；门窗套展开宽度；基层材料种类；面层材料品种、规格；防护材料种类。

石材门窗套的项目特征包括：窗代号及洞口尺寸；门窗套展开宽度；底层厚度、砂浆配合比；面层材料品种、规格；线条品种、规格。

门窗木贴脸的项目特征包括：门窗代号及洞口尺寸；贴脸板宽度；防护材料种类。

成品木门窗套的项目特征包括：窗代号及洞口尺寸；门窗套展开宽度；门窗套材料品种、规格。

(2) 计算规则

木门窗套、木筒子板、饰面夹板筒子板、金属门窗套、石材门窗套计算如下。

① 以樘计量，按设计图示数量计算。

② 以平方米计量，按设计图示洞口尺寸以展开面积计算。

③ 以米计量，按设计图示中心以延长米计算。

门窗木贴脸计算如下。

① 以樘计量，按设计图示数量计算。

② 以米计量，按设计图示中心以延长米计算。

成品木门窗套计算如下。

① 以樘计量，按设计图示数量计算。

② 以平方米计量，按设计图示洞口尺寸以展开面积计算。

③ 以米计量，按设计图示中心以延长米计算。

9. 窗台板（编码：010809）

窗台板项目包括：木窗台板、铝塑窗台板、金属窗台板、石材窗台板四个清单项目。

(1) 项目特征

木窗台板、铝塑窗台板、金属窗台板的项目特征：基层材料种类；窗台面板材质、规格、颜色；防护材料种类。

石材窗台板的项目特征：粘结层厚度、砂浆配合比；窗台板材质、规格、颜色。

(2) 计算规则：按设计图示尺寸以展开面积计算。

10. 窗帘盒、窗帘轨（编码：010810）

窗帘盒、窗帘轨项目包括：窗帘（杆）、木窗帘盒，饰面夹板、塑料窗帘盒、铝合金窗帘盒、窗帘轨五个清单项目。

(1) 项目特征

窗帘（杆）的项目特征包括：窗帘材质；窗帘高度、宽度；窗帘层数；带幔要求。

木窗帘盒、饰面夹板、塑料窗帘盒、铝合金窗帘盒的项目特征包括：窗帘盒材质、规格；防护材料种类。

窗帘轨的项目特征包括：窗帘轨材质、规格；防护材料种类。

(2) 计算规则

窗帘计算如下。

① 以米计量，按设计图示尺寸以长度计算。

② 以平方米计量，按图示尺寸以展开面积计算。

木窗帘盒、饰面夹板、塑料窗帘盒、铝合金窗帘盒、窗帘轨：按设计图示尺寸以长度计算，计量单位为 m。

(九) 屋面及防水工程

屋面及防水工程适用于建筑物屋面和墙、地面防水工程，主要包括：瓦、型材屋面，屋面防水，墙、地面防水、防潮等项目。

1. 瓦、型材及其他屋面（编码：010901）

瓦、型材屋面项目包括：瓦屋面、型材屋面、阳光板屋面、玻璃钢屋面、膜结构屋面五个清单项目。

（1）项目特征

瓦屋面的项目特征包括：瓦品种、规格；粘结层砂浆的配合比。

型材屋面的项目特征包括：型材品种、规格；金属檩条材料品种、规格；接缝、嵌缝材料种类。

阳光板屋面的项目特征包括：阳光板品种、规格；骨架材料品种、规格；接缝、嵌缝材料种类；油漆品种、刷漆遍数。

玻璃钢屋面的项目特征包括：玻璃钢品种、规格；骨架材料品种、规格；玻璃钢固定方式；接缝、嵌缝材料种类；油漆品种、刷漆遍数。

膜结构屋面的项目特征包括：膜布品种、规格、颜色；支柱（网架）钢材品种、规格；钢丝绳品种、规格；锚固基座做法；油漆品种、刷漆遍数。

（2）计算规则

瓦屋面、型材屋面：按设计图示尺寸以斜面积计算。不扣除房上烟囱、风帽底座、风道、小气窗、斜沟等所占面积，小气窗的出檐部分不增加面积。

阳光板屋面、玻璃钢屋面：按设计图示尺寸以斜面积计算。不扣除小于 0.3 m^2 的孔洞所占面积。

膜结构屋面：按设计图示尺寸以需要覆盖的水平面积计算。

2. 屋面防水及其他（编码：010902）

屋面防水及其他项目包括：屋面卷材防水、屋面涂膜防水、屋面刚性层、屋面排水管、屋面排（透）气管、屋面（廊、阳台）吐水管、屋面天沟沿沟、屋面变形缝八个清单项目。

（1）项目特征

屋面卷材防水的项目特征包括：卷材品种、规格、厚度；防水层数；防水做法。

屋面涂膜防水的项目特征包括：防水膜品种；涂膜厚度、遍数；增强材料种类。

屋面刚性层的项目特征包括：刚性层厚度；混凝土强度等级；嵌缝材料种类；钢筋规格、型号。

屋面排水管的项目特征包括：排水管品种、规格；雨水斗、山墙出水口品种、规格；接缝、嵌缝材料种类；油漆品种、刷漆遍数。

屋面排（透）气管的项目特征包括：排（透）气管品种、规格；接缝、嵌缝材料种类；油漆品种、刷漆遍数。

屋面（廊、阳台）吐水管的项目特征包括：吐水管品种、规格；接缝、嵌缝材料种类；吐水管长度；油漆品种、刷漆遍数。

屋面天沟沿沟的项目特征包括：材料品种、规格；接缝、嵌缝材料种类。

屋面变形缝的项目特征包括：嵌缝材料种类；止水带材料种类；盖缝材料；防护材料种类。

(2) 计算规则

屋面卷材防水、屋面涂膜防水：按设计图示尺寸以面积计算。①斜屋顶（不包括平屋顶找坡）按斜面积计算．平屋顶按水平投影面积计算。②不扣除房上烟囱、风帽底座、风道、屋面小气窗和斜沟所占面积。③屋面的女儿墙、伸缩缝和天窗等处的弯起部分并入屋面工程量内。

屋面刚性层：按设计图示尺寸以面积计算。不扣除房上烟囱、风帽底座、风道等所占面积。

屋面排水管：按设计图示尺寸以长度计算。如设计未标注尺寸，以檐口至设计室外散水上表面垂直距离计算。

屋面排（透）气管：按设计图示尺寸以长度计算。

屋面（廊、阳台）吐水管：按设计图示数量计算。

屋面天沟沿沟：按设计图示尺寸以展开面积计算。

屋面变形缝：按设计图示以长度计算。

3. 墙面防水、防潮（编码：010903）

墙面防水、防潮项目包括：墙面卷材防水、墙面涂膜防水、墙面砂浆防水（防潮）、墙面变形缝四个清单项目。

(1) 项目特征

墙面卷材防水的项目特征包括：卷材品种、规格、厚度；防水层数；防水层做法。

墙面涂膜防水的项目特征包括：防水膜品种；涂膜厚度、遍数；增强材料种类。

墙面砂浆防水（防潮）的项目特征包括：防水层做法；砂浆厚度、配合比；钢丝网规格。

墙面变形缝的项目特征包括：嵌缝材料种类；止水带材料种类；盖缝材料；防护材料种类。

(2) 计算规则

墙面卷材防水、墙面涂膜防水、墙面砂浆防水（防潮）：按设计图示尺寸以面积计算。

墙面变形缝：按设计图示以长度计算。

4. 楼（地）面防水、防潮（编码：010904）

楼（地）面防水、防潮项目包括：楼（地）面卷材防水、楼（地）面涂膜防水、楼（地）面砂浆防水（防潮）、楼（地）面变形缝四个清单项目。

(1) 项目特征

楼（地）面卷材防水的项目特征包括：卷材品种、规格、厚度；防水层数；防水层做法。

楼（地）面涂膜防水的项目特征包括：防水膜品种；涂膜厚度、遍数；增强材料种类。

楼（地）面砂浆防水（防潮）的项目特征包括：防水层做法；砂浆厚度、配合比。

楼（地）面变形缝的项目特征包括：嵌缝材料种类；止水带材料种类；盖缝材料；防护材料种类。

（2）计算规则

楼（地）面卷材防水、楼（地）面涂膜防水、楼（地）面砂浆防水（防潮）：按设计图示尺寸以面积计算。

楼（地）面变形缝：按设计图示以长度计算。

（十）防腐隔热保温工程

防腐隔热保温工程适用于工业与民用建筑的基础、地面、墙面防腐、楼地面、墙体、屋盖的保温隔热工程，主要包括：隔热、保温，防腐面层，其他防腐等项目。

1. 隔热、保温（编码：011001）

隔热、保温项目包括：保温隔热屋面，保温隔热天棚，保温隔热墙面，保温柱、梁，保温隔热楼地面，其他保温隔热六个清单项目。

（1）项目特征

保温隔热屋面项目的项目特征包括：保温隔热材料品种、规格、厚度；隔气层材料品种、厚度；粘结材料种类、做法；防护材料种类、做法。

保温隔热天棚项目的项目特征包括：保温隔热面层材料品种、规格、性能；保温隔热材料品种、规格、厚度；粘结材料种类、做法；防护材料种类、做法。

保温隔热墙面、保温柱、梁的项目特征包括：保温隔热部位；保温隔热方式；踢脚线、勒脚线保温做法；龙骨材料品种、规格；保温隔热面层材料品种、规格、性能；保温隔热材料品种、规格、厚度；增强网及抗裂防水砂浆种类；粘结材料种类、做法；防护材料种类、做法。

保温隔热楼地面项目特征包括：保温隔热部位；保温隔热材料品种、规格、厚度；隔气层材料品种、厚度；粘结材料种类、做法；防护材料种类、做法。

其他保温隔热项目的项目特征包括：保温隔热部位；保温隔热方式；隔气层材料品种、厚度；保温隔热面层材料品种、规格、性能；保温隔热材料品种、规格、厚度；粘结材料种类、做法；增强网及抗裂防水砂浆种类；防护材料种类、做法。

（2）计算规则

保温隔热屋面：按设计图示尺寸以面积计算。扣除面积大于0.3 m^2 的孔洞及占位面积。

保温隔热天棚：按设计图示尺寸以面积计算。扣除面积大于0.3 m^2 的柱、垛、孔洞所占面积。

保温隔热墙面：按设计图示尺寸以面积计算。扣除门窗洞口以及面积大于0.3 m^2 的梁、孔洞所占面积；门窗洞口侧壁需做保温时，并入保温墙体工程量内。

保温柱、梁：按设计图示尺寸以面积计算。

保温隔热楼地面：按设计图示尺寸以面积计算。扣除面积大于0.3 m^2 的柱、垛、孔洞所占面积。

其他保温隔热：按设计图示尺寸以展开面积计算。扣除面积大于0.3 m^2 的孔洞及占位面积。

2. 防腐面层（编码：011002）

防腐面层项目包括：防腐混凝土面层、防腐砂浆面层、防腐胶泥面层、玻璃钢防腐面层、聚氯乙烯板面层、块料防腐面层、池槽块料防腐面层七个清单项目。

(1) 项目特征

防腐混凝土面层的项目特征包括：防腐部位；面层厚度；混凝土种类；胶泥种类、配合比。

防腐砂浆面层的项目特征包括：防腐部位；面层厚度；砂浆、胶泥种类、配合比。

防腐胶泥面层的项目特征包括：防腐部位；面层厚度；胶泥种类、配合比。

玻璃钢防腐面层的项目特征包括：防腐部位；玻璃钢种类；贴布材料的种类、层数；面层材料品种。

聚氯乙烯板面层的项目特征包括：防腐部位；面层材料品种、厚度；粘结材料种类。

块料防腐面层的项目特征包括：防腐部位；块料品种、规格；粘结材料种类；勾缝材料种类。

池槽块料防腐面层的项目特征包括：防腐池、槽名称、代号；块料品种、规格；粘结材料种类；勾缝材料种类。

(2) 计算规则

防腐混凝土面层、防腐砂浆面层、防腐胶泥面层、玻璃钢防腐面层、聚氯乙烯板面层、块料防腐面层：按设计图示尺寸以面积计算。

① 平面防腐：扣除凸出地面的构筑物、设备基础等以及面积大于 0.3 m^2 的孔洞、柱、垛所占面积。

② 立面防腐：扣除门、窗、洞口及面积大于 0.3 m^2 的孔洞、柱、梁所占面积。门、窗、洞口侧壁、垛突出部分按展开面积并入墙面积内。

池槽块料防腐面层：按设计图示尺寸以展开面积计算。

3. 其他防腐（编码：011003）

其他防腐项目包括：隔离层、砌筑沥青浸渍砖、防腐涂料三个清单项目。

(1) 项目特征

隔离层的项目特征包括：隔离层部位；隔离层材料品种；隔离层做法；粘贴材料种类。

砌筑沥青浸渍砖的项目特征包括：砌筑部位；浸渍砖规格；胶泥种类；浸渍砖砌法。

防腐涂料的项目特征包括：涂刷部位；基层材料类型；刮腻子的种类、遍数；涂料品种、刷涂遍数。

(2) 计算规则

隔离层：按设计图示尺寸以面积计算。①平面防腐：扣除凸出地面的构筑物、设备基础等以及面积大于 0.3 m^2 的孔洞、柱、垛所占面积。②立面防腐：扣除门、窗、洞口及面积大于 0.3 m^2 的孔洞、柱、梁所占面积。门、窗、洞口侧壁、垛突出部分按展开面积并入墙面积内。

砌筑沥青浸渍砖：按设计图示尺寸以体积计算。

防腐涂料：按设计图示尺寸以面积计算。①平面防腐：扣除凸出地面的构筑物、设备基础等以及面积大于 0.3 m^2 的孔洞、柱、垛所占面积。②立面防腐：扣除门、窗、洞口及面积大于 0.3 m^2 的孔洞、柱、梁所占面积。

门、窗、洞口侧壁、垛突出部分按展开面积并入墙面积内。

（十一）楼地面工程

楼地面工程适用于楼地面、楼梯、台阶等装饰工程，主要包括：整体面层、块料面层、橡塑面层、其他材料面层、踢脚线、楼梯装饰、扶手、栏杆、栏板装饰、台阶装饰、零星装饰等项目。

1. 整体面层及找平层（编码：011101）

整体面层及找平层项目包括：水泥砂浆楼地面、现浇水磨石楼地面、细石混凝土楼地面、菱苦土楼地面、自流平楼地面、平面砂浆找平层六个清单项目。

（1）项目特征

水泥砂浆楼地面的项目特征包括：找平层厚度、砂浆配合比；素水泥浆遍数；面层厚度、砂浆、配合比；面层做法要求。

现浇水磨石楼地面项目特征包括：找平层厚度、砂浆配合比；面层厚度、水泥石子浆配合比；嵌条材料种类、规格；石子种类、规格、颜色；颜料种类、颜色；图案要求；磨光、酸洗、打蜡要求。

细石混凝土楼地面项目特征包括：找平层厚度、砂浆配合比；面层厚度、混凝土强度等级。

菱苦土楼地面项目特征包括：找平层厚度、砂浆配合比；面层厚度；打蜡要求。

自流平楼地面项目特征包括：找平层砂浆配合比、厚度；界面剂材料种类；中层漆材料种类、厚度；面漆材料种类、厚度；面层材料种类。

平面砂浆找平层项目特征包括：找平层厚度、砂浆配合比。

（2）计算规则

按设计图示尺寸以面积计算。扣除凸出地面构筑物、设备基础、室内铁道、地沟等所占面积，不扣除间壁墙和 0.3 m^2 以内的柱、垛、附墙烟囱及孔洞所占面积。门洞、空圈、暖气包槽、壁龛的开口部分不增加面积。

（3）有关说明

编制工程量清单时，可以根据不同的工程内容分项，如：楼面与地面应分别列项；水磨石分本色、彩色、有图案要求等不同分别列项。项目编码的最后三位顺序不作规定，由清单编制人自行编制。如：水泥砂浆地面；水泥砂浆楼面。

2. 块料面层（编码：011102）

块料面层项目包括：石材楼地面、碎石材楼地面、块料楼地面三个清单项目。

（1）项目特征

石材、碎石材、块料楼地面的项目特征包括：找平层厚度、砂浆配合比；结合层厚度、砂浆配合比；面层材料品种、规格、颜色；嵌缝材料种类；防护材料种类；酸洗、打蜡要求。

(2) 计算规则

按设计图示尺寸以面积计算。门洞、空圈、暖气包槽、壁龛的开口部分并入相应工程量内。

(3) 有关说明

区分项目特征分别列项：找平层的厚度及砂浆的配合比、结合层的厚度及砂浆配合比、面层材料的品种规格品牌颜色、嵌缝材料种类、防护层材料种类、酸洗打蜡要求等。防护材料是指耐酸、耐碱、耐臭氧、耐老化、防火、防油渗等材料。

3. 橡塑面层（编码：011103）

橡塑面层项目包括：橡胶板楼地面、橡胶板卷材楼地面、塑料板楼地面、塑料卷材楼地面四个清单项目。

(1) 项目特征

橡塑面层的项目特征包括：粘结层厚度、材料种类；面层材料品种、规格、颜色；压线条种类。

(2) 计算规则

橡塑面层工程量按设计图示尺寸面积以 m^2 计算。门洞、空圈、暖气包槽、壁龛的开口部分面积并入相应的工程量内。

(3) 有关说明

压线条指地毯、橡胶板、橡胶卷材铺设的压线条．如铝合金、不锈钢、铜压线条等。

4. 其他材料面层（编码：011104）

其他材料面层项目包括：地毯楼地面、竹木（复合）地板、金属复合地板、防静电活动地板四个清单项目。

(1) 项目特征

地毯楼地面的项目特征包括：面层材料品种、规格、颜色；防护材料种类；粘结材料种类；压线条种类。

竹木（复合）地板、金属复合地板的项目特征包括：龙骨材料种类、规格、铺设间距；基层材料种类、规格；面层材料品种、规格、颜色；防护材料种类。

防静电活动地板的项目特征包括：支架高度、材料种类；面层材料品种、规格、颜色；防护材料种类。

(2) 计算规则

工程量按设计图示尺寸以面积计算。门洞、空圈、暖气包槽、壁龛的开口部分面积并入相应的工程量内。

5. 踢脚线（编码：011105）

踢脚线项目包括：水泥砂浆踢脚线、石材踢脚线、块料踢脚线、塑料板踢脚线、木质踢脚线、金属踢脚线、防静电踢脚线七个清单项目。

（1）项目特征

水泥砂浆踢脚线的项目特征包括：踢脚线高度；底层厚度、砂浆配合比；面层厚度、砂浆配合比。

石材、块料踢脚线的项目特征包括：踢脚线高度；粘贴层厚度、材料种类；面层材料品种、规格、颜色；防护材料种类。

塑料板踢脚线的项目特征包括：踢脚线高度；粘贴层厚度、材料种类；面层材料品种、规格、颜色。

木质踢脚线、金属踢脚线、防静电踢脚线的项目特征包括：踢脚线高度；基层材料种类、规格；面层材料品种、规格、颜色。

（2）计算规则

① 以平方米计算，踢脚线工程量按设计图示长度乘以高度以面积计算。

② 以米计量，按延长米计算。

6. 楼梯面层（编码：011106）

楼梯装饰项目包括：石材楼梯面层、块料楼梯面层、拼碎材料面层、水泥砂浆楼梯面层、现浇水磨石楼梯面层、地毯楼梯面层、木板楼梯面层、橡胶板楼梯面层、塑料板楼梯面层九个清单项目。

（1）项目特征

石材楼梯面层、块料楼梯面层、拼碎材料面层的项目特征包括：找平层厚度、砂浆配合比；粘结层厚度、材料种类；面层材料品种、规格、颜色；防滑条材料种类、规格勾缝材料种类；防护层材料种类；酸洗、打蜡要求。

水泥砂浆楼梯面层的项目特征包括：找平层厚度、砂浆配合比：面层厚度、砂浆配合比；防滑条材料种类、规格。

现浇水磨石楼梯面层的项目特征包括：找平层厚度、砂浆配合比；面层厚度、水泥石子浆配合比；防滑条材料种类、规格；石子种类、规格、颜色；颜料种类、颜色；磨光、酸洗、打蜡要求。

地毯楼梯面层的项目特征包括：基层种类；面层材料品种、规格、颜色；防滑条材料种类、规格；粘结材料种类；固定配件材料种类、规格。

木板楼梯面层的项目特征包括：基层材料种类、规格；面层材料品种、规格、颜色；粘结材料种类；防护材料种类。

（2）计算规则

按设计图示尺寸以楼梯（包括踏步、休息平台及 500 mm 以内的楼梯井）水平投影面积计算。

（3）楼梯与楼地面相连时：算至梯口梁内侧边沿；无梯口梁算至最上一层踏步边沿加 300 mm。

7. 台阶装饰（编码：011107）

台阶装饰项目包括：石材台阶面、块料台阶面、拼碎材料台阶面、水泥砂浆台阶面、现浇水磨石台阶面、剁假石台阶面六个清单项目。

(1) 项目特征

石材台阶面、块料台阶面、拼碎材料台阶面项目特征包括：找平层厚度、砂浆配合比；粘结层材料种类；面层材料品种、规格、颜色；勾缝材料种类；防滑条材料种类、规格；防护材料种类。

水泥砂浆台阶面项目特征包括：找平层厚度、砂浆配合比；面层厚度、砂浆配合比；防滑条材料种类。

现浇水磨石台阶面项目特征包括：找平层厚度、砂浆配合比；面层厚度、水泥石子浆配合比；防滑条材料种类、规格；石子种类、规格、颜色；颜料种类、颜色；磨光、酸洗、打蜡要求。

剁假石台阶面项目特征包括：找平层厚度、砂浆配合比；面层厚度、砂浆配合比；剁假石要求。

(2) 计算规则

均按设计图示尺寸以台阶（包括最上层踏步边沿加 300 mm）水平投影面积计算，计量单位为 m^2。

8. 零星装饰项目（编码：011108）

零星装饰项目包括：石材零星项目、拼碎石材零星项目、块料零星项目、水泥砂浆零星项目四个清单项目。

(1) 项目特征

石材零星项目、拼碎石材零星项目、块料零星项目项目特征包括：工程部位找平层厚度、砂浆配合比；贴结合层厚度、材料种类；面层材料品种、规格、颜色；勾缝材料种类；防护材料种类；酸洗、打蜡要求。

水泥砂浆零星项目项目特征包括：工程部位；找平层厚度、砂浆配合比；面层厚度、砂浆配合比。

(2) 计算规则

均按设计图示尺寸以面积计算，计量单位为 m^2。

(十二) 墙、柱面装饰与隔断、幕墙工程

墙、柱面装饰与隔断、幕墙工程包括：墙面抹灰，柱梁面抹灰，零星抹灰，墙面块料面层，柱梁面镶贴块料，镶贴零星块料，墙饰面，柱（梁）饰面，幕墙，隔断十个清单项目。

1. 墙面抹灰（编码：011201）

墙面抹灰项目包括：墙面一般抹灰、墙面装饰抹灰、墙面勾缝、立面砂浆找平层四个清单项目。

(1) 项目特征

墙面一般抹灰、墙面装饰抹灰项目特征包括：墙体类型；底层厚度、砂浆配合比；面

层厚度、砂浆配合比；装饰面材料种类；分格缝宽度、材料种类。

墙面勾缝项目特征包括：勾缝类型；勾缝材料种类。

立面砂浆找平层项目特征包括：基层类型；找平层砂浆厚度、配合比。

（2）计算规则

按设计图示尺寸以面积计算。扣除墙裙、门窗洞口及单个 0.3 m^2 以外的孔洞面积，不扣除踢脚线、挂镜线和墙与构件交接处的面积，门窗洞口和孔洞的侧壁及顶面不增加面积。附墙柱、梁、垛、烟囱侧壁并入相应的墙面面积内。计量单位为 m^2。

① 外墙抹灰面积按外墙垂直投影面积计算。

② 外墙裙抹灰面积按其长度乘以高度计算。

③ 内墙抹灰面积按主墙间的净长乘以高度计算。

④ 内墙裙抹灰面按内墙净长乘以高度计算。

2. 柱梁面抹灰（编码：011202）

柱面抹灰项目包括：柱、梁面一般抹灰，柱、梁面装饰抹灰，柱、梁面砂浆找平，柱面勾缝四个清单项目。

（1）项目特征

柱、梁面一般抹灰，柱、梁面装饰抹灰项目特征包括：柱（梁）体类型；底层厚度、砂浆配合比；面层厚度、砂浆配合比；装饰面材料种类；分格缝宽度、材料种类。

柱、梁面砂浆找平项目特征包括：柱（梁）体类型；找平的砂浆厚度、配合比。

柱面勾缝项目特征包括：勾缝类型；勾缝材料种类。

（2）计算规则

① 柱面抹灰按设计图示柱断面周长乘以高度以面积计算。

② 梁面抹灰按设计图示梁断面周长乘以长度以面积计算。

③ 柱面勾缝按设计图示柱断面周长乘以高度以面积计算。

3. 零星抹灰（编码：011203）

零星抹灰项目包括：零星项目一般抹灰、零星项目装饰抹灰、零星项目砂浆找平三个清单项目。

（1）项目特征

零星项目一般抹灰、零星项目装饰抹灰的项目特征包括：基层类型、部位；底层厚度、砂浆配合比；面层厚度、砂浆配合比；装饰面材料种类；分格缝宽度、材料种类。零星项目砂浆找平的项目特征包括：基层类型、部位；找平的砂浆厚度、配合比。

（2）计算规则

按设计图示尺寸以面积计算，计量单位为 m^2。

4. 墙面块料面层（编码：011204）

墙面块料面层项目包括石材墙面、拼碎石材墙面、块料墙面、干挂石材钢骨架四个清单项目。

(1) 项目特征

石材墙面、碎拼石材墙面、块料墙面项目特征包括：墙体类型；安装方式；面层材料品种、规格、颜色；缝宽、嵌缝材料种类；防护材料种类；磨光、酸洗、打蜡要求。

干挂石材钢骨架项目特征包括：骨架种类、规格；防锈漆品种遍数。

(2) 计算规则

① 石材墙面、碎拼石材墙面、块料墙面均按设计图示尺寸以镶贴表面积计算，计量单位为 m^2。

② 干挂石材钢骨架按设计图示尺寸以质量计算，计量单位为 t。

(3) 有关说明

① 墙体类型是指砖墙、石墙、混凝土墙、砌块墙及内墙、外墙等。

② 块料饰面板是指石材饰面板、陶瓷面砖、玻璃面砖、金属饰面板、塑料饰面板、木质饰面板。

③ 挂贴是指对大规格的石材（大理石、花岗石、青石）使用铁件先挂在墙面后灌浆的方法固定。

④ 干挂有两种：一种是直接干挂法，通过不锈钢膨胀螺栓、不锈钢挂件、不锈钢连接件、不锈钢钢针等各种挂件固定外墙饰面板；另一种是后切式干挂法。

⑤ 嵌缝材料是指砂浆、油膏、密封胶等材料。

⑥ 防护材料是指石材正面的防酸涂剂和石材背面的防碱涂剂等。

5. 柱梁面镶贴块料（编码：011205）

柱面镶贴块料项目包括：石材柱面、块料柱面、拼碎块柱面、石材梁面、块料梁面五个清单项目。

(1) 项目特征

石材柱面、碎拼石材柱面、块料柱面项目特征包括：柱截面类型、尺寸；安装方式；面层材料品种、规格、颜色；缝宽、嵌缝材料种类；防护材料种类；磨光、酸洗、打蜡要求。

石材梁面、块料梁面项目特征包括：安装方式；面层材料品种、规格、颜色；缝宽、嵌缝材料种类；防护材料种类；磨光、酸洗、打蜡要求。

(2) 计算规则

均按设计图示尺寸以镶贴表面积计算，计量单位为 m^2。

6. 镶贴零星块料（编码：011206）

零星镶贴块料项目包括：石材零星项目、块料零星项目、拼碎块零星项目三个清单项目。

(1) 项目特征

零星镶贴块料项目特征包括：基层类型、部位；安装方式；面层材料品种、规格、颜色；缝宽、嵌缝材料种类；防护材料种类；磨光、酸洗、打蜡要求。

（2）计算规则

均按设计图示尺寸以镶贴表面积计算，计量单位为 m^2。

7. 墙饰面（编码：011207）

墙饰面项目包括：墙面装饰板、墙面装饰浮雕两个清单项目。

（1）项目特征

墙面装饰板的项目特征包括：龙骨材料种类、规格、中距；隔离层材料种类、规格；基层材料种类、规格；面层材料品种、规格、颜色；压条材料种类、规格；墙面。

装饰浮雕的项目特征包括：基层类型；浮雕材料种类；浮雕样式。

（2）计算规则

墙面装饰板：按设计图示墙净长乘以净高以面积计算。扣除门窗洞口及单个 0.3 m^2 以上的孔洞所占面积。计量单位为 m^2。

墙面装饰浮雕：按设计图示尺寸以面积计算。

8. 柱（梁）饰面（编码：011208）

柱（梁）饰面项目包括：柱（梁）面装饰、成品装饰柱两个清单项目。

（1）项目特征

柱（梁）面装饰的项目特征包括：龙骨材料种类、规格、中距；隔离层材料种类；基层材料种类、规格；面层材料品种、规格、颜色；压条材料种类、规格。

成品装饰柱项目特征包括：柱截面、高度尺寸；柱材质。

（2）计算规则

柱（梁）面装饰：按设计图示饰面外围尺寸以面积计算。柱帽、柱墩并入相应柱饰面工程量内，计量单位为 m^2。

成品装饰柱：①以根计量，按设计数量计算。②以米计量，按设计长度计算。

9. 幕墙（编码：011209）

幕墙项目包括：带骨架幕墙、全玻（无框玻璃）幕墙两个清单项目。

（1）项目特征

带骨架幕墙项目特征包括：骨架材料种类、规格、中距；面层材料品种、规格、颜色；面层固定方式；隔离带、框边封闭材料品种、规格；嵌缝、塞口材料种类。

全玻幕墙项目特征包括：玻璃品种、规格、颜色；粘结塞口材料种类；固定方式。

（2）计算规则

带骨架幕墙按设计图示框外围尺寸以面积计算。与幕墙同种材质的窗所占面积不扣除。全玻幕墙按设计图示尺寸以面积计算。带肋全玻幕墙按展开面积计算，计量单位为 m^2。

10. 隔断（编码：011210）

隔断项目包括：木隔断、金属隔断、玻璃隔断、塑料隔断、成品隔断、其他隔断六个清单项目。

（1）项目特征

木隔断的项目特征包括：骨架、边框材料种类、规格；隔板材料品种、规格、颜色；嵌缝、塞口材料品种；压条材料种类。

金属隔断的项目特征包括：骨架、边框材料种类、规格；隔板材料品种、规格、颜色；嵌缝、塞口材料品种。

玻璃隔断的项目特征包括：边框材料种类、规格；玻璃品种、规格、颜色；嵌缝、塞口材料品种。

塑料隔断的项目特征包括：边框材料种类、规格；隔板材料品种、规格、颜色；嵌缝、塞口材料品种。

成品隔断隔板的项目特征包括：隔断材料品种、规格、颜色；配件品种、规格。

其他隔断的项目特征包括：骨架、边框材料种类、规格；隔板材料品种、规格、颜色；嵌缝、塞口材料品种。

（2）计算规则

木隔断、金属隔断：按设计图示框外围尺寸以面积计算。不扣除单个 0.3 m^2 以内的孔洞所占面积；浴厕的材质与隔断相同时，门的面积并入隔断面积内，计量单位为 m^2。

玻璃隔断、塑料隔断：按设计图示框外围尺寸以面积计算。不扣除单个 0.3 m^2 以内的孔洞所占面积。

成品隔断：以平方米计量，按设计图示框外围尺寸以面积计算。以间计量，按设计间的数量计算。

其他隔断：按设计图示框外围尺寸以面积计算。不扣除单个 0.3 m^2 以内的孔洞所占面积。

（十三）天棚工程

天棚工程主要包括：天棚抹灰，天棚吊顶，采光天棚，天棚其他装饰四个清单项目。

1. 天棚抹灰（编码：011301）

天棚抹灰项目包括天棚抹灰一个清单项目。

（1）项目特征

天棚抹灰项目特征包括：基层类型；抹灰厚度、材料种类；砂浆配合比。

（2）计算规则

按设计图示尺寸以水平投影面积计算。不扣除间壁墙、垛、柱、附墙烟囱、检查口和管道所占面积，带梁天棚、梁两侧抹灰面积并入天棚面积内，板式楼梯底面抹灰按斜面积计算，锯齿形楼梯板底抹灰按展开面积计算。计量单位为 m^2。

2. 天棚吊顶（编码：011302）

天棚吊顶项目包括：天棚吊顶、格栅吊顶、吊筒吊顶、藤条造型悬挂吊顶、织物软雕吊顶、（装饰）网架吊顶六个清单项目。

（1）项目特征

天棚吊顶的项目特征包括：吊顶形式、吊杆规格、高度；龙骨材料种类、规格、中距；基层材料种类、规格；面层材料品种、规格、颜色；压条材料种类、规格；嵌缝材料种类；防护材料种类。

格栅吊顶的项目特征包括：龙骨材料种类、规格、中距；基层材料种类、规格；面层材料品种、规格、颜色；防护材料种类。

吊筒吊顶的项目特征包括：吊筒形状、规格、吊筒材料种类；防护材料种类。

藤条造型悬挂吊顶、织物软雕吊顶的项目特征包括：骨架材料种类、规格；面层材料品种、规格。

（装饰）网架吊顶的项目特征包括：网架材料品种、规格。

（2）计算规则

① 天棚吊顶按设计图示尺寸以水平投影面积计算。天棚面中的灯槽及跌级、锯齿形、吊挂式、藻井式天棚面积不展开计算。不扣除间壁墙、检查口、附墙烟囱、柱垛和管道所占面积，扣除单个 $0.3\ m^2$ 以外的孔洞、独立柱及与天棚相连的窗帘盒所占的面积，计量单位为 m^2。

② 其他天棚按设计图示尺寸以水平投影面积计算，计量单位为 m^2。

3. 采光天棚（编码：011303）

（1）项目特征

采光天棚项目特征包括：骨架类型；固定类型，固定材料品种、规格；面层材料品种、规格；嵌缝、塞口材料种类。

（2）计算规则

按框外展开面积计算。

4. 天棚其他装饰（编码：011304）

天棚其他装饰项目包括：灯带，送风口、回风口两个清单项目。

（1）项目特征

灯带（槽）项目特征包括：灯带型式、尺寸；格栅片材料品种、规格；安装固定方式。

送风口、回风口项目特征包括：风口材料品种、规格；安装固定方式；防护材料种类。

（2）计算规则：灯带按设计图示尺寸以框外围面积计算，计量单位为 m^2。送风口、回风口按设计图示数量计算，计量单位为个。

（十四）油漆、涂料、裱糊工程

油漆、涂料、裱糊工程主要包括：门油漆，窗油漆，木扶手及其他板条线条油漆，木材面油漆，金属面油漆，抹灰面油漆，喷刷、涂料，裱糊八个清单项目。

1. 门油漆（编码：011401）。

门油漆项目包括：木门油漆、金属门油漆两个清单项目。

（1）项目特征

门油漆项目特征包括：门类型；门代号及洞口尺寸；腻子种类；刮腻子遍数；防护材料种类；油漆品种、刷漆遍数。

（2）计算规则：按设计图示数量或设计图示单面洞口面积计算，计量单位为樘/m^2。

2. 窗油漆（编码：011402）

窗油漆项目包括：木窗油漆、金属窗油漆两个清单项目。

（1）项目特征

窗油漆项目特征包括：窗类型；窗代号及洞口尺寸；腻子种类；刮腻子遍数；防护材料种类；油漆品种、刷漆遍数。

（2）计算规则：按设计图示数量或设计图示单面洞口面积计算，计量单位为樘/m^2。

3. 木扶手及其他板条线条油漆（编码：011403）

木扶手及其他板条线条油漆项目包括：木扶手油漆，窗帘盒油漆，封檐板、顺水板油漆，挂衣板、黑板框油漆，挂镜线、窗帘棍、单独木线油漆五个清单项目。

（1）项目特征

木扶手及其他板条线条油漆项目特征包括：断面尺寸；腻子种类；刮腻子遍数；防护材料种类；油漆品种、刷漆遍数。

（2）计算规则：按设计图示尺寸以长度计算，计量单位为 m。

4. 木材面油漆（编码：011404）

木材面油漆项目包括：木护墙、木墙裙油漆，窗台板、筒子板、盖板、门窗套、踢脚线油漆，清水板条天棚、檐口油漆，木方格吊顶天棚油漆，吸音板墙面、天棚面油漆，暖气罩油漆，其他木材面，木间壁、木隔断油漆，玻璃间壁露明墙筋油漆，木栅栏、木栏杆（带扶手）油漆，衣柜、壁柜油漆，梁柱饰面油漆，零星木装修油漆，木地板油漆，木地板烫硬蜡面十五个清单项目。

（1）项目特征

木护墙、木墙裙油漆，窗台板、筒子板、盖板、门窗套、踢脚线油漆，清水板条天棚、檐口油漆，木方格吊顶天棚油漆，吸音板墙面、天棚面油漆，暖气罩油漆，其他木材面，木间壁、木隔断油漆，玻璃间壁露明墙筋油漆，木栅栏、木栏杆（带扶手）油漆，衣柜、壁柜油漆，梁柱饰面油漆，零星木装修油漆，木地板油漆的项目特征包括：腻子种类；刮腻子遍数；防护材料种类；油漆品种、刷漆遍数。

木地板烫硬蜡面的项目特征包括：硬蜡品种；面层处理要求。

（2）计算规则

木护墙、木墙裙油漆、窗台板、筒子板、盖板、门窗套、踢脚线油漆、清水板条天棚、檐口油漆、木方格吊顶天棚油漆、吸声板墙面、天棚面油漆、暖气罩油漆、其他木材面：按设计图示尺寸以面积计算。

木间壁、木隔断油漆，玻璃间壁露明墙筋油漆，木栅栏、木栏杆（带扶手）油漆均按设计图示尺寸以单面外围面积计算。

衣柜、壁柜油漆，梁柱面油漆，零星木装修油漆均按设计图示尺寸以油漆部分展开面积计算。

木地板油漆，木地板烫硬蜡面按设计图示尺寸以面积计算，空圈、暖气包槽、壁龛的开口部分并入相应的工程量内，计量单位均为 m^2。

5. 金属面油漆（编码：011405）

金属面油漆项目包括金属面油漆一个清单项目。

（1）项目特征

金属油漆项目特征包括：构件名称；腻子种类；刮腻子要求；防护材料种类；油漆品种、刷漆遍数。

（2）计算规则：按设计图示尺寸以质量计算或按设计展开面积计算，计量单位为 t/m^2。

6. 抹灰面油漆（编码：011406）

抹灰面油漆项目包括：抹灰面油漆、抹灰线条油漆、满刮腻子三个清单项目。

（1）项目特征

抹灰面油漆的项目特征包括：基层类型；腻子种类；刮腻子遍数；防护材料种类；油漆品种、刷漆遍数；部位。

抹灰线条油漆的项目特征包括：线条宽度、道数；腻子种类；刮腻子遍数；防护材料种类；油漆品种、刷漆遍数。

满刮腻子的项目特征包括：基层类型；腻子种类；刮腻子遍数。

（2）计算规则

抹灰面油漆按设计图示尺寸以面积计算，计量单位为 m^2；抹灰线条油漆按设计图示尺寸以长度计算，计量单位为 m；满刮腻子按设计图示尺寸以面积计算，计量单位为 m^2。

7. 喷刷、涂料（编码：011407）

喷刷、涂料项目包括：墙面刷喷涂料，天棚喷刷涂料，空花格、栏杆刷涂料，线条刷涂料，金属构件刷防火涂料，木材构件喷刷防火涂料六个清单项目。

（1）项目特征

墙面刷喷涂料、天棚喷刷涂料的项目特征包括：基层类型；喷刷涂料的部位；腻子种类；刮腻子要求；涂料品种、刷喷遍数。

空花格、栏杆刷涂料的项目特征包括：腻子种类；刮腻子遍数；涂料品种、刷喷遍数。

线条刷涂料的项目特征包括：基层清理；线条宽度；刮腻子遍数；刷防护材料、油漆。

金属构件刷防火涂料、木材构件喷刷防火涂料的项目特征包括：喷刷防火涂料构件名称；防火等级要求；涂料品种、刷喷遍数。

(2) 计算规则

墙面刷喷涂料、天棚喷刷涂料：按设计图示尺寸以面积计算，计量单位为 m^2。

空花格、栏杆刷涂料：按设计图示尺寸以单面外围面积计算，计量单位为 m^2。

线条刷涂料：按设计图示尺寸以长度计算，计量单位为 m。

金属构件刷防火涂料：按设计图示尺寸以质量计算或按设计展开面积计算，计量单位为 m^2/t。

木材构件喷刷防火涂料：按设计图示尺寸以面积计算，计量单位为 m^2。

8. 裱糊（编码：011408）

裱糊项目包括：墙纸裱糊、织锦缎裱糊两个清单项目。

(1) 项目特征

裱糊项目特征包括：基层类型；裱糊部位；腻子种类；刮腻子遍数；粘结材料种类；防护材料种类；面层材料品种、规格、颜色。

(2) 计算规则

按设计图示尺寸以面积计算，计量单位为 m^2。

(3) 有关说明

① 门油漆应区分单层木门、双层（一玻一纱）木门、双层（单裁口）木门、全玻自由门、半玻自由门、装饰门及有框门或无框门等，分别编码列项。

② 窗油漆应区分单层玻璃窗、双层（一玻一纱）木窗、双层框扇（单裁口）木窗、双层框三层（二层一纱）木窗、单层组合窗、双层组合窗、木百叶窗、木推拉窗等，分别编码列项。

③ 木扶手应区分带托板与不带托板，分别编码列项。

（十五）其他装饰工程

其他装饰工程主要包括：柜类、货架，压条、装饰线，扶手、栏杆、栏板装饰，暖气罩，浴厕配件，雨篷、旗杆，招牌、灯箱，美术字八个清单项目。

1. 柜类、货架（编码：011501）

柜类、货架项目包括：柜台、酒柜、衣柜、存包柜、鞋柜、书柜、厨房壁柜、木壁柜、厨房低柜、厨房吊柜、矮柜、吧台背柜、酒吧吊柜、酒吧台、展台、收银台、试衣间、货架、书架、服务台二十个清单项目。

(1) 项目特征

柜类、货架项目特征包括：台柜规格；材料种类、规格；五金种类、规格；防护材料种类；油漆品种、刷漆遍数。

（2）计算规则

按设计图示数量计算或按设计图示尺寸以延长米计算或按设计图示尺寸以立方米计算，计量单位为个、延长米或体积。

2. 压条、装饰线（编码：011502）

压条、装饰线项目包括：金属装饰线、木质装饰线、石材装饰线、石膏装饰线、镜面玻璃线、铝塑装饰线、塑料装饰线、GRC 装饰线条八个清单项目。

（1）项目特征

金属装饰线、木质装饰线、石材装饰线、石膏装饰线、镜面玻璃线、铝塑装饰线、塑料装饰线的项目特征包括：基层类型；线条材料品种、规格、颜色；防护材料种类。

GRC 装饰线条的项目特征包括：基层类型；线条规格；线条安装部位；填充材料种类。

（2）计算规则

按设计图示尺寸以长度计算，计量单位为 m。

3. 扶手、栏杆、栏板装饰（011503）

扶手、栏杆、栏板装饰项目包括：金属扶手、栏杆、栏板，硬木扶手、栏杆、栏板，塑料扶手、栏杆、栏板，GRC 栏杆、扶手，金属靠墙扶手，硬木靠墙扶手，塑料靠墙扶手，玻璃栏板八个清单项目。

（1）项目特征

金属扶手、栏杆、栏板，硬木扶手、栏杆、栏板，塑料扶手、栏杆、栏板的项目特征包括：扶手材料种类、规格；栏杆材料种类、规格；栏板材料种类、规格；固定配件种类；防护材料种类。

GRC 栏杆、扶手的项目特征包括：栏杆的规格；安装间距；扶手类型规格；填充材料种类。

金属靠墙扶手、硬木靠墙扶手、塑料靠墙扶手的项目特征包括：扶手材料种类、规格；固定配件种类；防护材料种类。

玻璃栏板的项目特征包括：栏板玻璃的种类、规格、颜色；固定方式；固定配件种类。

（2）计算规则

按设计图示尺寸以扶手中心线长度（包括弯头长度）计算。

4. 暖气罩（编码：011504）

暖气罩项目包括：饰面板暖气罩、塑料板暖气罩、金属暖气罩三个清单项目。

（1）项目特征

暖气罩项目特征包括：暖气罩材质；防护材料种类。

（2）计算规则

按设计图示尺寸以垂直投影面积（不展开）计算，计量单位为 m^2。

5. 浴厕配件（编码：011505）

浴厕配件项目包括：洗漱台、晒衣架、帘子杆、浴缸拉手、卫生间扶手、毛巾杆（架）、毛巾环、卫生纸盒、肥皂盒、镜面玻璃、镜箱十一个清单项目。

（1）项目特征

洗漱台、晒衣架、帘子杆、浴缸拉手、毛巾杆（架）、毛巾环、卫生纸盒、肥皂盒、卫生间扶手的项目特征包括：材料品种、规格、颜色；支架、配件品种、规格。

镜面玻璃的项目特征包括：镜面玻璃品种、规格；框材质、断面尺寸；基层材料种类；防护材料种类。

镜箱的项目特征包括：箱体材质、规格；玻璃品种、规格；基层材料种类；防护材料种类；油漆品种、刷漆遍数。

（2）计算规则

洗漱台按设计图示尺寸以台面外接矩形面积计算，不扣除孔洞、挖弯、削角所占面积，挡板、吊沿板面积并入台面面积内或按设计图示数量计算。

镜面玻璃按设计图示尺寸以边框外围面积计算，计量单位为 m^2。

其他均按设计图示数量计算，计量单位为个（根、套或副）。

6. 雨篷、旗杆（编码：011506）

雨篷、旗杆项目包括：雨篷吊挂饰面、金属旗杆、玻璃雨篷三个清单项目。

（1）项目特征

雨篷吊挂饰面的项目特征包括：基层类型；龙骨材料种类、规格、中距；面层材料品种、规格；吊顶（天棚）材料、品种、规格；嵌缝材料种类；防护材料种类。

金属旗杆的项目特征包括：旗杆材类、种类、规格；旗杆高度；基础材料种类；基座材料种类；基座面层材料、种类、规格。

玻璃雨篷的项目特征包括：玻璃雨篷固定方式；龙骨材料种类、规格、中距；玻璃材料品种、规格；塞缝材料种类；防护材料种类。

（2）计算规则

雨篷吊挂饰面、玻璃雨棚按设计图示尺寸以水平投影面积计算，计量单位为 m^2；金属旗杆按设计图示数量计算，计量单位为根。

7. 招牌、灯箱（编码：011507）

招牌、灯箱项目包括：平面、箱式招牌，竖式标箱，灯箱，信报箱四个清单项目。

（1）项目特征

平面、箱式招牌，竖式标箱，灯箱的项目特征包括：箱体规格；基层材料种类；面层材料种类；防护材料种类。

信报箱的项目特征包括：箱体规格；基层材料种类；面层材料种类；防护材料种类；户数。

（2）计算规则

平面、箱式招牌按设计图示尺寸以正立面边框外围面积计算，复杂形的凸凹造型部分不增加面积，计量单位为 m^2；竖式标箱、灯箱、信报箱按设计图示数量计算，计量单位为个。

8. 美术字（编码：011508）

美术字项目包括：泡沫塑料字、有机玻璃字、木质字、金属字、吸塑字五个清单项目。

（1）项目特征

美术字项目特征包括：基层类型；镌字材料品种、颜色；字体规格；固定方式；油漆品种、刷漆遍数。

（2）计算规则

按设计图示数量计算，计量单位为个。

案例解析

【例 7-1】某工程框架结构建筑物的某层现浇混凝土及钢筋混凝土柱梁板结构图如图 7-1 所示，层高 3.0 m，板厚 120 mm，梁、板顶标高为 +6.0 m，柱的区域部分为（+3.0 m~+6.0 m）。该工程在招标文件中要求，模板单列，不计入混凝土实体项目综合单价，不采用清水模板。试列出该层现浇混凝土及钢筋混凝土柱、梁、板、模板工程的分部分项工程量清单。

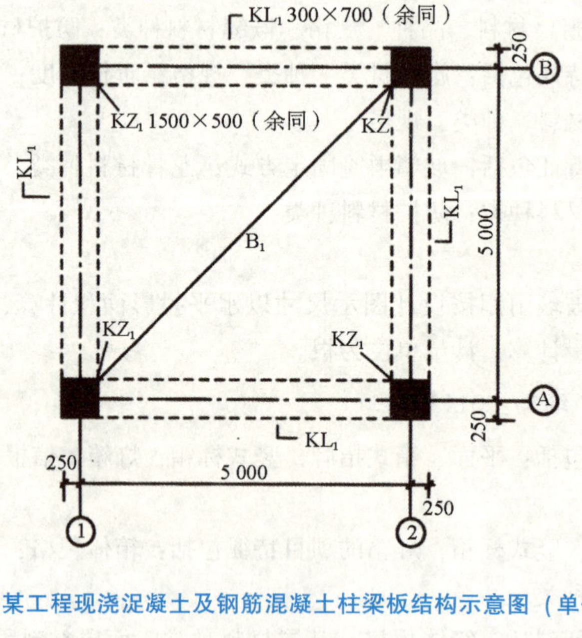

图 7-1 某工程现浇泥凝土及钢筋混凝土柱梁板结构示意图（单位：mm）

【解】（1）确定项目编码和计量单位

① 矩形柱：项目编码 010502001001；计量单位：m^3。

② 有梁板：项目编码 010505001001；计量单位：m^3。

(2) 按计量规范计算清单工程量

① 矩形柱 $S=0.5\times0.5\times3\times4=3\ m^3$

② 有梁板肋梁 $S=0.3\times(0.7-0.12)\times(5-0.5)\times4=3.13\ m^3$

板 $S=5.5\times5.5\times0.12=3.63\ m^3$

有梁板合计 $3.13+3.63=6.76\ m^3$

(3) 工程量清单（表 7-5）

表 7-5　工程量清单表

序号	项目编码	项目名称	项目特征	计量单位	工程数量
1	010502001001	矩形柱	泵送商品混凝土 C30	m^3	3.00
2	010505001001	有梁板	泵送商品混凝土 C30	m^3	6.76

任务二　房屋建筑与装饰工程工程量清单计价

房屋建筑与装饰工程工程量清单计价是建筑项目管理的关键环节。通过精确计算和科学定价，可以有效控制工程成本，确保项目顺利完成。在编制工程量清单时，应充分了解项目特点，准确计算工程量，并依据市场价格和定额进行合理计价。

一、工程量清单计价任务分析

以某服饰车间为人例，进行建筑与装饰工程分部分项工程量清单计价。

1. 准备工作

(1) 熟悉清单计价的原理。

(2) 核对清单工程量。

2. 二级子目工程量计算和定额套用

(1) 计算每个清单工程量各二级子目的计价定额工程量。

(2) 套用定额，进行相应换算。

3. 清单计价

(1) 注意定额工作量与清单工程量的区别。

(2) 用计价定额工程量除以清单工程量来计算单位量（含量）。

① 单位量=1，清单综合单价是计价定额综合单价的简单求和。

② 单位量≠1，清单综合单价= $\sum$（计价定额综合单价 × 单位量）。

二、工程量清单计价任务实施

进行清单计价的过程一般由软件完成比较准确方便，此处不再展开。当在软件中输入清单工程量、二级子目的计价定额工程量和所套计价定额子目，软件会自动计算清单综合单价和合价。

案例解析

【例 7-2】某建筑物有钢筋混凝土柱 10 根，如图 7-2 所示，现柱面挂贴花岗石面层，有关单价及管理费率同 2014 计价定额，编制工程量清单并进行清单计价。

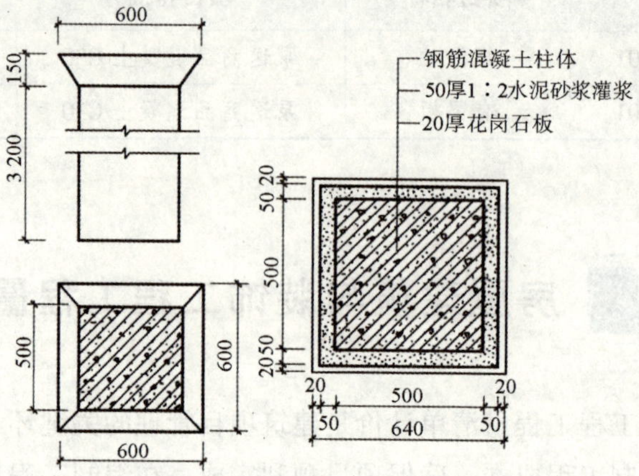

图 7-2　某建筑物钢筋混凝土柱示意图（单位：mm）

【解】1. 编制工程量清单

(1) 确定项目编码和计量单位

花岗石石材柱面：项目编码 011205001001；计量单位：m^2。

(2) 按 2014 计价规范计算清单工程量

$3.2\times10\times0.64\times4+10\times4\times(0.64+0.74)\times0.158/2=86.28\ m^2$

(3) 工程量清单（表 7-6）

表 7-6　工程量清单表

序号	项目编码	项目名称	项目特征	计量单位	工程数量
1	011205001001	花岗石石材柱面	1. 钢筋混凝土柱面结构尺寸 500 mm×500 mm，柱面饰面尺寸 640 mm×640 mm 2. 柱身柱帽挂贴 20 厚花岗石板，灌缝 1：2 水泥砂浆 50 厚 3. 酸洗打蜡	m^2	86.28

2. 清单计价

(1) 按计价定额规定计算定额工程量

① 混凝土柱面湿挂花岗石：$3.2\times10\times0.64\times4=81.92\ m^2$

② 挂贴花岗石柱帽：10×4×（0.64+0.74）×0.158×0.5=4.36 m^2

（2）套用计价定额计算各定额二级子目综合单价

14-125 混凝土柱面湿挂花岗石 3 932.87 元/10 m^2

14-135 挂贴花岗石柱帽 31 703.07 元/10 m^2

（3）工程量清单计价（表 7-7）

表 7-7　工程量清单计价表

序号	项目编码	项目名称	计量单位	工程数量	金额（元）	
					综合单价	合价
1	011205001001	花岗石石材柱面	m^2	86.28	533.62	46 040.60
2	14-125	混凝土柱面湿挂花岗石	10 m^2	8.192	3 932.87	32 218.07
3	14-135	挂贴花岗石柱帽	10 m^2	0.436	31 703.07	13 822.53

项目小结

本项目主要介绍了工程施工图预算的基本方法和技能。通过本项目的学习，读者能正确制定清单，准确记录各项工程量，确保预算的准确性和合理性。

课 后 习 题

一、填空题

1. 土（石）方工程适用于建筑物和构筑物的土（石）方开挖和回填工程。主要包括：土方工程，________及________等项目。

2. 打桩项目包括：预制钢筋混凝土方桩、预制钢筋混凝土管桩、________、________四个清单项目。

3. 砌筑工程适用于建筑物和构筑物的砌筑工程，主要包括：________、________、________、垫层等项目。

4. 现浇混凝土基础项目包括：垫层、________、________、________、________、设备基础六个清单项目。

二、简答题

1. 土（石）方工程有哪些清单项目？其计算规则是什么？

2. 桩基工程中，打桩有哪些清单项目？其项目特征是什么？

3. 门油漆项目清单有哪些？其计算规则是什么？

学习小结

根据个人的学习情况结合珠港澳大桥、白鹤滩水电站、上海中心大厦的大国工程进行回顾总结，要求体现自己在本项目学习过程中所获得的知识、学习目标的实现情况，以及当代大学生如何弘扬工匠精神等方面的感悟。

（撰写总结要求层次清楚，观点明确，建议采用思维导图或表格的形式进行所学知识和学习目标实现情况的总结）

小结如下：____

项目八

建筑工程结算

项目导读

建筑工程结算是建筑工程管理中至关重要的一环，涉及从合同签订到最终支付的全过程。其核心是确保工程成本控制和资金合理使用，同时遵守相关法律法规，维护合同精神和项目利益。建筑工程结算需要系统的理论知识和实际操作技能支持，以确保工程项目的经济性、合法性和顺利完成。

学习目标

知识目标

◆了解不同的工程结算方式，如总价合同、单价合同等。

◆掌握工程预付款的计算、工程进度款结算与支付。

◆熟悉工程变更价款的确定、工程价款的动态结算及竣工结算。

◆掌握工程计价争议的解决办法。

能力目标

◆能够分析工程项目的特点和需求，选择合适的工程结算方式。

◆能够准确编制和审核工程量清单，确保计量的准确性和公正性。

素质目标

◆强调合同精神，培养学生遵守合同约定的专业素养和诚信意识。

◆培养学生细致和严谨的工作态度，确保预付工程款和工程计量过程中的精确和透明。

思政目标

◆培养学生勤俭节约和诚信守法的职业道德，推动建设行业健康发展。

◆强化学生法治观念，理解和遵守相关法律法规，促进合同管理的规范化和法律意识的提升。

◆培养学生责任感和敬业精神，确保工程结算过程的公正性和合法性，维护建设市场的秩序和行业形象。

任务工单

一、任务名称

掌握单价合同、总价合同的计量。

二、任务描述

了解建筑工程相关计量标准，在任务准备的过程中完成表 8-1 的填写。

表 8-1　实训表（一）

姓名		班级		学号	
学时		日期		实践地点	
实训工具	学习工具：现行国家“计量规范”规定				

三、任务目的

通过学习相关计量和计价标准，能够准确编制工程结算。

四、分组讨论

全班学生以 3~6 人为一组，选出各组的组长，组长对组员进行任务分配并将分工情况记入表 8-2 中。

表 8-2　实训表（二）

成员	姓名	任务分工
组长		
组员		

五、任务实施

在任务实施过程中，将遇到的问题和解决办法记录在表 8-3 中。

表 8-3　实训表（三）

成员	遇到的问题	解决办法
1		
2		
3		

六、任务评价

请各小组选出一名代表展示任务实施的成果，并配合指导教师完成表 8-4 的任务评价。

表 8-4　实训表（四）

评价项目	评价内容	分值	评价分值		
			自评	互评	师评
职业素养考核项目	考勤、纪律意识	10 分			
	团队交流与合作意识	10 分			
	参与主动性	10 分			
专业能力考核项目	积极参与教学活动并正确理解任务要求	10 分			
	认真查找与任务相关的资料	10 分			
	任务实施过程记录表的完成度	10 分			
	对相关工程国家“计量规范”的了解程度	20 分			
	独立完成相应任务的程度	20 分			
合计：综合分数	自评（20%）+互评（20%）+师评（60%）	100 分			

任务一　工程结算方式与工程合同价款的约定

工程结算方式与工程合同价款的约定是确保工程项目顺利进行的重要保障。通过明确的合同条款和合理的结算方式，可以有效避免结算过程中的纠纷，保障各方的合法权益。

建筑工程结算

一、工程结算方式

工程结算是指发承包双方根据合同约定，对合同工程在实施中、终止时、已完工后进行的合同价款计算、调整和确认。包括期中结算、终止结算、竣工结算。

按照 2004 年财政部、建设部《建设工程价款结算暂行办法》的规定，工程价款的结算方式主要有以下两种。

① 按月结算与支付。即实行按月支付进度款，竣工后结算的方法。合同工期在两个

年度以上的工程，在年终进行工程盘点，办理年度结算。

② 分段结算与支付。即当年开工、当年不能竣工的工程按照工程形象进度，划分不同阶段，支付工程进度款。具体的工程分段划分，在合同中约定。

二、工程合同价款的约定

（一）合同价款约定的一般规定

1. 合同价款

工程合同价款的约定是建设工程合同的主要内容。

（1）实行招标的工程合同价款应在中标通知书发出之日起 30 日内，由发承包双方依据招标文件和中标人的投标文件在书面合同中约定。合同约定不得违背招、投标文件中关于工期、造价、质量等方面的实质性内容。招标文件与中标人投标文件不一致的地方，以投标文件为准。

（2）不实行招标的工程合同价款，在发承包双方认可的工程价款基础上，由发承包双方在合同中约定。

2. 合同形式

实行工程量清单计价的工程，应采用单价合同。建设规模较小，技术难度较低，工期较短，且施工图设计已审查批准的建设工程可以采用总价合同；紧急抢险、救灾以及施工技术特别复杂的建设工程可以采用成本加酬金合同。

（1）单价合同指发承包双方约定以工程量清单及其综合单价进行合同价款计算、调整和确认的建设工程施工合同。

（2）总价合同指发承包双方约定以施工图及其预算和有关条件进行合同价款计算、调整和确认的建设工程施工合同。

（3）成本加酬金合同指发承包双方约定以施工工程成本再加合同约定酬金进行合同价款计算、调整和确认的建设工程施工合同。

（二）合同价款约定的内容

发承包双方应在合同条款中对下列事项进行约定。

（1）预付工程款的数额、支付时间及抵扣方式。

（2）安全文明施工措施的支付计划，使用要求等。

（3）工程计量与支付工程进度款的方式、数额及时间。

（4）工程价款的调整因素、方法、程序、支付及时间。

（5）施工索赔与现场签证的程序、金额确认与支付时间。

（6）承担计价风险的内容、范围以及超出约定内容、范围的调整办法。

（7）工程竣工价款结算编制与核对、支付及时间。

（8）工程质量保证金的数额、扣留方式及时间。

(9) 违约责任以及发生工程价款争议的解决方法及时间。

(10) 与履行合同、支付价款有关的其他事项等。

提示

合同中没有按照上述要求约定或约定不明的，若发承包双方在合同履行中发生争议由双方协商确定；协商不能达成一致的，按清单“计价规范”的规定执行。

任务二 预付工程款与工程计量

预付工程款为承包方提供了必要的资金支持，使其能够顺利开展工作。而工程计量则为业主方提供了支付工程款的依据，确保每一笔款项都支付得合理且透明。

一、预付工程款

预付款是在开工前，发包人按照合同约定，预先支付给承包人用于购买合同工程施工所需的材料、工程设备，以及组织施工机械和人员进场等的款项。

（一）预付款的一般规定

承包人对预付款必须专用于合同工程。凡是没有签订合同或不具备施工条件的工程，发包人不得预付工程款，不得以预付款为名转移资金。

（二）预付款支付比例

包工包料工程的预付款的支付比例不得低于签约合同价（扣除暂列金额）的10%，不宜高于签约合同价（扣除暂列金额）的30%。即

$$预付工程款=合同价\times预付工程款支付比例 \tag{8-1}$$

（三）预付款支付程序

(1) 承包人应在签订合同或向发包人提供与预付款等额的预付款保函（如有）后向发包人提交预付款支付申请。

(2) 发包人应在收到支付申请的7天内进行核实后向承包人发出预付款支付证书，并在签发支付证书后的7天内向承包人支付预付款。

(3) 发包人没有按合同约定按时支付预付款的，承包人可催告发包人支付；发包人在预付款期满后的7天内仍未支付的，承包人可在付款期满后的第8天起暂停施工。发包人应承担由此增加的费用和（或）延误的工期，并向承包人支付合理利润。

（四）预付款管理

1. 预付款扣回

预付款应从每一个支付期应支付给承包人的工程进度款中扣回，直到扣回的金额达到合同约定的预付款金额为止。

发包人拨付给承包人的预付工程款属于预支性质，当工程实施到一定程度后，随着工程所需主要材料储备的逐步减少，办理工程价款结算时，应以抵充工程结算价款的方式陆续扣回预付的工程款。抵扣方式必须在合同中约定。

常见的预付工程款的扣款方式，是从未施工工程尚需的主要材料的价值相当于预付款数额时起扣，从每次结算的工程价款中按材料比例抵扣预付工程款，竣工前全部扣清。其起扣点公式是

$$T=P-M/N \tag{8-2}$$

式中 T——预付款起扣点，即预付工程款开始扣回时的累计完成工程量金额；

M——预付工程款数额；

N——主要材料所占比例；

P——工程合同价。

另一种预付工程款的扣款方式是按照建设部《招标文件范本》中的规定，在承包人完成金额累计达到合同总价的10%后，由承包人开始向发包人还款，发包人从每次应付给承包人的金额中扣回预付工程款，发包人至少在合同规定的完工期前三个月将预付工程款的总计金额按逐次分摊的办法扣回。

2. 预付款保函处理

承包人的预付款保函（如有）的担保金额根据预付款扣回的数额相应递减，但在预付款全部扣回之前一直保持有效。发包人应在预付款扣完后的 14 天内将预付款保函退还给承包人。

案例解析

【例 8-1】某工程合同价为 1 860 万元，预付工程款的支付比例为 15%，材料费占合同价的比例为 60%，7 月份累计完成工作量 1 480 万元，其中当月完成工作量 320 万元，8 月份累计完成工作量 1 660 万元。

问题：确定预付工程款的起扣点，并计算 7 月份和 8 月份按月工程结算时应抵扣预付款的数额。

【解】① 工程预付款数额 = 1 860×15% = 279（万元）。

② 工程预付款的起扣点：从未施工工程尚需的主要材料的价值相当于预付款数额时起扣。

起扣点 = 1 860−279/60% = 1 395（万元）

③ 因 6 月份累计完成工作量 = 1 480−320 = 1 160（万元），未达到起扣点，故扣款从 7

月份开始。

7 月份应抵扣预付款的数额=（1 480-1 395）×60%=51（万元）。

④ 8 月份应抵扣预付款的数额=（1 660-1 480）×60%=108（万元）。

【例 8-2】某建筑工程承包合同总额为 6 000 万元，主要材料费用占合同总额 60%，工程预付款的额度为 20%，预付款扣款的方法是以未施工工程尚需的主要材料及构件的价值相当于预付款数额时起扣，从每次结算的工程价款中按材料比例抵扣工程价款。截止到 2022 年底累计完成合同价值 3 000 万元，2023 年一季度各月实际完成的合同价值分别为 600 万元、800 万元、800 万元。

问题：计算 2023 年一季度各月应支付的结算工程款。

【解】① 预付工程款数额：6 000×20%=1 200（万元）。

② 预付工程款的起扣点：6 000-1 200/60%=4 000（万元）。

③ 到 2022 年底累计完成合同价值为 3 000 万元，未达到预付工程款的起扣点，2023 年一季度 1 月实际完成的合同价值为 600 万元，累计完成合同价值为 3 600 万元，也未达到预付工程款的起扣点，故 2023 年一季度 1 月应支付的结算工程款为 600 万元。

④ 2023 年一季度 2 月实际完成的合同价值为 800 万元，累计完成合同价值为 4 400 万元，超过了预付工程款的起扣点。故扣款从 2023 年一季度 2 月开始。

2 月应抵扣预付款=（4 400-4 000）×60%=240（万元）。

2 月应支付的结算工程款为 800-240=560（万元）。

⑤ 2023 年一季度 3 月实际完成的合同价值为 800 万元。

3 月应抵扣预付款的数额=800×60%=480（万元）。

3 月应支付的结算工程款为 800-480=320（万元）。

二、工程计量

工程计量是指发承包双方根据合同约定，对承包人完成合同工程的数量进行的计算和确认。正确计量是发包人向承包人支付工程进度款的前提和依据。发、承包双方应在合同中约定工程量的计量时间、程序、方法和要求。

（一）工程计量的一般规定

（1）工程量必须按照相关工程现行国家“计量规范”规定的工程量计算规则计算。

（2）工程计量可选择按月或按工程形象进度分段计量，具体计量周期在合同中约定。

（3）由承包人造成的超出合同工程范围施工或返工的工程量，发包人不予计量。

（二）单价合同的计量

1. 计量原则

工程量必须以承包人完成合同工程应予计量的按照现行国家“计量规范”规定的工程量计算规则计算得到的工程量确定。

2. 计量调整

施工中工程计量时，若发现招标工程量清单中出现缺项、工程量偏差，或因工程变更引起工程量的增减，应按承包人在履行合同义务中实际完成的工程量计算。

3. 计量程序

承包人应当按照合同约定的计量周期和时间，向发包人提交当期已完工程量报告。发包人应在收到报告后7天内核实，并将核实计量结果通知承包人。发包人未在约定时间内进行核实的，则承包人提交的计量报告中所列的工程量视为承包人实际完成的工程量。

4. 现场计量

发包人认为需要进行现场计量核实时，应在计量前24小时通知承包人，承包人应为计量提供便利条件并派人参加。双方均同意核实结果时，则双方应在上述记录上签字确认。承包人收到通知后不派人参加计量，视为认可发包人的计量核实结果。发包人不按照约定时间通知承包人，致使承包人未能派人参加计量，计量核实结果无效。

5. 计量确认

如承包人认为发包人核实后的计量结果有误，应在收到计量结果通知后的7天内向发包人提出书面意见，并附上其认为正确的计量结果和详细的计算资料。发包人收到书面意见后，应在7天内对承包人的计量结果进行复核后通知承包人。承包人对复核计量结果仍有异议的，按照合同约定的争议解决办法处理。

6. 计量报表

承包人完成已标价工程量清单中每个项目的工程量后，发包人应要求承包人派人共同对每个项目的历次计量报表进行汇总，以核实最终结算工程量。发承包双方应在汇总表上签字确认。

（三）总价合同的计量

（1）采用工程量清单方式招标形成的总价合同，其工程量应按照单价合同计量的规定计算。

（2）采用经审定批准的施工图纸及其预算方式发包形成的总价合同，除按照工程变更规定引起的工程量增减外，总价合同各项目的工程量是承包人用于结算的最终工程量。

（3）总价合同约定的项目计量应以合同工程经审定批准的施工图纸为依据，发承包双方应在合同中约定工程计量的形象目标或时间节点进行计量。

（4）承包人应在合同约定的每个计量周期内，对已完成的工程进行计量，并向发包人提交达到工程形象目标完成的工程量和有关计量资料的报告。

（5）发包人应在收到报告后7天内对承包人提交的上述资料进行复核，以确定实际完成的工程量和工程形象目标。对其有异议的，应通知承包人进行共同复核。

任务三 合同价款调整

合同价款调整是在合同价款调整因素出现后，发承包双方根据合同约定，对合同价款进行变动的提出、计算和确认。

发承包双方应当按照合同约定调整合同价款的情形有：法律法规变化；工程变更；项目特征描述不符；工程量清单缺项；工程量偏差；计日工；现场签证；物价变化；暂估价；不可抗力；提前竣工（赶工补偿）；误期赔偿；施工索赔；暂列金额等。

一、法律法规变化引起的合同价款调整

发包人完全承担法律、法规、规章和政策变化等引起的合同价款调整，省级或行业建设主管部门发布的人工费调整、由政府定价或政府指导价管理的原材料等价格的调整也应由发包人承担。

（1）招标工程以投标截止日前 28 天，非招标工程以合同签订前 28 天为基准日，其后国家的法律、法规、规章和政策发生变化引起工程造价增减变化的，发承包双方应当按照省级或行业建设主管部门或其授权的工程造价管理机构据此发布的规定调整合同价款。

（2）由于承包人原因导致工期延误，且法律法规变化发生在合同工程原定竣工时间之后，合同价款调增的不予调整，合同价款调减的予以调整。也就是说承包人由于自身原因导致工期延误而引起事件状态发生变化的，应遵循逆向原则，不能从事件状态变化中获得益处，风险自担。

发包人承担法律、法规、规章和政策变化等引起的合同价款的时间界限如图 8-1 所示。

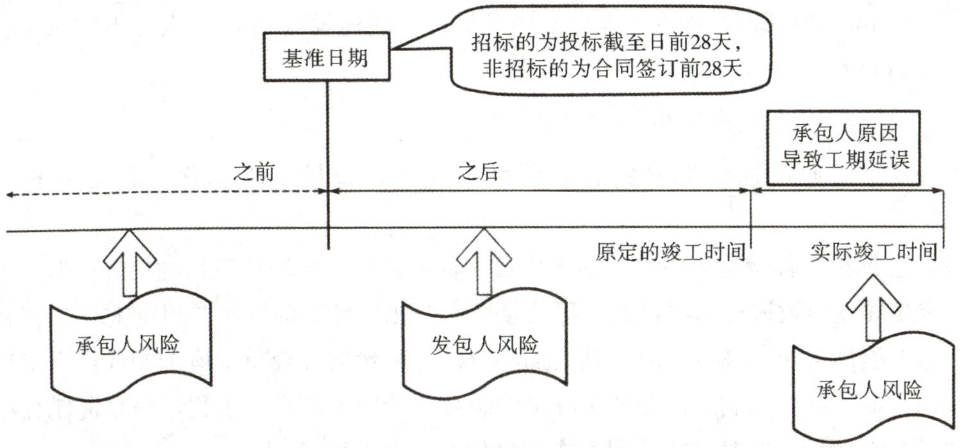

图 8-1 发包人承担责任的时间界限图

二、工程变更和工程量偏差引起的合同价款调整

工程变更是指合同工程实施过程中由发包人提出或由承包人提出经发包人批准的合同工程任何一项工作的增、减、取消或施工工艺、顺序、时间的改变，设计图纸的修改，施工条件的改变，招标工程量清单的错、漏从而引起合同条件的改变或工程量的增减变化。

工程量偏差是指承包人按照合同工程的图纸（含经发包人批准由承包人提供的图纸）实施，按照现行国家“计量规范”规定的工程量计算规则计算得到的完成合同工程项目应予计量的工程量与相应的招标工程量清单项目列出的工程量之间出现的量差。

工程实践中，工程变更是项目投资失控的关键因素，发、承包双方应将变更管理作为风险管理的重点内容。工程量清单计价模式下，工程变更管理的关键问题主要是工程变更价款的确定程序和工程变更价款的确定。

（一）变更程序

（1）出现合同价款调增事项后的 14 天内，承包人应向发包人提交合同价款调增报告并附上相关资料，若承包人在 14 天内未提交合同价款调增报告的，视为承包人对该事项不存在调整价款请求。

（2）出现合同价款调减事项后的 14 天内，发包人应向承包人提交合同价款调减报告并附相关资料，若发包人在 14 天内未提交合同价款调减报告的，视为发包人对该事项不存在调整价款请求。

（3）发（承）包人应在收到承（发）包人合同价款调增（减）报告及相关资料之日起 14 天内对其核实，予以确认的应书面通知承（发）包人。如有疑问，应向承（发）包人提出协商意见。发（承）包人在收到合同价款调增（减）报告之日起 14 天内未确认也未提出协商意见的，视为承（发）包人提交的合同价款调增（减）报告已被发（承）包人认可。发（承）包人提出协商意见的，承（发）包人应在收到协商意见后的 14 天内对其核实，予以确认的应书面通知发（承）包人。如承（发）包人在收到发（承）包人的协商意见后 14 天内既不确认也未提出不同意见的，视为发（承）包人提出的意见已被承（发）包人认可。

（二）分部分项工程变更价款的确定

工程变更引起已标价工程量清单项目或其工程数量发生变化，应按照下列规定调整。

（1）已标价工程量清单中有适用于变更工程项目的，采用该项目的单价；但当工程变更或工程量偏差导致该清单项目的工程数量发生变化，且工程量偏差超过 15%，调整的原则为：当工程量增加 15%以上时，其增加部分的工程量的综合单价应予调低；当工程量减少 15%以上时，减少后剩余部分的工程量的综合单价应予调高。工程量偏差责任分担范围示意如图 8-2 所示。此时，按下列公式调整分部分项工程费。

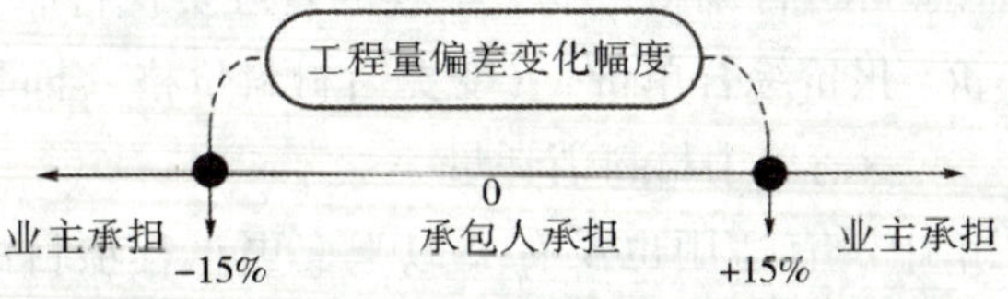

图 8-2 工程量偏差责任分担范围示意图

当 $Q_1>1.15Q_0$ 时

$$S=1.15Q_0\times P_0+(Q_1-1.15Q_0)\times P_1 \tag{8-3}$$

当 $Q_1<0.85Q_0$ 时

$$S=Q_1\times P_1 \tag{8-4}$$

式中 S——调整后的某一部分项工程结算价；

Q_1——最终完成的工程量；

Q_0——招标工程量清单中列出的工程量；

P_1——调整后的综合单价；

P_0——承包人在工程量清单中填报的综合单价。

按合同中已有的综合单价确定时包括两种情况：工程量的变化和工程量的变更。

工程量的变化是由于设计图纸深度不够或者业主编写工程量清单时工程量编写错误，而导致在实施过程中工程量产生变化，且变化幅度在15%以内，这种情况不改变合同标的物，不构成变更，执行原合同单价。

工程量的变更是在工程项目建设过程中，由于工程变更而使合同中已有某些工作的工程量单纯地进行增减，且变化幅度在15%以内，这种变更的综合单价执行原合同单价。如某栋楼墙面贴瓷砖，合同中写明工程量是 3 000 m^2，在实际施工过程中，业主进行变更，增加了墙面贴瓷砖工程，面积增加至 3 200 m^2。

（2）已标价工程量清单中没有适用、但有类似于变更工程项目的，可在合理范围内参照类似项目的单价。此类变更主要包括以下两种情形。

① 变更项目与合同中已有的工程量清单项目，两者的施工图纸改变，但是施工方法、材料、施工环境不变。如水泥砂浆找平层厚度的改变，或者沥青混凝土路面设计改变。

在这种情况下，变更项目综合单价的组价内容没有变，可以原报价清单综合单价为基础采用按比例分配法确定变更项目的综合单价，即单位变更工程的人工费、机械费、材料费的消耗量按比例进行调整，人工单价、材料单价、机械单价不变；变更工程的管理费及利润执行原合同确定的费率。如项目 14 中地砖黏结层厚度的改变。

② 变更项目与合同中已有项目两者材质改变，而人工、材料、机械消耗量及施工方法、施工环境相同。如混凝土标号由 C20 变为 C25。

在此情形下，由于变更项目只改变材料，变更项目的综合单价只需将原有项目综合单价中材料的组价进行替换，替换为新材料组价，即变更项目的人工费、机械费执行原清单项目的人工费、机械费；变更项目的材料消耗量执行报价清单中的消耗量，对报价清单中的材料单价可按市场价信息价进行调整；变更工程的管理费执行原合同确定的费率。

变更项目综合单价=报价综合单价+（变更后材料价格-合同中的材料价格）×清单中材料消耗量 （8-5）

③ 已标价工程量清单中没有适用也没有类似于变更工程项目的，由承包人根据变更工程资料、计量规则和计价办法、工程造价管理机构发布的信息价格和承包人报价浮动率提出变更工程项目的单价，报发包人确认后调整。合同中没有适用或类似单价的变更，应符合以下特点之一。

◆变更项目与合同中已有的项目性质不同，因变更产生新的工作，从而产生新的单价，原清单单价无法套用。

◆ 因变更导致施工环境不同。

◆ 变更工程的增减工程量、价格在执行原有单价的合同约定幅度以外。

◆ 承包商对原合同项目单价采用明显不平衡报价。

◆ 变更工作增加了关键线路工程的施工时间。

变更项目综合单价=变更项目初始综合单价×（1-承包人报价浮动率） （8-6）

承包人报价浮动率可按下列公式计算

招标工程

承包人报价浮动率 L=（1-中标价/招标控制价）×100% （8-7）

非招标工程

承包人报价浮动率 L=（1-报价值/施工图预算）×100% （8-8）

④ 已标价工程量清单中没有适用也没有类似于变更工程项目，且工程造价管理机构发布的信息价格缺价的，由承包人根据变更工程资料、计量规则、计价办法和通过市场调查等取得有合法依据的市场价格提出变更工程项目的单价，报发包人确认后调整。

⑤ 如果工程变更项目出现承包人在工程量清单中填报的综合单价与发包人招标控制价相应清单项目的综合单价偏差超过15%，则工程变更项目的综合单价可由发承包双方调整。

（三）措施项目变更价款的确定

工程变更引起施工方案改变，并使措施项目发生变化的，承包人提出调整措施项目费的，应事先将拟实施的方案提交发包人确认，并详细说明与原方案措施项目相比的变化情况。如果承包人未事先将拟实施的方案提交给发包人确认，则视为工程变更不引起措施项目费的调整或承包人放弃调整措施项目费的权利。拟实施的方案经发承包双方确认后执行。并应按照下列规定调整措施项目费。

（1）安全文明施工费按照实际发生变化的措施项目调整，必须按国家或省级、行业建设主管部门的规定计算，不得作为竞争性费用。

（2）采用单价计算的措施项目费，按照实际发生变化的措施项目，并按分部分项工程单价合同价款调整的规定确定单价。采用单价计算的措施项目有脚手架费，混凝土、混凝土模板及支架（撑）费，垂直运输费，超高施工增加费，大型机械设备进出场及安拆费，施工排水、降水费。

（3）按总价（或系数）计算的措施项目费，除安全文明施工费外，还包括夜间施工增加费，非夜间施工照明费，二次搬运费，地上、地下设施、建筑物的临时保护设施费，已完工程及设备保护费。

提示

采用总价计算的措施项目按照实际发生变化的措施项目调整，但应考虑承包人报价浮动因素。即：工程结算的措施项目费＝工程量清单中填报的措施项目费±工程变更部分的措施项目费×承包人报价浮动率。如果承包人未事先将拟实施的方案提交给发包人确认，则视为工程变更不引起措施项目费的调整或承包人放弃调整措施项目费的权利。

三、项目特征描述不符及工程量清单缺项引起的合同价款调整

（一）项目特征描述不符

发包人在招标工程量清单中对项目特征的描述，应被认为是准确的和全面的，并且与实际施工要求相符合。承包人应按照发包人提供的招标工程量清单，根据其项目特征描述的内容及有关要求实施合同工程，直到其被改变为止。

项目特征描述不符分为两种情况。

（1）招标工程量清单与实际施工要求不符。

（2）招标工程量清单与设计图纸不符。

承包人应按照发包人提供的设计图纸实施合同工程，若在合同履行期间，出现设计图纸（含设计变更）与招标工程量清单任一项目的特征描述不符，且该变化引起该项目的工程造价增减变化的，应按照实际施工的项目特征按相关规定重新确定相应工程量清单项目的综合单价，调整合同价款。

（二）工程量清单缺项

合同履行期间，由于招标工程量清单中缺项，新增分部分项工程清单项目的，应按照规定确定综合单价，调整合同价款。新增分部分项工程清单项目后，引起措施项目发生变化的，在承包人提交的实施方案被发包人批准后，调整合同价款。

由于招标工程量清单中措施项目缺项，承包人应将新增措施项目实施方案提交发包人批准后，按照规定调整合同价款，因此，工程量清单缺项引起的价款调整依然参照变更价款的确定原则，其调整因素如图 8-3 所示。

工程量清单缺项
- 分部分项工程费发生变化——→直接调整综合单价
- 措施项目费发生变化
  - 采用单价计算的——→直接调整综合单价
  - 采用总价计算的安全文明施工费——→直接调整总价

图 8-3　工程量清单缺项调整因素

综上所述，无论是“设计图纸与工程量清单项目特征描述不符”风险，还是“工程量清单缺项引起的分部分项清单项目及措施项目的增加”风险，均应由业主承担。究其原因在于：变更类风险导致的变更发生属于一种主动性行为，只有经过业主（监理师指令）允许后才会发生变更，因此，业主必须为自己的行为负责，承担此类变更性风险，而不应该由承包商承担。

知识链接

不可抗力引起的合同价款调整

因不可抗力事件而导致的人员伤亡、财产损失及其费用增加，发承包双方应按以下原则分别承担并调整合同价款和工期。

① 合同工程本身的损害、因工程损害而导致第三方人员伤亡和财产损失以及运至施工场地用于施工的材料和待安装的设备的损害，由发包人承担。

② 发包人、承包人人员伤亡由其所在单位负责，并承担相应费用。

③ 承包人的施工机械设备损坏及停工损失，由承包人承担。

④ 停工期间，承包人应发包人要求留在施工场地的必要的管理人员及保卫人员的费用由发包人承担。

⑤ 工程所需清理、修复费用，由发包人承担。

不可抗力解除后复工的，若不能按期竣工，应合理延长工期，发包人要求赶工的，赶工费用由发包人承担。

四、现场签证引起的合同价款调整

现场签证是发包人现场代表（或其授权的监理人、工程造价咨询人）与承包人现场代表就施工过程中涉及的责任事件所作的签认证明。

（一）签证的前提

1. 发包人指令

承包人应发包人要求完成合同以外的零星项目、非承包人责任事件等工作的，发包人应及时以书面形式向承包人发出指令，提供所需的相关资料；承包人在收到指令后，应及时向发包人提出现场签证要求。

2. 承包人提出

承包人在施工过程中，若发现合同工程内容因场地条件、地质水文、发包人要求等不一致时，应提供所需的相关资料，提交发包人签证认可，作为合同价款调整的依据。

（二）签证处理程序和支付时间

（1）承包人应在收到发包人指令后的 7 天内，向发包人提交现场签证报告，发包人应在收到现场签证报告后的48小时内对报告内容进行核实，予以确认或提出修改意见。发包人在收到承包人现场签证报告后的48小时内未确认也未提出修改意见的，视为承包人提交的现场签证报告已被发包人认可。

（2）现场签证工作完成后的7天内，承包人应按照现场签证内容计算价款，报送发包人确认后，作为增加合同价款，与进度款同期支付。

（三）签证费用计算

现场签证的工作如已有相应的计日工单价，则现场签证中应列明完成该类项目所需的人工、材料、工程设备和施工机械台班的数量。

如现场签证的工作没有相应的计日工单价，应在现场签证报告中列明完成该签证工作所需的人工、材料设备和施工机械台班的数量及其单价。

$$\text{现场签证费用}=\sum_{i=1}^{n}\text{人工单价}i\times\text{人工数量}i+\sum_{k=1}^{m}\text{材料单价}k\times\text{材料数量}k+\sum_{j=1}^{p}\text{施工机械单价}j\times\text{机械台班}j \tag{8-9}$$

单价的确定　　量的确定

（四）承包商自行承担签证费用的情形

合同工程发生现场签证事项，未经发包人签证确认，承包人便擅自施工的，除非征得发包人书面同意，否则发生的费用由承包人承担。

（五）工程变更与现场签证的区别

在工程实践中，往往会把工程变更与现场签证混淆，对工程造价的确定与控制造成影响。工程变更与现场签证的区别见表8-5。

表8-5　工程变更与现场签证的区别

类目	工程变更	现场签证
适用范围	更改工程有关部分的标高、基线、位置和尺寸； 增减合同中约定的工程量； 取消合同中约定的工程内容； 改变工程质量、性质或工程类型； 改变有关工程的施工时间和顺序； 其他有关工程变更需要的附加工作	施工企业除施工图纸、工程变更所确定的工程内容外，施工图预算或预算定额取费中未含有而施工中又实际发生费用的施工内容
性质	以设计变更、技术变更为主	以返修加固、施工中途修改或增减的工程量为主
特点	工程变更数量相对现场签证较少，有规定的审批程序，手续较复杂	临时发生，具体内容不同，没有规律性。手续简单，无正式程序
提出者	提出工程变更的各方当事人包括业主、设计单位、施工单位、监理工程师以及工程相邻地段的第三方等提出的变更	一般由施工单位提出

续表

类目	工程变更	现场签证
变更程序	设计变更一般由发包人提出，向承包人发出变更通知。变更超过原设计标准或建设规模，须经原规划管理部门和其他有关部门审查批准，并由原设计单位提供变更的相应图纸和说明。承包人提出设计变更必须经工程师同意。其他变更应由一方提出，与对方协商一致签署补充协议后，方可进行变更	施工单位报审，现场监理和业主签发，不需要规划管理部门和其他有关部门审查批准
费用处理	按工程变更处理，计入追加合同价款，与工程进度款同期支付，最后从“暂列金额”项目中开支	所发生的费用按发生原因处理。计入现场签证费用，从“暂列金额”开支，与工程进度款同期支付

现场签证可以定义为承发包双方确认工程相关事项的文件。现场签证的签证主体、签证事项、签证形式三项要件缺一不可。

案例解析

【例 8-3】某土方工程的清单工程量为 1 000 000 m^3，合同约定：工程款按月支付并同时在该款项中扣留 5%的工程预付款，土方工程的综合单价为 12 元/m^3，当实际工程量超过清单工程量 15%时，超过部分调整单价为 10 元/m^3。某月施工单位完成的土方工程量为 300 000 m^3，截至该月累计完成的工程量为 1 250 000 m^3，则该月的结算工程款是多少？

【解】根据题意可知，当完成的实际工程量≤100×（1+15%）= 1 150 000 m^3 时，土方工程的综合单价按 12 元/m^3 计算，超过 1 150 000 m^3 的工程量综合单价按 10 元/m^3 计算。

截至该月累计完成的工程量为 1 250 000 m^3。因此，在该月完成的 300 000 m^3 土方工程量中，有 200 000 m^3 的工程量综合单价仍按 12 元/m^3 计算，100 000 m^3 的工程量综合单价按 10 元/m^3 计算。扣留 5%的工程预付款后，则该月的结算工程款：

（12×20+10×10）×（1-5%）= 323（万元）

【例 8-4】某长江大桥在工程的实施过程中，设计单位为了降低造价，对大桥的主塔桩基础进行了优化设计：原设计钻孔灌注桩直径为 2. 8 m，投标单价为 11 682. 92 元/m，该清单项目总价为 50 330 019 元。实际施工开始前，经设计单位优化设计，上部结构重量减少，钻孔桩的直径调整为 2. 5 m。对这一工程变更，承包人提出了调整清单支付单价，并且重新编制了预算，在桩的总长度不变、桩径缩小的情况下，提出了变更单价为 18 750. 89 元/m，清单项目总价为 80 778 824 元。

问题：承包商提出的变更是否合理？应如何调整？

【解】针对该项设计变更，在原有的工程量清单中已有适用于该项的单价组成。承包方原投标单价组成及变更发生后提出的新单价组成详见表 8-6。

表 8-6　钻孔灌注桩综合单价变更表

项目	原投标单价/(元/m)	变更发生后提出的单价/(元/m)	最终确认单价/(元/m)
水上钻孔灌注桩	11 682.92	18 750.89	10 508.86
1. 钻孔	5 734.84	7 745.89	5 120.39
2. 水下混凝土	2 759.34	5 243.77	2 199.73
3. 钢护筒及平台	3 188.74	5 761.23	3 188.74
总价/元	50 330 019	80 778 824	45 272 169

① 由直径 2.8 m 变更为 2.5 m，施工难度降低，但考虑变更因由业主提出，对承包人的机具准备、施工方案造成了影响，所以，钻孔拟根据直径的大小进行同比计算。即：5 734.84×2.5/2.8=5 120.39（元/m）

② 水下 30 号混凝土，因直径变小，长度不变，所用混凝土数量按截面积比例进行调整。即：2 759.34×（2.5×2.5）/（2.8×2.8）=2 199.73（元/m）

③ 考虑桩径缩小，护筒的用量也缩小，应该同样予以调减；平台由于整个群桩范围没有缩小，桩径缩小，对平台工程量基本没有影响，因此不予调整。但承包人提出，因桩径缩小，造成其原应有利润降低，原来摊在桩基混凝土单价中的拌和船因混凝土工程量减小，摊销费增加。为公正合理处理变更工程，考虑承包人提出的合理因素影响，经过协商确定，钢护筒及平台的费用不调减，水上拌和船费用的增加、利润降低也不补偿，由此形成的最终确认单价详见表 8-6。

在以调整后的综合单价为计算基础的情况下，该清单项目总价为 45 272 169 元，比原来的 2.8 m 钻孔桩节约造价 5 057 850 元。通过设计变更既优化了设计，又合理地控制了因设计变更而导致的价款调整，达到了节约工程投资的目的。

任务四　工程索赔

索赔是指在工程合同履行过程中，合同当事人一方由于非己方的原因而遭受损失，按合同约定或法律法规规定应由对方承担责任，从而向对方提出补偿的要求。

一、工程索赔的特征

建设工程施工中的索赔是双向的，承包人可向发包人索赔，发包人也可向承包人索赔。索赔是发、承包双方行使正当权利的行为。而在通常情况下，索赔是指承包人（施工单位）在合同实施过程中，对非自身原因造成的工程延期、费用增加而要求发包人给予补偿损失的一种权利要求。

（一）承包商向业主的索赔

承包商向业主的索赔内容包括：不利的自然条件与人为障碍引起的索赔，工程变更引起的索赔，工期延期的费用索赔，提前竣工费用的索赔，业主不正当地终止工程而引起的索赔，物价上涨引起的索赔，法律、货币及汇率变化引起的索赔，拖延支付工程款的索赔，业主的风险及不可抗力等。

（二）业主向承包商的索赔

由于承包商不履行或不完全履行约定的义务，或者承包商的行为使业主受到损失时，业主可向承包商提出索赔。业主向承包商的索赔内容有：工期延误索赔，质量不满足合同要求索赔，承包商不履行的保险费用索赔，对超额利润的索赔，对指定分包商的付款索赔，业主合理终止合同或承包商不正当地放弃工程的索赔等。

索赔是一种未经对方确认的单方行为，只有实际发生了经济损失或权利损害，一方才能向对方索赔。按索赔目的可以将工程索赔分为工期索赔和费用索赔。

二、施工索赔成立条件和索赔程序

施工索赔的成立，一是对于索赔事件，承包人没有责任；二是依据合同的约定，属于发包人的责任（或非承包人责任）。同时事件的发生对于承包人形成了实际的损失或延误。

根据合同约定，承包人认为非承包人原因发生的事件造成了承包人的损失，应按以下程序向发包人提出索赔。

（1）承包人应在知道或应当知道索赔事件发生后 28 天内，向发包人提交索赔意向通知书，说明发生索赔事件的事由。承包人逾期未发出索赔意向通知书的，丧失索赔的权利。

（2）承包人应在发出索赔意向通知书后 28 天内，向发包人正式提交索赔通知书。索赔通知书应详细说明索赔理由和要求，并附必要的记录和证明材料。

（3）索赔事件具有连续影响的，承包人应继续提交延续索赔通知，说明连续影响的实际情况和记录。

（4）在索赔事件影响结束后的 28 天内，承包人应向发包人提交最终索赔通知书，说明最终索赔要求，并附必要的记录和证明材料。

三、索赔计算

（一）索赔费用组成

承包人要求赔偿时，可以选择以下一项或几项方式获得赔偿。

（1）延长工期。

（2）要求发包人支付实际发生的额外费用。

（3）要求发包人支付合理的预期利润。

（4）要求发包人按合同的约定支付违约金。

发包人要求赔偿时，可以选择以下一项或几项方式获得赔偿。

(1) 延长质量缺陷修复期限。

(2) 要求承包人支付实际发生的额外费用。

(3) 要求承包人按合同的约定支付违约金。

工程项目建设施工的复杂性和长期性，使索赔内容复杂多样，如人为障碍、不利的自然条件、不可预见因素、设计遗漏、工程价款支付、人工、材料、机械要素市场价格的变化等都有可能引起索赔，计算较为复杂。其主要费用如下。

(1) 人工费。包括增加工作内容的人工费、停工损失费和工作效率降低的损失费等，其中增加工作内容的人工费按计日工费计算，而停工损失费和工作效率降低的损失费按窝工费计算。

(2) 材料费。因索赔事件发生，材料实际用量超过合同内的计划用量而增加的材料费和材料因市场价格浮动（合同中规定）需调整的材料费以及索赔事件发生导致材料价格浮动（超过合同规定）、超期储备、二次运输等增加的费用。

(3) 机械费。可采用机械台班费、机械折旧费、设备租赁费等几种形式。工作内容增加引起的机械费索赔时，按机械台班费计算因窝工而引起的设备费索赔，如机械属于施工企业自有，按机械折旧费计算；如机械属于施工企业从外部租赁，按设备租赁费计算。

(4) 管理费。因索赔事件发生，额外增加的现场管理和公司（总部）管理费。

(5) 利润。一般来说，由于工程范围的变更、文件有缺陷或技术性错误、业主未能提供现场等引起的索赔，承包商可以列入利润。但对于工程暂停的索赔，由于利润通常是包括在每项实施的工程内容的价格之内的，而延误工期并未削减某些项目的实施而导致利润减少，因此不应将利润列入索赔额。

(二) 费用索赔的计算

费用索赔的计算方法主要有总费用法、修正的总费用法和实际费用法。

1. 总费用法

计算出索赔工程的总费用，减去原合同报价，即得索赔金额。

$$索赔费用=工程结算造价-工程预算造价（或合同价） \tag{8-10}$$

2. 修正的总费用法

原则上与总费用法相同，计算对某些方面作出相应的修正，以使结果更趋合理，修正的内容主要有：一是计算索赔金额的时期仅限于受事件影响的时段，而不是整个工期；二是只计算在该时期内受影响项目的费用，而不是全部工作项目的费用；三是不采用原合同报价，而是采用在该时期内如未受事件影响而完成该项目的合理费用。根据上述修正，可比较合理地计算出索赔事件影响而实际增加的费用。

3. 实际费用法

即按照每件索赔事件所引起损失的费用项目分别分析计算索赔值，然后将各费用项目的索赔值汇总，就可得到总索赔费用值。常用的费用索赔计算方法是实际费用法。

$$\text{索赔费用} = \text{每个或每类索赔事件的索赔费用之和} = \sum \text{索赔费用}\ a、b、c\cdots \quad (8\text{-}11)$$

（三）工期索赔的计算

工期索赔的计算主要有网络分析法和比例计算法两种。

1. 网络分析法

网络分析法是利用进度计划的网络图，分析其关键线路。如果延误的工作为关键工作，则总延误的时间为批准顺延的工期；如果延误的工作为非关键工作，当该工作由于延误超过时差限制而成为关键工作时，可以批准延误时间与时差的差值；若该工作延误后仍为非关键工作，则不存在工期索赔问题。

由于非承包商自身的原因造成关键线路上的工序暂停施工时，工期索赔天数=关键线路上的工序暂停施工的日历天数；由于非承包商自身的原因造成非关键线路上的工序暂停施工时，工期索赔天数=工序暂停施工的日历天数-该工序的总时差天数。

2. 比例计算法

比例计算法计算公式为

工期索赔值=（额外增加的工程量的价格/原合同总价）×原合同总工期　（8-12）

发承包双方在按合同约定办理了竣工结算后，应被认为承包人已无权再提出竣工结算前所发生的任何索赔。承包人在提交的最终结清申请中，只限于提出竣工结算后的索赔，提出索赔的期限自发承包双方最终结清时终止。

案例解析

【例 8-5】某工程施工中由于非承包商原因致使承包商的工人窝工 50 工日，增加配合用工 10 工日，机械两个台班。合同中约定人工单价为 80 元/工日，机械台班为 360 元/台班，人员窝工补贴费为 25 元/工日。承包商可获得的直接工程费索赔额是多少？

【解】增加配合用工 10 工日的人工费=80×10=800（元）

窝工补贴费=25×50=1 250（元）

增加机械两个台班的机械台班费=360×2=720（元）

可获得的直接工程费索赔额=800+1 250+720=2 770（元）

【例 8-6】某基础工程，基坑开挖后，发现局部有原勘察报告中没有说明的较深软土层，施工方按监理工程师的指示配合进行地质复查，配合用工 50 个工日。地质复查后，由设计单位对原基础设计方案进行了修改，施工方按批准的方案进行施工，由此增加直接费 8 万元，因地质复查和处理，作业时间延长 10 天，人员窝工 60 个工日，机械闲置 15 个台班。此外，由于施工单位挖土施工机械出现了从未出现过的机械故障，作业时间延长了 15 天，并造成人员窝工 30 个工日，机械闲置 15 个台班。

已知：人工费为 130 元/工日，窝工人工费补偿标准为 25 元/工日，机械台班为 500 元/台班，台班折旧费为 50 元/台班，综合费率为 30%。

问题：该基础工程施工过程中，哪些事件索赔成立，哪些不成立，为什么？对索赔成立的事件承包商能得到的工期补偿为多少？费用补偿为多少？

【解】 ① 因地质条件的变化属于非承包商原因，索赔成立。因施工单位挖土施工机械出现机械故障，属于承包商应承担的责任，索赔不成立。

② 施工方可得到的费用索赔为：

$[50\times130+80\ 000]\times(1+30\%)+60\times25+15\times50=114\ 700$（元）

施工方可得到的工期索赔为：10 天。

任务五　工程进度款中期支付

工程进度款是指在合同工程施工过程中，发包人按照合同约定对付款周期内承包人完成的合同价款给予支付的款项，也是合同价款期中结算支付。

发承包双方应按照合同约定的时间、程序和方法，根据工程计量结果，办理期中价款结算，支付进度款。进度款支付周期，应与合同约定的工程计量周期一致。

一、工程进度款支付额度

《建设工程价款结算暂行办法》第十三条（三）工程进度款支付规定：根据确定的工程计量结果，承包人向发包人提出支付工程进度款申请，14 天内，发包人应按不低于工程价款的 60%，不高于工程价款的 90% 向承包人支付工程进度款。按约定时间发包人应扣回的预付款，与工程进度款同期结算抵扣。

二、工程进度款支付申请

承包人应在每个计量周期到期后的 7 天内向发包人提交已完工程进度款支付申请一式四份，详细说明此周期认为有权得到的款额，包括分包人已完工程的价款。支付申请的内容包括以下。

（1）累计已完成的合同价款。

（2）累计已实际支付的合同价款。

（3）本周期合计完成的合同价款，包括：本周期已完成单价项目的金额，本周期应支付的总价项目的金额，本周期已完成的计日工价款，本周期应支付的安全文明施工费，本周期应增加的金额。

（4）本周期合计应扣减的金额，包括本周期应扣回的预付款和本周期应扣减的金额。

（5）本周期实际应支付的合同价款。

三、工程进度款支付程序

（1）发包人应在收到承包人进度款支付申请后的 14 天内，根据计量结果和合同约定对申请内容予以核实，确认后向承包人出具进度款支付证书。若发承包双方对有的清单项目的计量结果出现争议，发包人应对无争议部分的工程计量结果向承包人出具进度款支付证书。

（2）发包人应在签发进度款支付证书后的 14 天内，按支付证书列明的金额向承包人支付进度款。

（3）若发包人逾期未签发进度款支付证书，则视为承包人提交的进度款支付申请已被发包人认可，承包人可向发包人发出催告付款的通知。发包人应在收到通知后的 14 天内，按照承包人支付申请的金额向承包人支付进度款。

（4）发包人未按照规定支付进度款的，承包人可催告发包人支付，并有权获得延迟支付的利息；发包人在付款期满后的 7 天内仍未支付的，承包人可在付款期满后的第 8 天起暂停施工。发包人应承担由此增加的费用和（或）延误的工期，向承包人支付合理利润，并承担违约责任。

四、关于进度款支付的其他规定

1. 甲供材料款的支付处理

发包人提供的甲供材料金额，应按照发包人签约提供的单价和数量从进度款支付中扣出，列入本周期应扣减的金额中。

2. 索赔及签证款的支付处理

承包人现场签证和得到发包人确认的索赔金额列入本周期应增加的金额中。

3. 进度款的修正处理

发现已签发的任何支付证书有错、漏或重复的数额，发包人有权予以修正，承包人也有权提出修正申请。经发承包双方复核同意修正的，应在本次到期的进度款中支付或扣除。

4. 措施费的计量与支付

已标价工程量清单中的单价项目，承包人应按工程计量确认的工程量与综合单价计算，如综合单价发生调整的，以发承包双方确认调整的综合单价计算进度款。已标价工程量清单中的总价项目，承包人应按合同中约定的进度款支付分解，分别列入进度款支付申请中的安全文明施工费和本周期应支付的总价项目的金额中。

五、工程进度款支付计算的具体步骤

工程进度款支付计算按以下步骤进行。

（1）根据每月所完成的工程量依照合同计算工程款。

（2）计算累计工程款。若累计工程款没有超过起扣点，则根据当月工程量计算出的工程款即为该月应支付的工程款；若累计工程款已超过起扣点，则应支付工程款的计算公式分别为

累计工程款超过起扣点的当月应支付工程款＝当月完成的合同价值－（截至当月累计工程款－起扣点）×主要材料所占比例　　（8-13）

累计工程款超过起扣点后各月应支付的工程款＝当月完成的合同价值×（1－主要材料所占比例）　　（8-14）

任务六 工程价款的动态结算

工程价款的动态结算是指在进行工程价款结算的过程中，充分考虑市场价格波动对工程造价的影响，调整工程价款，从而使所结算的工程价款能够如实反映工程项目的实际消耗费用。对物价波动引起的工程价款调整用调值公式法，即：按照人工、材料和设备等的价格指数和权重，用调值公式进行价差调整，其调值公式一般为

$$P=P_0\times(a_0+a_1\times A/A_0+a_2\times B/B_0+a_3\times C/C_0+a_4\times D/D_0+\cdots) \qquad (8\text{-}15)$$

式中　P——调值后合同价款或工程实际结算款；

P_0——合同价款中工程预算进度款；

a_0——定值权重（不调整部分的权重）；

a_1——各项因素（如人工、材料等）的变值权重（可调部分的权重），为各项因素在合同总价中所占的比例；

A_0，B_0，C_0，$D_0\cdots$——各项费用的基期价格或价格指数；

A，B，C，$D\cdots$——各项费用的现行价格或价格指数。

案例解析

【例8-7】某项目合同约定采用调值公式法进行结算。合同价为5 000万元，并约定合同价的70%为可调部分。在可调部分中人工占40%，材料占50%，其余占10%。结算时人工费、材料费价格指数均增长了10%，而其他未发生变化。问该项目应结算的工程价款是多少？

【解】合同价的70%为可调部分，则合同价的定值权重（不调整部分的权重）为30%。运用调值公式，该项目应结算的工程价款

5 000×（30%+70%×40%×1. 1+70%×50%×1. 1+70%×10%）＝5 315（万元）

【例8-8】某工程项目施工承包合同价6 400万元，工期18个月。合同双方约定

① 发包人在开工前7天向承包人支付合同价20%的工程预付款。

② 工程预付款自工程开工后的第 8 个月起分 5 个月等额抵扣。

③ 工程进度款按月结算。工程质量保证金为承包合同价的 5%，发包人从承包人每月的工程款中按比例扣留。

④ 当分项工程实际完成工程量比清单工程量增加 10%以上时，超出部分的相应综合单价调整系数为 0.9。

⑤ 规费费率 3.5%，以工程量清单中分部分项工程合价为基数计算；增值税税率 11%。

在施工过程中发生以下事件。

① 工程开工后，发包人要求变更设计，增加一项花岗石墙面工程，由发包人提供花岗石材料，双方商定该项综合单价中的管理费、利润均以人工费与机械费之和为计算基数，管理费率为 40%，利润率为 14%。消耗量及价格信息资料见表 8-7。

表 8-7　铺贴花岗石面层定额消耗量及价格信息

项目		单位	消耗量	市场价/元
人工	综合工日	工日	0.56	60.00
材料	白水泥	kg	0.155	0.80
	花岗石	m^2	1.06	530.00
	水泥砂浆（1∶3）	m^3	0.029 9	240.00
	其他材料费			6.40
机械	灰浆搅拌机	台班	0.005 2	49.18
	切割机	台班	0.096 9	52.00

② 在工程进度至第 8 个月时，施工单位按计划进度完成了 400 万元建安工作量，同时还完成了发包人要求增加的一项工作内容。经工程师计量后的工程量为 520 m^2，经发包人批准的综合单价为 352 元/m^2。

③ 施工至第 14 个月时，承包人向发包人提交了按原综合单价计算的该月已完工程量结算报告 360 万元。经工程师计量，其中某分项工程因设计变更实际完成工程量 580 m^3，（原清单工程量为 360 m^3，综合单价为 1 200 元/m^3）。

问题：

（1）计算该项目工程预付款。

（2）编制花岗石墙面工程的工程量清单综合单价分析表。

（3）计算第 8 个月的应付工程款。

（4）计算第 14 个月的应付工程款。

【解】（1）工程预付款：6 400×20%＝1 280（万元）

（2）花岗石墙面工程的工程量清单综合单价分析

① 人工费：0. 56×60＝33. 60（元/m^2）

② 材料费：0. 155×0. 8+0. 029 9×240+1. 06×530+6. 4＝575. 5（元/m）

③ 机械费：0. 005 2×49. 18+0. 096 9×52＝5. 29（元/m^2）

④ 管理费：（33. 60+5. 29）×40%＝15. 56（元/m^2）

⑤ 利润：（33. 60+5. 29）×14%＝5. 44（元/m^2）

综合单价：33. 60+575. 5+5. 29+15. 56+5. 44＝635. 39（元/m^2）

花岗石墙面工程的工程量清单综合单价分析表见表 8-8。

表 8-8　花岗石墙面工程工程量清单综合单价分析表

项目编号	项目名称	工程内容	综合单价组成/元					综合单价/元
			人工费	材料费	机械费	管理费	利润	
011204001001	花岗石墙面	进口花岗岩板（25 mm）1∶3水泥砂浆结合层	33. 60	575. 5	5. 29	15. 56	5. 44	635. 39

（3）第 8 个月应付工程款

① 增加工作的工程款：分部分项工程费＝520×352＝183 040（元）

规费＝183 040×3. 5%＝6 406（元）

增值税＝（183 040+6 406. 4）×11%＝20 839（元）

小计：分部分项工程费+规费+增值税＝210 285 元≈21. 03 万元

② 8 月按计划完成工程量：400 万元

合计：21. 03+400＝421. 03（万元）

扣除：5%质量保证金＝421. 03×5%＝21. 05（万元）

材料预付款＝1 280÷5＝256（万元）

③ 第 8 个月应付工程款：421. 03−21. 05−256＝143. 98（万元）

（4）第 14 个月应付工程款

① 分项工程的工程款：

按原综合单价结算的工程款＝360×（1+10%）×1 200＝47. 52（万元）

按调减的综合单价结算的工程款＝（580−360×1. 1）×1 200×0. 9＝19. 87（万元）

分项工程的工程款＝47. 52+19. 87＝67. 39（万元）

承包人向发包人提交的工程量结算报告中，分项工程的工程款＝580×1 200＝69. 6（万元）

② 扣减不合理部分价款＝69. 6−67. 39＝2. 21（万元）

相应规费＝2. 21×3. 5%＝0. 077（万元）；增值税＝（2. 21+0. 077）×11%＝0. 25（万元）

共扣减不合理部分价款：2. 21+0. 077+0. 25＝2. 54（万元）

③ 第 14 个月应付工程款＝360−2. 54＝357. 46（万元）

任务七 竣工结算与支付

竣工结算是指发承包双方依据国家有关法律、法规和标准规定，按照合同约定确定的，包括在履行合同过程中按合同约定进行的合同价款调整，是承包人按合同约定完成了全部承包工作后，发包人应付给承包人的合同总金额。

工程完工后，发承包双方必须在合同约定时间内办理工程竣工结算。工程竣工结算由承包人或受其委托具有相应资质的工程造价咨询人编制，由发包人或受其委托具有相应资质的工程造价咨询人核对。

一、工程竣工结算编制和复核依据

工程竣工结算应根据下列依据编制和复核。

（1）《建设工程工程量清单计价规范》（GB 50500—2013）。

（2）工程合同。

（3）发承包双方实施过程中已确认的工程量及其结算的合同价款。

（4）发承包双方实施过程中已确认调整后追加（减）的合同价款。

（5）建设工程设计文件及相关资料。

（6）投标文件。

（7）其他依据。

二、办理工程竣工结算时的计价原则

办理工程竣工结算时应遵循以下计价原则。

（1）分部分项工程和措施项目中的单价项目应依据双方确认的工程量与已标价工程量清单的综合单价计算；如发生调整的，以发承包双方确认调整的综合单价计算。

（2）措施项目中的总价项目应依据合同约定的项目和金额计算；如发生调整的，以发承包双方确认调整的金额计算，其中安全文明施工费应按规定计算。

（3）其他项目中的计日工、暂估价、总承包服务费应按清单规范有关条款的规定计价。

（4）施工索赔费用应依据发承包双方确认的索赔事项和金额计算。

（5）现场签证费用应依据发承包双方签证资料确认的金额计算。

（6）暂列金额应减去工程价款调整（包括索赔、现场签证）金额计算，如有余额归发包人。

（7）规费和税金竣工结算中应按照国家或省级、行业建设主管部门对规费和税金的计取标准计算。规费中的工程排污费应按工程所在地环境保护部门规定标准缴纳后按实列入。

（8）发承包双方在合同工程实施过程中已经确认的工程计量结果和合同价款，在竣工结算办理中应直接进入结算。

三、竣工结算程序

（1）合同工程完工后，承包人应在经发承包双方确认的合同工程期中价款结算的基础上汇总编制完成竣工结算文件，并在提交竣工验收申请的同时向发包人提交竣工结算文件。

承包人未在合同约定的时间内提交竣工结算文件，经发包人催告后 14 天内仍未提交或没有明确答复，发包人有权根据已有资料编制竣工结算文件，作为办理竣工结算和支付结算款的依据，承包人应予以认可。

（2）发包人应在收到承包人提交的竣工结算文件后的 28 天内核对。发包人经核实，认为承包人还应进一步补充资料和修改结算文件，应在上述时限内向承包人提出核实意见，承包人在收到核实意见后的 28 天内按照发包人提出的合理要求补充资料，修改竣工结算文件，并再次提交给发包人复核后批准。

（3）发包人应在收到承包人再次提交的竣工结算文件后的 28 天内予以复核，并将复核结果通知承包人。发包人、承包人对复核结果无异议的，应在 7 天内在竣工结算文件上签字确认，竣工结算办理完毕；发包人或承包人对复核结果认为有误的，无异议部分按照规定办理不完全竣工结算；有异议部分由发承包双方协商解决，协商不成的，按照合同约定的争议解决方式处理。

（4）发包人在收到承包人竣工结算文件后的 28 天内，不核对竣工结算或未提出核对意见的，视为承包人提交的竣工结算文件已被发包人认可，竣工结算办理完毕。

（5）承包人在收到发包人提出的核实意见后的 28 天内，不确认也未提出异议的，视为发包人提出的核实意见已被承包人认可，竣工结算办理完毕。

（6）发包人委托工程造价咨询人核对竣工结算的，工程造价咨询人应在 28 天内核对完毕，核对结论与承包人竣工结算文件不一致的，应提交给承包人复核，承包人应在 14 天内将同意核对结论或不同意见的说明提交工程造价咨询人。承包人逾期未提出书面异议，视为工程造价咨询人核对的竣工结算文件已经被承包人认可。

四、结算款支付

1. 承包人申请

承包人应根据办理的竣工结算文件，向发包人提交竣工结算款支付申请。该申请应包括下列内容。

（1）竣工结算合同价款总额。

（2）累计已实际支付的合同价款。

（3）应扣留的质量保证金。

（4）实际应支付的竣工结算款金额。

2. 发包人审核支付

（1）发包人应在收到承包人提交竣工结算款支付申请后 7 天内予以核实，向承包人签发竣工结算支付证书。

（2）发包人签发竣工结算支付证书后的 14 天内，按照竣工结算支付证书列明的金额向承包人支付结算款。

（3）发包人在收到承包人提交的竣工结算款支付申请后 7 天内不予核实，不向承包人签发竣工结算支付证书的，视为承包人的竣工结算款支付申请已被发包人认可；发包人应在收到承包人提交的竣工结算款支付申请 7 天后的 14 天内，按照承包人提交的竣工结算款支付申请列明的金额向承包人支付结算款。

（4）发包人未按规定支付竣工结算款的，承包人可催告发包人支付，并有权获得延迟支付的利息。发包人在竣工结算支付证书签发后或者在收到承包人提交的竣工结算款支付申请 7 天后的 56 天内仍未支付的，除法律另有规定外，承包人可与发包人协商将该工程折价，也可直接向人民法院申请将该工程依法拍卖。承包人就该工程折价或拍卖的价款优先受偿。

五、质量保证金

质量保证金是发承包双方在工程合同中约定，从应付合同价款中预留，用以保证承包人在缺陷责任期内履行缺陷修复义务的金额。

（一）质量保证金的预留额度

质量保证金为用以保证施工企业在缺陷责任期内对已通过竣（交）工验收的项目工程出现的缺陷进行维修的资金。该项资金预留额度直接影响着施工单位能否在竣工后及时对工程进行维修。发包人应按照合同约定的质量保证金比例从结算款中扣留质量保证金。

（二）质量保证金的预留期限

在工程建设实施过程中，质量保证金的保留为约束承包商在一定的期限内履行自身的对工程的质量维修责任。该段期限也被称为缺陷责任期，即承包人对已交付使用的合同工程承担合同约定的缺陷修复责任的期限。

按照《建设工程质量保证金管理暂行办法》规定，缺陷责任期一般为六个月、十二个月或二十四个月，具体可由发、承包双方在合同中约定。

缺陷责任期从工程通过竣（交）工验收之日起计。由于承包人原因导致工程无法按规定期限进行竣（交）工验收的，缺陷责任期从实际通过竣（交）工验收之日起计。由于发包人原因导致工程无法按规定期限进行竣（交）工验收的，在承包人提交竣（交）工验收报告 90 天后，工程自动进入缺陷责任期。

（三）质量保证金的返还

承包人未按照合同约定履行属于自身责任的工程缺陷修复义务的，发包人有权从质量保证金中扣留用于缺陷修复的各项支出。若经查验，工程缺陷属于发包人原因造成的，应由发包人承担查验和缺陷修复的费用。

在合同约定的缺陷责任期终止后的14天内，发包人应将剩余的质量保证金返还给承包人。剩余质量保证金的返还，并不能免除承包人按照合同约定应承担的质量保修责任和应履行的质量保修义务。

六、最终结清

（1）缺陷责任期终止后，承包人应按照合同约定向发包人提交最终结清支付申请。发包人对最终结清支付申请有异议的，有权要求承包人进行修正和提供补充资料。承包人修正后，应再次向发包人提交修正后的最终结清支付申请。

（2）发包人应在收到最终结清支付申请后的14天内予以核实，向承包人签发最终结清支付证书。

（3）发包人应在签发最终结清支付证书后的14天内，按照最终结清支付证书列明的金额向承包人支付最终结清款。

（4）若发包人未在约定的时间内核实，又未提出具体意见的，视为承包人提交的最终结清支付申请已被发包人认可。

（5）发包人未按期最终结清支付的，承包人可催告发包人支付，并有权获得延迟支付的利息。

（6）最终结清时，如果承包人被扣留的质量保证金不足以抵减发包人工程缺陷修复费用的，承包人应承担不足部分的补偿责任。

（7）承包人对发包人支付的最终结清款有异议的，按照合同约定的争议解决方式处理。

任务八　工程计价争议处理

在工程计价中，对工程造价计价依据、办法以及相关政策规定发生争议事项的，由工程造价管理机构负责解释。

（1）发包人以对工程质量有异议，拒绝办理工程竣工结算的，已竣工验收或已竣工未验收但实际投人使用的工程，其质量争议按该工程保修合同执行，竣工结算按合同约定办理；已竣工未验收且未实际投入使用的工程以及停工、停建工程的质量争议，双方应就有争议的部分委托有资质的检测鉴定机构进行检测，根据检测结果确定解决方案，或按工程质量监督机构的处理决定执行后办理竣工结算，无争议部分的竣工结算按合同约定办理。

（2）发、承包双方发生工程造价合同纠纷时，应通过下列办法解决。

① 双方协商。

② 提请调解，工程造价管理机构负责调解工程造价问题。

③ 按合同约定向仲裁机构申请仲裁或向人民法院起诉。

（3）在合同纠纷案件处理中，需作工程造价鉴定的，应委托具有相应资质的工程造价咨询人进行。

案例解析

【例 8-9】某建设工程施工合同，承包范围为办公楼土建、水电安装施工，建筑面积 6 540 m^2。框架六层，该合同约定为固定单价合同，风险调整办法如下。

① 工程量清单漏项或设计变更引起的新的工程量清单项目，其综合单价由承包人提出，经发包人确认后作为结算依据。相应的综合单价应按照招标文件中工程量清单编制说明确定的编制方法确定单价，并按投标报价相对于最高限价的下浮比例下浮。

② 在合同工期内，发生国家政策性调整时，文件规定必须调整的则按规定调整，否则不予调整。

③ 措施项目费不因工程量的增减而调整。

④ 其他未约定事项双方协商解决。

合同签订后，承包人按合同约定时间如期进行施工，发包人按合同约定支付工程款。

施工至第四层时，承包人收到发包人一份书面通知。通知中载明：由于规划调整，原办公楼设计六层改为三层，承包人立即停止三层以上有关项目施工。此时四层柱筋已结束，柱模已完成，梁模已完成 85%。停工期间承包人及时向发包人按照索赔程序，提交了索赔报告，要求发包人对停工期间的工期及费用损失进行补偿，否则不予复工，并尽快提供有关变更图纸。后经双方多次协商对费用索赔未能达成一致意见，承包人因此拒绝复工。

双方争议焦点如下。

（1）三层以下工程量清单综合单价如何确定？

（2）三层以上已完实体工程量如何计价？

（3）措施费如何调整？主要是垂直运输费、脚手架、模板及支撑等。

（4）停工期间费用损失补偿如何确定？

（5）工程量减少后造成的损失如何赔偿？

【解】合同争议判断的依据：合同协议书、中标通知书、投标文件、专用条款、通用条款、技术规范、设计文件、国家有关计价方面的法律法规政策等。

（1）三层以下工程量清单综合单价确定（六层改为三层）

依据“计价规范”，当工程变更或工程量偏差导致该清单项目的工程数量发生变化，且工程量偏差超过15%的调整原则。

处理意见：对三层以下工程量清单综合单价调增。参照原招标文件，有效投标报价在最高限价3%~13%之间，原投标下浮率12.5%。考虑到工程量减少，综合取定下浮9.8%的下浮率。

(2) 三层以上已完实体工程量的计价

对于已绑扎四层钢筋，承包方要求按已完工作量套用2014年《江苏省建筑与装饰工程计价定额》计价。拆除费用按实际用工人数现场签证，并按市场价100元/工日计；发包方意见是按定额中钢筋损耗给予补偿，拆除人工按钢筋制作安装定额人工的50%计价。

处理意见：经发包方、监理现场计量确认的四层钢筋分部分项工程费，套用《计价定额》计价，拆除后的钢材由承包人进行回收，回收款按市场价一定的百分比（60%）抵扣一部分钢筋工程费用；电渣压力焊接头按实计量；拆除费用按计日工计算费用。

(3) 措施费调整

承包方观点措施项目费不因工程量减少而调整；发包方意见按变更后分部分项工程清单计价合计与原标底分部分项工程清单计价合计的比例调低措施费。

处理意见如下。

① 已完成四层柱梁模及支撑，按已完模板面积经业主、监理现场计量后计入，单价执行投标单价。

② 双排外脚手架三层以下按外墙脚手架工程量计算规则计价，三层以上按实际已搭设面积，经现场计量后合并计入，单价执行投标单价。

③ 塔吊垂直运输费按变更后的图纸重新核定定额工期并计算相应的垂直运输费，单价执行投标单价。

④ 临时设施费、材料检验试验费、安全文明施工措施费、机械进退场费、塔吊基础、塔吊组装、拆卸费等因施工现场已全部或基本到位，仍按原投标价计列，不因工程量减少而调整。

(4) 工程停工补偿

工程中途因变更停工23天，发包方承担责任，补偿办法如下。

① 搅拌机、塔吊等机械停置补偿费：按机械台班定额中机械停置台班费计算，机械数量、规格、型号结合设备进场报验单确定，停置台班数按23台班计。

② 施工人员停工误工费：按当时当地工资最低标准，折算日工资，人数按上月工地考勤人数计算，并按误工23天计发。

(5) 工程量减少后造成的损失补偿

依据合同专用条款：因变更导致合同价款的增减及造成承包人的损失，由发包人承担。

处理意见如下。

① 已签订的材料购销合同、周转材料租赁协议、劳务分包协议，随工程量而调整，并发生的相关索赔事项，应予补偿。合同须经发包人确认真实有效后方可补偿。

② 已进场未使用的木材、复合模板按材料价格的10%一次性补偿。已制作模板按模板五次摊销考虑，一次性补偿材料价格的20%。已进场但未使用的钢材，按废钢处理，依据市场行情按60%折价，发包方一次性补偿承包方钢材价格的40%。材料数量现场计量核定。材料单价按真实有效发票票面单价计取，发票价格超过信息价的按信息价计取。

项目小结

本项目主要介绍了工程结算的各个环节及相关法律法规。通过本项目的学习，读者能了解工程结算的全过程，从合同约定到最终支付，提升读者在工程项目管理和合同管理方面的全面能力。

课后习题

一、填空题

1. 工程结算是指发承包双方根据合同约定，对合同工程在实施中、________、________进行的合同价款计算、调整和确认。

2. 预付款是在开工前，发包人按照合同约定，预先支付给承包人用于购买合同工程施工所需的________、________，以及组织施工机械和人员进场等的款项。

3. 合同价款调整是在合同价款调整因素出现后，发承包双方根据合同约定，对合同价款进行变动的________、________和确认。

4. 索赔是一种未经对方确认的单方行为，只有实际发生了经济损失或权利损害，一方才能向对方索赔。按索赔目的可以将工程索赔分为________和________。

5. 在工程计价中，对工程造价________、________以及相关政策规定发生争议事项的，由工程造价管理机构负责解释。

二、简答题

1. 什么是工程结算？工程结算的方法有哪些？

2. 结合其他相关专业课程，讨论什么是索赔？承包人索赔成立的具体条件有哪些？

3. 什么是建筑工程竣工结算？建筑工程竣工结算的依据是什么？

学习小结

根据个人的学习情况结合中国式现代化发展目标进行回顾总结，要求体现自己在本项目学习过程中所获得的知识、学习目标的实现情况，以及如何实现人与自然和谐共生等方面的感悟。

（撰写总结要求层次清楚，观点明确，建议采用思维导图或表格的形式进行所学知识和学习目标实现情况的总结）

小结如下：____

____

____

____

参考文献

[1] 徐广舒. 建筑工程计量与计价[M]. 3 版. 北京：化学工业出版社，2023.

[2] 赵勤贤，沈艳峰. 建筑工程计量与计价[M]. 3 版. 北京：中国建筑工业出版社，2023.

[3] 李会静，唐小林等. 建筑工程计量与计价[M]. 7 版. 重庆：重庆大学出版社，2023.

[4] 万小华，万巨波，龚蔚兰. 建筑工程计量与计价[M]. 7 版. 北京：中国建材工业出版社，2023.

[5] 王昕明，钱靓. 建筑工程计量与计价[M]. 4 版. 南京：南京大学出版社，2022.

[6] 林群仙，李小敏，阚张飞. 建筑装饰工程计量与计价[M]. 2 版. 武汉：华中科技大学出版社，2022.

[7] 宋健，张华洁. 建筑工程计量与计价[M]. 北京：机械工业出版社，2021.

[8] 杨静，曲秀姝. 建筑工程计量与计价 BIM 应用[M]. 北京：机械工业出版社，2024.

[9] 袁建新. 建筑工程计量与计价[M]. 3 版. 重庆：重庆大学出版社，2024.

[10] 许程洁. 工程计量与计价(2024 年版)[M]. 北京：北京大学出版社，2024.

[11] 张欣. 建筑工程计量与计价[M]. 3 版. 北京:中国电力出版社,2024.

[12] 蔡胜红. 建筑工程计量与计价[M]. 北京:中国劳动社会保障出版社,2024.

[13] 朱溢镕,阎俊爱,韩红霞. 建筑工程计量与计价[M]. 北京:中国人事出版社,2024.